八ッ場ダムと地域社会

大規模公共事業による地域社会の疲弊

桜美林大学産業研究所=編

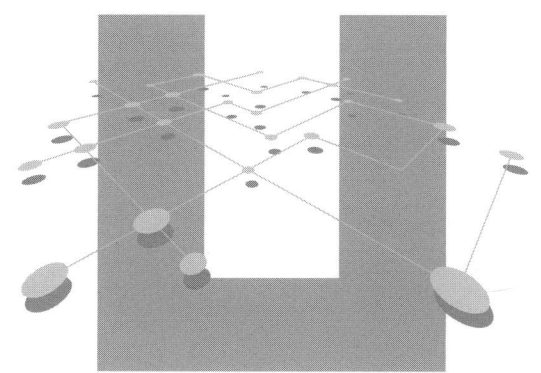

八朔社

目　次

序　章　八ッ場ダム問題とは何か……………………………………………………………1

　Ⅰ　八ッ場ダム建設問題の概要……………………………………………………………1
　　1　八ッ場ダム建設過程　1
　　2　八ッ場ダム建設交渉の経緯──ダム建設反対から受け入れへ　4
　　3　下流域の反対運動とその論点　6
　Ⅱ　本書の課題と構成──八ッ場ダム問題とは何か………………………………………9

第1章　八ッ場ダムと地域構造……………………………………………………………15

　問題の所在…………………………………………………………………………………15
　Ⅰ　人口及び世帯数の動向………………………………………………………………15
　　1　町全体の動向　15
　　2　地域別人口動向　20
　Ⅱ　産業構造の変化………………………………………………………………………22
　Ⅲ　農業と農業集落………………………………………………………………………27
　　1　農業の概況　27
　　2　農業から見た地域特性　29
　ダム建設による地域経済の衰退──結びに代えて……………………………………31

第2章　八ッ場ダム建設事業と長野原町財政の膨張……………………………………33

　問題の所在…………………………………………………………………………………33
　Ⅰ　長野原町の財政膨張…………………………………………………………………34

1　財政規模　*34*
　　2　財政規模の推移　*35*
　Ⅱ　長野原町の財政構造･･･*38*
　　1　経費の性質別分類による歳出構造　*38*
　　2　歳入構造　*39*
　Ⅲ　長野原町のダム事業･･･*42*
　　1　八ッ場ダム事業の全体規模と財政負担　*43*
　　2　長野原町の「水特法事業」　*44*
　　3　長野原町の「基金事業」　*50*

　長野原町財政の特殊性――結びに代えて････････････････････････*51*

第3章　八ッ場ダム建設と地域の疲弊　*53*

　問題の所在･･*53*
　Ⅰ　ダム建設による地域疲弊の現状とメカニズム･････････････････*54*
　　1　ダム建設による地域疲弊の現状　*54*
　　2　ダム建設に伴う地域疲弊のメカニズム　*56*
　Ⅱ　ダム建設に伴う地域再建の困難さ････････････････････････････*58*
　　1　地域住民にとっての地域再建とは何か　*58*
　　2　地域再建の困難さ　*59*
　　3　八ッ場ダムにおける代替地問題　*61*
　　4　コミュニティとしての地域の維持の困難さ　*63*
　　5　地域内の階層関係から生じる経済的理由による
　　　　地域コミュニティからの離脱　*65*
　Ⅲ　ダム建設と生活再建･･*67*
　　1　現段階の生活再建政策　*67*
　　2　八ッ場ダムにおける生活再建事業の問題点　*71*

Ⅳ　地域住民の政治・行政への不信と依存という
　　　アンビバレントな関係性………………………………………………………78
　　　1　地域の疲弊が進行するなかでの政治・行政不信の蔓延と
　　　　　現状へのいらだち　78
　　　2　二重の被害者意識の形成　81
　　　3　地域住民の行政依存　82

　八ッ場ダム建設と地域社会の疲弊——結びに代えて…………………………84

第4章　八ッ場ダム建設と長野原町における住民運動の展開……………89
　　　　——「八ッ場ダム反対期成同盟」の動向を中心として——

　問題の所在……………………………………………………………………………89

　Ⅰ　長野原町における八ッ場ダム建設反対運動の展開………………………89
　　　1　建設省による八ッ場ダム建設計画の公表と全村挙げての
　　　　　反対運動の展開（1952〜53年）　89
　　　2　八ッ場ダム建設計画の「再燃」と反対運動の高揚（1965年）　91
　　　3　反対運動の分裂と「八ッ場ダム反対期成同盟」の闘争（1965〜74年）　92
　　　4　長野原町議会における攻防とダム関連各地区の動向　97
　　　5　樋田富治郎町政下における八ッ場ダム建設反対運動の展開と
　　　　　その実質的"終焉"（1975〜85年）　103
　　　6　小　括　106

　Ⅱ　「八ッ場ダム建設事業に係る基本協定」の締結と
　　　「補償基準」の調印………………………………………………………………108
　　　1　「八ッ場ダム建設事業に係る基本協定」の締結と住民の動向　108
　　　2　「利根川水系八ッ場ダム建設事業の施工に伴う補償基準」の
　　　　　調印と地域住民の急激な転出　109

　Ⅲ　八ッ場ダム建設中止方針の提示と地域住民の動向………………………112
　　　1　八ッ場ダム建設中止に対する「建設促進派」の反発　113
　　　2　八ッ場ダム建設中止をめぐる地域住民の意識　115

八ッ場ダム問題の今後──結びに代えて……117

第5章　八ッ場ダムをめぐる住民運動と市民運動……121

　問題の所在……122

　　Ⅰ　受益圏・受苦圏の理論……122
　　　1　基本的構図　122
　　　2　疑似受益圏の形成　124
　　　3　受益と受苦の錯綜　125

　　Ⅱ　八ッ場ダム建設をめぐる社会過程……125
　　　1　分離型闘争期（1952〜53年）　126
　　　2　反対運動の分裂と疑似受益圏の形成（1965〜70年代前半）　126
　　　3　県の介入と生活再建策の受け入れ（1970年代後半〜1990年代末）　128
　　　4　下流域における反対運動の展開（1990年代末以降）　129
　　　5　受益と受苦の錯綜　132

　　Ⅲ　住民運動と市民運動──上下流住民の「すれ違い」……133
　　　1　運動の質的相違　133
　　　2　住民運動と市民運動の相克　135
　　　3　事業継続の論理　137

　　Ⅳ　「受益」の構造……138

　　Ⅴ　漂流する巨大公共事業──結びに代えて……141

第6章　ポスト開発主義の時代における河川マネジメント……145

　問題の所在……145

　　Ⅰ　ポスト開発主義の戦略的目標としてのアメニティ再生……146
　　　1　河川マネジメント分析のフレームワーク　146
　　　2　河川アメニティ再生の重要性　149
　　　3　アメニティとしての流域概念　151

II 河川マネジメントの手法と改革の方向性 ……………………153
1 日本における河川の計画――財政システムの形成過程　153
2 河川財政の類型化と日本の河川財政の特徴　158
3 改革の方向性――総合性と参加　160

III 利根川と八ッ場ダムの直面する課題 ……………………164
1 利根川における河川マネジメントの課題――淀川との比較　164
2 利根川治水計画の問題点　166
3 八ッ場ダム問題の歴史的位相　169

第7章 アメリカ西部における水資源開発の歴史的推移 ……………179
――開墾局の活動を中心として――

問題の所在 ……………………179

I ニューディール以前の開墾事業 ……………………181
1 開墾法制定の背景とその理念　181
2 開墾局の活動とその政治的・経済的背景　182

II ニューディール政策と開墾局事業の変容 ……………………187
1 ニューディール政策の始まりと開墾局　187
2 コロンビア川流域事業――大規模公共事業の展開　188
3 カリフォルニア・セントラル・ヴァレー事業
　　――大規模農場利害の貫徹　194
4 事業拡大の法的裏づけと自然保護との摩擦へ　197

III 第2次大戦後のダム建設ブームと環境保護運動 ……………………198
1 終戦後の開墾局の任務　198
2 エコパーク論争――コロラド川貯水事業をめぐる諸利害の確執　199
3 環境保護立法と水資源開発　207

IV 水資源開発をめぐる利権政治と事業目的の変容 ……………………210
1 ポーク・バレルと「鉄の三角形」　210
2 ポーク・バレル事業承認のための手法と補助金政策　214

3　ダムの安全性問題とティートン・ダムの決壊　*215*
Ⅴ　カーター政権によるポーク・バレル改革 …………………………………… *217*
　　　1　「ヒット・リスト」と連邦議会の反発　*217*
　　　2　ポーク・バレル改革の挫折――テリコ・ダム建設の承認　*221*

開墾局によるダム建設の終焉――結びに代えて　*223*

　　年表：八ッ場ダムをめぐる関係史
　　資料：八ッ場ダムについての住民聞き取り調査の概要
　　参考文献
　　あとがき

序　章　八ッ場ダム問題とは何か

I　八ッ場ダム建設問題の概要

1　八ッ場ダム建設過程

　利根川上流には，矢木沢ダムを初め8つのダムが存在するが，これらは1949年に首都圏に甚大な被害を及ぼしたカスリーン台風級の水害から利根川流域を守るために，1952年に建設省が計画を発表した「利根川改定改修計画」に基づいて建設されたものである。この時，10箇所のダムの一つとして，利根川・荒川水系の支川であり，景勝吾妻峡を有する利根川水系吾妻川（一級河川）に建設を計画されたのが，八ッ場ダムである（図序-1）。

　八ッ場ダム建設の目的は，①洪水調節（利根川の洪水防御），②流水の正常な機能の維持，③群馬県，埼玉県，東京都，千葉県，茨城県等への水道用水の供給（最大21.39m^3/秒），④群馬県，千葉県への工業用水の供給（最大0.82m^3/秒），⑤発電（最大出力1万1700kW）の5つとされている。諸元をみると，高さ116mの重力式コンクリートダムで，総貯水容量は1億750万m^{3}である。事業費は約4600億円，うち，2009年度末までの執行見込額は約3435億円（予算ベースの進捗率：約75％）[1]である。

　当初計画では，八ッ場ダムの建設予定地は現在よりもおよそ600m下流であったが，名勝の吾妻峡が水没することから，文化庁が反対したこと，また支流から流入する強酸性の河水のために，当時の建設技術では吾妻川にダムを建設することが困難であることもあり，建設計画は一旦中断された[2]。その後1963年11月の草津中和工場完成（翌1月1日より本格運転開始）及び1965年12月の草木ダム完成といった中和事業「吾妻川総合開発事業」の進展による水質改善を受けて，1967年に現地点へのダム建設が決定した[3]。その際に，

図序-1 利根川・荒川水系の主な水源開発施設

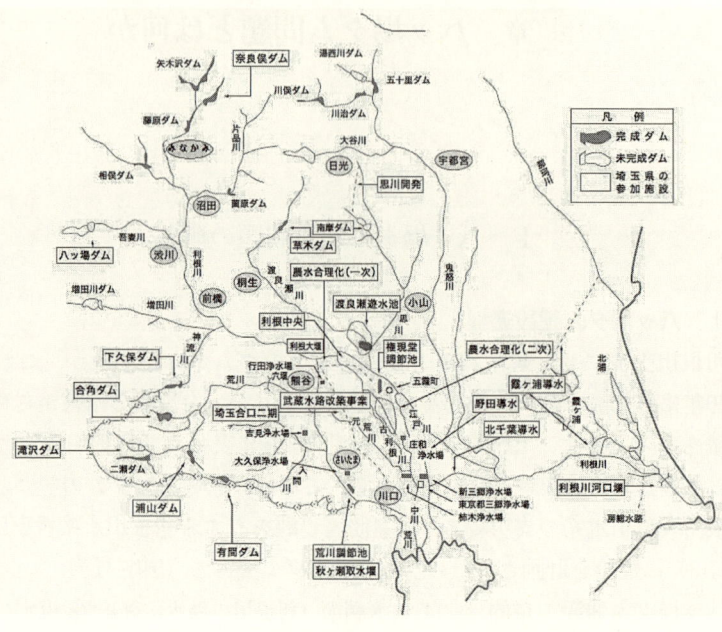

出所：http://www.env.go.jp/water/jiban/dir_h20/11saitama/kantouminami/m11-1-2.html
閲覧日：2009年12月27日

図序-2 群馬県八ッ場ダム水源地域 事業位置図

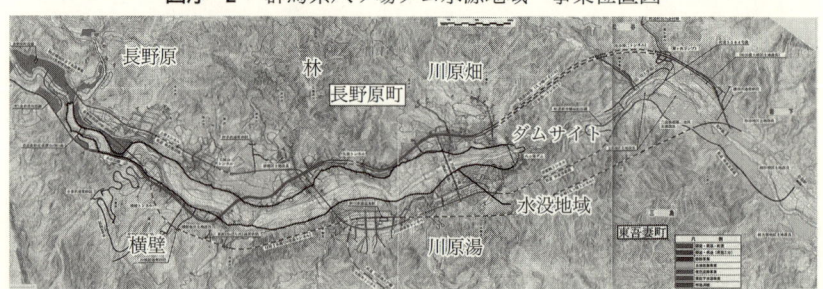

出所：http://yamba-net.org/images/gaiyou/yamada_areamap.pdf
閲覧日：2009年12月28日

この間の首都圏の水需要の増大に対応するための計画規模拡大という，水資源開発の目的が加えられた。この計画により，八ッ場ダムは水没戸数340戸，水没農地48ha，JR吾妻線や国道145号の付け替えを必要とする大規模公共事業となった。集落単位で見れば，鎌倉時代より知られているという温泉街を控える川原湯地区，川原湯地区の対岸にある中山間地の川原畑地区が全水没地域で，国道145号沿いを中心に水田や畑が散在する林地区と中山間地である横壁地区，商業地でもある長野原地区が一部水没地域となっている（図序-2）。

八ッ場ダムの建設計画は，後述するように地元の強い反対運動もあり，なかなか進展しなかったが，1980年に群馬県が策定し，地元の長野原町に提示した生活再建案を契機に，交渉が進展しはじめた。そして水没地域の上方に代替地を造成し，コミュニティを再建するという「現地ずり上がり方式」（現地再建計画）を了承し，地元住民はダム受け入れを決め，1992年の国と水没5地区代表による「用地補償調査に関する協定書」を締結をした。

八ッ場ダムは，1986年に策定された「基本計画」では，事業工期は2000年まで，総事業費2110億円であった。その後，計画は2度にわたって変更された。第1回変更（2001年）で事業工期が2010年に延長され，第2回変更（2004年）では，事業費が4600億円に増額修正されるとともに，「流水の正常な機能維持」が新たな建設目的として追加された。さらに，第3回変更（2008年）では，事業工期が2015年に再延長され，建設目的に「発電」が追加され，最初の計画策定から58年が経過して，なお完成しないという日本最長のダム計画となっている。

ダム建設が長期化するとともに，坪単価17万円という異常に高い代替地の分譲価格や代替地整備の遅れによって，水没地域住民はくしの歯が抜けるように町外へ移転していき，地域の疲弊が進んでいった。

しかも2009年8月の第45回衆議院議員総選挙で衆議院第一党となった民主党は，公共事業について「川辺川ダム，八ッ場ダムは中止。時代に合わない国の大型直轄事業は全面的に見直す」というマニフェスト[4]にそって，2009年9月16日に前原誠司国土交通大臣が，就任会見で八ッ場ダムの事業中止を明

言し，翌日の記者会見で鳩山首相も前原国交相の発言を支持した。八ッ場ダム中止という方向転換を打ち出した新政権に対し，地元住民や関係者は強く反発している[5]。対する前原国交相は，建設中止の姿勢は堅持するものの，「地元が同意するまで中止の法的手続きに入らない方針[6]」を示している。本稿執筆時点の2010年2月時点で，2010年1月24日に前原国交相と地元住民らによる初めて意見交換会が実現したものの，双方が従来の主張を述べるにとどまり，問題解決への糸口が見えない状況にある[7]。

2　八ッ場ダム建設交渉の経緯──ダム建設反対から受け入れへ

　多くの土地や住宅が水没するダムの建設には，なにより地権者である地元住民の賛成が必要である。とはいえ，多くの大規模公共事業の例に漏れず，八ッ場ダムの建設をめぐっても，はじめから地元住民の賛成が得られたわけではない。実際に，水没地区である長野原町では，長期にわたるダム建設反対運動が続いた。主な反対の理由として，次の6点を挙げることができよう。すなわち，①八ッ場ダム建設によって川原湯温泉街や天然記念物の吾妻峡といった観光資源が水没することへの懸念，②水没に伴っておよそ340世帯が移転を迫られるにも係らず近隣に代替地が存在しないこと，③移転に伴う過疎化・地域のコミュニティ崩壊への懸念，④下流住民のために故郷が水没するという犠牲を払うことへの怒り・悲しみ・反対，⑤水没する長野原町ではなくダム堤建設予定地である吾妻村（現，東吾妻村）に固定資産税が入ることへの不満，⑥土砂の流入によるいわゆるダムの寿命問題や安全性への不安，⑦建設省への不信，である。

　反対運動は，八ッ場ダム建設計画発表直後からはじまる。1952年5月には，建設省から長野原町長にダム調査の通知・現地調査が行われたが，翌1953年2月にはダム建設反対の住民大会開催，中曽根康弘議員（当時）へ上京しての陳情，建設省へ反対決議文を手渡しして反対陳情という一連の行動を起こしている。また，1965年に群馬県から改めてダム建設が発表された直後に，八ッ場ダム連合対策委員会を発足させ，同年12月には条件付賛成派の委員長に反発した住民多数派675名による八ッ場ダム反対期成同盟が結成され（連

合対策委員会は解散），激しい反対運動を繰り広げた。反対派地元住民は，会議や集会での話し合い，県や建設省への抗議・陳情，町議会におけるダム建設反対決議，現地調査作業の阻止行動等を繰り広げた。同時に，国政の場から八ッ場ダム建設反対に向けた政策実現を目指して，陳情等を通じた地元議員への働きかけを続けた[8]。

　一方，建設省を中心に，ダム建設を目指して多くの対策が講じられた。まず，地元住民が主張する反対理由への対案が示された。観光資源水没への懸念と固定資産税納付先に対しては，移転後の川原湯温泉の泉源確保，ダム建設予定地を当初予定地より上流に変更することで吾妻渓谷や鹿飛橋といった観光資源を残す，ダム湖やダムサイトを活用した新たな街づくり・観光スポット作りプランを示した。水没世帯の移転・地域コミュニティ崩壊の懸念に対しては，「現地ずり上がり方式」（現地再建計画）を採用することで，地域コミュニティを再建するとした。下流域のために故郷を喪失する悲しみ，ダムの安全性，建設省に対する不信感については，説明会等地道な説得を進め，住民の理解を促した[9]。次に，国政・県政・建設省による法整備や建設に関する基本方針等をもって，水没地域の地域再建や地元住民の生活再建に向けた措置及びそれに必要な財源確保が進められた[10]。並行して，国政・県政から予算配分を通じた町政への圧力が加えられた。

　1974年に長野原町町長にダム建設反対派のまとめ役である樋田富治郎氏が当選したこともあり，町はその後もダム建設反対を貫いていた。それに対して，宮原田（[2010] 101頁）によれば，「ダム問題がはっきりしないうちは道路計画も立てられない」と，「道路の改修や公共施設の建設と言う事業に対し，国や県からその予算をつけてもらえない」一方で，「ダムに賛成すれば，道路改修工事に多額の予算をつけるとか，手厚い補償内容や地域再建策を提示するなど，まさにアメとムチ」の対応が取られた。地域のインフラ事情の悪化に疲弊した町政は，ダム受け入れに傾かざるを得なくなっていった。

　これらのダム建設に向けた一連の法制度・財源確保の取組・地域住民への切り崩し，町政への締め付け等が相俟って，遂に長野原町・水没地区住民は，ダム建設を受け入れるのである。

3 下流域の反対運動とその論点

 ダム建設が下流都県住民にとって単に受益だけではないことを鮮明にしたのが、下流域の住民による反対運動である。下流域の反対運動は1998年の鬼石町長（当時）の関口茂樹氏（現群馬県議会議員）の「上毛新聞」の寄稿「渓谷は子供たちのもの」を契機に、1999年に群馬大学の教員を中心に「八ッ場ダムを考える会」（以下「考える会」と略称）を結成したのに始まる。「考える会」は、当初地元住民と連携して運動を進めることを考えたが、失敗し、運動は一時休止状態になった。その後、新しいメンバーを加えて活動が再開されたが、2003年11月の当初事業費の2110億円から4600億円への変更を契機に、国や地方自治体などの不正やムダな公金支出を摘発してきた市民オンブズマンが問題にするようになった。市民オンブズマンはムダな公共事業の事例として、八ッ場ダムを取り上げ、各地の市民運動に働きかけ、「八ッ場ダムをストップさせる市民連絡会」（以下「ストップさせる会」）を組織し、2004年9月にダム負担金支出の取りやめを求める住民監査請求を行った。住民監査請求が却下されるや、市民オンブズマンが資金を提供するとともに、弁護団を編成し、「ストップさせる会」を前面に、2004年11月に首都圏の1都5県で一斉に住民訴訟にうってでた。また「ストップさせる会」は従来の市民運動とも異なり、政治にも関与を強め、民主党に働きかけ、2005年衆院選と2009年の衆院選では、マニュフェストに「ムダな公共事業」の象徴として八ッ場ダムの建設中止を明示させ、2009年9月には前原国交相はマニフェスト通り中止することを明らかにしている。

 こうした反対運動の担い手は、環境問題などで以前から市民運動を続けてきた人たちである。例えば、東京の「あしたの会」の中心メンバーは、多摩地域で井戸水の利用促進の運動をしていたり、環境問題に関心があったり、電磁波問題で運動を進めてきたり、生活者ネットの議員であったり、いわゆる市民運動の活動家である。「あしたの会」の人たちは、現地で吾妻渓谷の自然に触れ、八ッ場ダム反対運動に関わるようになったという。吾妻渓谷の自然を守るということから、自然保護団体も反対運動に加わっている。全国自然保護連合は2003年9月に長野原町で総会と現地交流会を開き、「八ッ場

ダム事業の中止を求める決議」を行っている。
　これらの諸団体が八ッ場ダムの建設取りやめを求める理由は，大体共通している[12]。第一には過大な財政負担である。八ッ場ダムの建設費および関連事業は総額で5843億円，その内訳は建設費が4600億円，八ッ場ダム水源地域整備事業が997億円，利根川・荒川水源地域対策基金事業が246億円である。これらの事業を受益割合に応じて，1都5県の各自治体が負担するわけであるが，その内訳は群馬県が234億円，埼玉県が801億円，東京都が849億円，千葉県が504億円，茨城県が260億円，栃木県が10億円になっている。これらの金額は不必要な負担であるという「ストップさせる会」などの批判に対して，下流都県は，治水・利水上の利点から，負担は妥当であるとしている。
　第二に，八ッ場ダムは利水も建設目的に上げているが，首都圏では水あまりの状態になっているので，利水上の利点はないというものである。すなわち工業用水は1970年代から横ばいないしは減り気味で，その後増え続けた水道用水も1990年代からは横ばいになっており，首都圏ではいまだに人口が増加しているが，一人当たりの給水量は減少を続けていることから，八ッ場ダムの利水上の利点はないとしている。これに対して，下流都県は，利水の面での八ッ場ダムの必要性について，次のように説明している。すなわち，利根川・荒川水系の自流は，すでに既存利水者によって全て利用されていることから，水源開発事業に参加して費用を負担する代わりに水利権を得ることによって，農業用水等の暫定水利権を安定水利権に切り替えるとともに，新たな水利権の確保も可能になるというものである。
　第三に，治水に関しては，利根川の想定洪水流量の想定は過大であり，利点は少ないというものである。カスリーン台風は戦後の森林荒廃期で大洪水になったのであり，高度成長期の森林整備により1950年以降洪水規模が1万m^3/秒を超える記録がない。また吾妻渓谷は自然の洪水調節効果を持つので，八ッ場ダムの治水効果は限定的である。これに対して，国土交通省（国交省）は八ッ場ダム建設によって，洪水期（7月1日〜10月5日）に6500万m^3の調節容量を確保して，ダム下流における計画高水流量，毎秒3900m^3のうち約61％に当たる毎秒2400m^3の流水を調節し，ダム下流への放流量を毎

秒1500m³に低減することで，利根川下流域の洪水被害軽減が実現されると試算している。(13)

　第四に，八ッ場ダムのダム湖周辺は地滑り多発地帯で，ダム湖の両岸が崩落していく危険性がある。またダムサイトの岩盤はもろく，崩壊の危険性があるというものである。これに対して国交省はダムサイトの岩盤は強固であると主張している。

　第五には，八ッ場ダムの上流には，多くの観光地と農地や牧畜地があり，栄養塩類が高い排水が八ッ場ダムに流れ込むから，藻類が異常増殖し，水質が悪化する。水質悪化という点では，吾妻川上流の草津白根山を源とする幾筋もの支流による日本屈指の酸性河川であるのみならず，硫黄高山や鉄山といった鉱山開発の廃液も流れ込んでいることも問題にされている。(14)

　第六に，八ッ場ダムによって，渓谷上流部はダムによって水没するし，下流部も川の流れによってその様相が大きく変わるほか，渓谷に生息している貴重な動植物66種も失われるなど，自然破壊が進行する。ダム湛水による水量減少（水枯れ）で吾妻渓谷の景勝が損なわれることへの危惧に対して，国交省はダムによって堰き止められる吾妻川の水を人工的に放流することにより対応可能としている。また，八ッ場ダム工事事務所によれば，自然環境保全に関して，次のように主張している。すなわち，1979年以来現地調査を実施し，1985年12月『建設省所管事業に係わる環境影響評価に関する当面の措置方針について』(1982年7月1日建設省事務次官通達) に基づく環境アセスメントを終えていること，その後も「自然との共生」を目指して環境対策の充実に向けた各種調査を継続的に実施し，その結果を受けて具体的な専門家の意見を聞きながら取り組みを始めていると反論している。(15)

　このような理由から八ッ場ダムは治水や利水上の効果がないだけではなく，自然を破壊するダム建設であるとして，「ストップさせる会」などの下流域の市民団体は裁判闘争を含む反対運動を展開している。

　しかし下流域の「ストップさせる会」や「あしたの会」の運動は，水没地域住民の理解を得るどころか，反感を持たれたり，迷惑行為と見なされている。

下流域の反対運動が地元住民から反感を持たれるようになっているのは，反対運動の進め方にもあるように思われる。すなわち，下流域の反対運動は最近まで水没地域の住民が長い間ダム建設問題に翻弄されてきたこと，現在では生活再建が第一だと感じていることに対する問題意識は希薄だったように思う。[16]八ッ場ダムはムダな公共事業だから，建設差し止めを求めるという「ストップさせる会」の主張では，水没地域の住民の生活再建をどうするのかという視点は入りようがない。これでは，水没地域の住民にとって「ストップさせる会」の主張には，けっして共感できないということになる。当初，ムダな事業だから提訴するという運動の進め方をしたことが，水没地域の住民の理解が得られない理由だったのではないか。

　「あしたの会」も生活再建が第一という住民の意思を受けて，生活再建支援法案を準備しているが，水没地域住民の理解は得られてはいない。それは，国交省が生活再建よりもダム建設につながる補償交渉を優先したように，下流域の住民運動も生活再建よりもダムストップを優先したと見られても仕方がない運動の進め方をとってきたからだと思われる。

　両地域とも，こちらの思いがなぜ伝わらないのかというもどかしい思いと相互の不信感が募る一方となっている。本来は対立関係にはない水没地域の住民と下流域の反対運動が対立しあう構図になっているところに，八ッ場ダム問題の悲劇がある。

II　本書の課題と構成――八ッ場ダム問題とは何か

　本書は，八ッ場ダム建設という大規模公共事業が如何に地域を変容させ，崩壊させていくかを明らかにしていくことを課題としている。その課題を解明するためには，八ッ場ダム建設中止という政策転換の背景にある水資源政策の転換，八ッ場ダムを受け入れる条件となった生活再建案策定過程，生活再建案に対する住民意識の変遷など生活再建計画の問題点，住民運動面では水没地域の住民運動の変遷，2000年頃から活発になった下流域の反対運動の意味と問題点の分析が重要となる。

これらの分析課題を解明するために，本書は以下のような構成と分析視角からなっている。

第1章「八ッ場ダムと地域構造」は長野原町の社会経済的特質とその変動を入手可能な統計資料によって検討し，ダム建設が地域社会に及ぼした影響を解明している。長野原町の場合，ダム建設の受け入れ以前には，西部の農業・酪農と東部の温泉が両輪となり，それなりに地域の経済的社会的安定が維持されていたが，ダム建設受け入れ，特に補償基準妥結を契機に急速な人口・世帯流出が始まり，その結果として町の主要産業である農業と観光業の衰退が決定的になったのである。

第2章「八ッ場ダム建設事業と長野原町財政の膨張」はダム関連事業を通じての町財政の肥大化が町に何をもたらそうとしているのかを分析している。大規模なダム建設では，水没地域住民の生活再建のために，巨額の資金が投下される。すでに見たように，八ッ場ダムでも建設費以外に，八ッ場ダム水源地域整備事業，利根川・荒川水源地域対策基金事業で合計1243億円が水没地域の生活再建事業に投下される。そのため，長野原町財政は，ダム関連事業費の計上により異常に膨張しており，そこにはらむ問題点が明らかにされている。

第3章「八ッ場ダム建設と地域の疲弊」は地域住民からの聴き取り調査を踏まえて，ダム建設過程一般の問題と八ッ場ダム水没地域特有の問題を腑分けしながら，生活再建施策の問題点を中心にダム建設に伴う地域疲弊の要因を分析している。

第4章と第5章は，八ッ場ダム建設をめぐる住民運動の分析に当てられている。第4章「八ッ場ダム建設と長野原町における住民運動の展開」は，八ッ場ダム建設計画に対する地元長野原住民の反対運動の経過を分析し，反対運動の高揚と分裂，反対派町長を擁する長野原町への国からの締め付けの過程が，地元住民が出版した著作や聞き取り調査をもとに詳細に明らかにされている。

第5章「八ッ場ダムをめぐる住民運動と市民運動」は，日本の環境社会学・社会運動研究が生んだ最も優れた成果とされる「受益圏・受苦圏」論に

基づきながらも，八ッ場ダムの場合，受益・受苦圏の重層化はより複雑な形態をとり，しかも地元住民と下流反対派市民の対立という事態が生じている過程を上下流住民の「すれ違い」という観点から分析している。また受益の構造として，「土建国家」的な利益誘導政治が地方レベルで再生産されてきたことを「国と地方の人事交流状況」から明らかにしている。

第6章と第7章は，日米の水資源政策の変遷の分析に当てられている。八ッ場ダム建設は，従来の政府の水資源政策に対する批判とその批判に応える形での自然型川づくりの導入や円卓会議の実施，ダム等事業審議委員会の設置など政府の水資源政策が転換を余儀なくされるなかで進行していった。またアメリカでの脱ダム政策への転換が日本にも紹介されるようになったこともあり，日本のダム中心の治水・利水計画への批判が高まったことが，八ッ場ダム建設中止という政策転換に結びついたと思われる。そこで八ッ場ダム問題の全貌を明らかにするためにも，日米の水資源政策の変遷の分析が必要なのである。

第6章「ポスト開発主義の時代における河川マネジメント」は，八ッ場ダム中止という政策転換の背景に，利根川の水資源開発計画のような開発主義の終焉，ポスト開発主義の時代における河川マネジメントの変容という問題が横たわっていることを明らかにしている。地域社会の崩壊や，ダム建設地域の住民と下流域の反対運動との対立といった八ッ場ダム建設がもたらした問題は，開発主義の転換期におけるダム建設の強行が「八ッ場」地域にもたらした悲劇なのである。

第7章「アメリカ西部における水資源開発の歴史的推移」は，日本のダム政策の転換に大きな影響を与えたアメリカの水資源政策の変遷について，ニューディール以前からニューディール政策，第二次世界大戦後のダム建設ブームから1980年代のダム建設の終焉まで，その過程を詳細に分析している。この中で現在の日本のダム建設でも指摘されるダム建設と利権集団との結びつきに対する納税者の反発がアメリカでのダム建設を終焉させていく過程の分析は，八ッ場ダム建設中止問題を考える上でも示唆的である。

このように本書は，八ッ場ダム建設が地域社会にもたらした影響を学際的

かつ国際比較を交えながら分析することで，ダム建設が受益圏・受苦圏双方において複雑な対立関係をもたらし，地域社会を崩壊させた「悲劇のダム」であることを明らかにした。この「悲劇」を終わらせるために何が必要か，解決策は未だ見えず，混沌した状況にある。本書は，この混沌とした状況の打開策を提起するものではないが，問題の所在を明らかにしたことで，問題解決の一助になることを願ってやまない。

（1）事業の進捗については，2009年の第171回国会（常会）において，参議院議員大河原雅子氏（民主党所属）が提出した質問主意書「供用開始遅延ダムおよび八ッ場ダム等に関する質問」に対し，当時の内閣総理大臣麻生太郎が答弁書（第186号内閣参質171第186号）で2008度末時点の状況を回答している（http://www.sangiin.go.jp/japanese/joho1/kousei/syuisyo/171/touh/t171186.htm 閲覧日2010年2月25日）。
　　具体的な工事進捗状況については，八ッ場あしたの会HPで詳細にまとめられているので，そちらを参照されたい（http://yamba-net.org/modules/process/閲覧日2009年12月28日）。
（2）当時の吾妻川は，草津白根山に起因する酸性河川（湯川，谷沢川，大沢川）の流入によって，魚も棲まない「死の川」であった。
（3）吾妻川総合開発事業は，品木ダム建設によって河川をせき止め，中和工場で石灰の大量投入によって河水を中性にすると同時に石灰の撹拌・沈殿を行い，上澄みの水のみを下流に流すというものである。同時に，中和した湖水の上澄みを下流へ放流する際に，湯川発電所を利用した水力発電も行っている。詳細は，国土交通省　関東地方整備局　品木ダム水質管理HP　http://www.ktr.mlit.go.jp/sinaki/dam/index.html（最終閲覧日2010年3月5日）を参照されたい。
（4）民主党のマニフェストより引用。（http://www.dpj.or.jp/special/manifesto2009/pdf/manifesto_2009.pdf　閲覧日2010年2月26日）
（5）ただし少数ではあるが，八ッ場ダム中止に賛成している住民もいる。そのうちのひとりは，八ッ場ダムは地質も悪く，地域に役立たないとし，建設中止の方が生活再建は進むと述べている。
（6）「八ッ場ダム　国交相が書簡　治水・利水の代替案説明へ　大沢知事「中止理由ない」」（「日本経済新聞」2009年10月17日付）。
（7）「八ッ場ダム初の意見交換，解決の糸口見えず　住民らの表情硬く」（「日本経済新聞」2010年1月25日付）。
（8）だが，一連の働きかけは，「角福戦争」に象徴的に示されるような地元議員の政争によって，八ッ場ダム建設の是非を迷走させることにも繋がってしまった。この点に関する詳細は，第4章に詳述されている。
（9）実際には，建設省による地域住民への非公式な個別交渉で提示された多額の

補償金によって，反対運動が分裂に追い込まれたようである。この点については，例えば，八ッ場ダムを考える会編［2005］に，住民が疑心暗鬼に陥る様が描かれている。
　　また，建設省への不信感は現在も払拭されるには至っていない。
(10) 例えば，1967年に，建設省関東地方建設局が「八ッ場ダム建設に関する諸問題に対する基本方針」で，地元の生活再建・地域再建のための公的補償について言及しているし，1980年に，群馬県から長野原町及び同議会に「生活再建案」「生活再建案の手引」「八ッ場ダムに係る振興対策案」が提示されている。また，1973年には水源地域対策特別措置法（以下，水特法と記す）の制定によって，水源地域の整備計画・生活再建措置に必要な費用負担を下流都道府県も拠出するフレームがつくられた。
(11) 「ストップさせる会」が訴訟を行うなかで，「考える会」の会員のなかで裁判闘争を支持する会員は「ストップさせる会」に移行するとともに，市民運動として疑問を呈する会員たちは会から離れていくことになった。「考える会」は，裁判闘争とは別に活動を続けていたが，有志は2006年10月に「ライブ＆トーク　加藤登紀子と仲間たちが唄う　八ッ場いのちの輝き」というイベントを開催した。これが契機になり，2007年1月に「八ッ場　あしたの会」（以下，「あしたの会」）が発足した。「あしたの会」は「八ッ場ダム計画の見直しを視野に入れて，ダム事業の現状と課題をひとりでも多くの人に知らせ，「八ッ場の良きあしたを考える人々の輪を広げる」「半世紀前より水没予定地とされてきた『八ッ場』と周辺地域の苦悩に深く共感し，地元を尊重しながら八ッ場に持続可能な暮らしを取り戻す支援活動を粘り強くすすめる」「『八ッ場』同様，巨大開発によって疲弊と破壊と絶望のなかにある日本全国の地域が活気を取り戻すための多様な知恵を集める」ということを目的としている。この文からわかるように，「あしたの会」は裁判闘争を直接担う団体ではないが，八ッ場ダム問題を世論に広く喚起させることで八ッ場ダムを中止に追い込むという目的を持つ市民団体である。
(12) 八ッ場ダムの問題点については，八ッ場ダムを考える会編［2005］，八ッ場あしたの会のHP（http://www.yamba-net.org/）がわかりやすい。
(13) 詳細は，国土交通省　八ッ場ダム工事事務所HP　http://www.ktr.mlit.go.jp/yanba/index_nn4.htm（閲覧日2010年2月5日）を参照されたい。
(14) 吾妻川とその支流で，国土交通省が少なくとも1993年以降，環境基準を超える砒素を毎年検出しながら，調査結果を公表していなかったことが明らかになっている（朝日新聞「八ッ場水質　公表せず　国交省基準超すヒ素検出」（2009年11月13日付け）。下流で取水する飲料水の水質に影響する結果ではないと説明されているが，ダム建設反対派は国土交通省のデータ公表のあり方に異を唱えている。
(15) 八ッ場ダム工事事務所の見解の詳細は，http://www.ktr.mlit.go.jp/yanba/kankyou/torikumi/torikumi.htm（閲覧日2010年3月5日）を参照されたい。また，具体的な環境保護の取り組みについて，鈴木［2004］によれば，稀少な動植物については，ビオトープの建設による蛍をはじめとする水辺の動植物の再生事業や，

水没するオオムラサキ生息地として餌となるエノキの植樹といった策を講じているという。
(16) 最近では，「あしたの会」を中心に「ダム計画中止に伴う生活再建支援法案」を準備し，民主党など各党に呼びかけて，法案を提案しようとしている。

第1章　八ッ場ダムと地域構造

問題の所在

　一般にダム建設が計画される自治体は，過疎化が進んだ山村であり，ダム建設を契機とする公共事業が，地域振興の唯一の方策であるかのごとく語られることが多い。しかし長野原町は，JR吾妻線や国道145号線，146号線が通る交通の要衝であり，全国的に著名な川原湯温泉街を中心に発展してきたという歴史的な経緯があり，しかも町経済の中心地である温泉街が全水没するという，全国的に見ても特異な事例といえる。本稿の目的は，長野原町の社会経済的特質とその変動を入手可能な統計資料によって検討し，ダム建設が地域社会に及ぼした影響を解明することにある。

Ⅰ　人口及び世帯数の動向

1　町全体の動向

　表1-1及び表1-2は，国勢調査の結果により，吾妻郡8町村（東村と吾妻町は2006年に合併し東吾妻町となった）の1960年から2005年までの人口および世帯数の推移を表したものである。
　まず，表1-1に示したように，長野原町の人口は，長期的には減少傾向にあるものの，1975〜80年と1990〜95年にかけては微増しており，一貫して減少してきたというわけではない。吾妻郡自体が県内有数の人口減少地域であり，長野原以上に深刻な過疎化を経験した自治体もある。しかし長野原町の場合，むしろ2000年代に入ってからの人口減少が顕著であり，県内有数の過疎地である六合村に次ぐ減少率となっている点が注目される。

表 1-1　吾妻郡 8

	1960	1965	1970	1975	1980	1985
中之条町	22853	21591	20809	20439	20373	20223
東村	3402	3063	2823	2780	2780	2731
吾妻町	21222	19457	17978	17348	17195	16910
長野原町	**8113**	**7747**	**7342**	**7194**	**7237**	**7063**
嬬恋村	15214	13775	12074	10839	10737	11056
草津町	7933	8867	8591	9273	9341	8945
六合村	3530	3091	2580	2353	2245	2228
高山村	4813	4364	4161	4421	4788	4079

出所：「国勢調査」

表 1-2　吾妻郡 8 町

	1960	1965	1970	1975	1980	1985
中之条町	4484	4700	4837	5085	5278	5402
東村	642	617	620	624	640	641
吾妻町	4156	4162	4222	4303	4417	4467
長野原町	**1621**	**1721**	**1822**	**1875**	**1941**	**1973**
嬬恋村	3056	2983	2731	2582	2646	2732
草津町	1544	1962	2185	2537	2954	2989
六合村	722	673	617	611	620	632
高山村	911	897	920	956	985	954

出所：「国勢調査」

　世帯数については，表1-2に示したように，1960年時点から見れば長野原町は草津町について世帯数の増加率が高い。人口動態から考えると，町外からの流入より町内における世帯の細分化が原因と思われる。しかし2000年以降について見ると，郡内で世帯数が減少したのは長野原町と六合村だけである。平成9年から11年にかけて地区ごとに補償交渉委員会が設置され，11年6月には「八ッ場ダム水没関係5地区連合補償交渉委員会」が設置されているが，まさにこの時期から人口・世帯の流出が一気に加速したことがうかがえる。

　つぎに「群馬県移動人口調査」により2005年以降の人口・世帯数の動向を見ていこう。

　表1-3および表1-4に示したように，長野原町は人口では六合村，世帯数では草津町に次いでそれぞれ郡内2位の減少率を記録している。ダムの付

第1章　八ッ場ダムと地域構造　17

町村の人口の推移

1990	1995	2000	2005	増減率(%) (1960-2005)	増減率(%) (1980-2005)	増減率(%) (2000-2005)
19483	18947	18344	17556	-23.2	-13.8	-4.3
2643	2546	2450	2332	-31.5	-16.1	-4.8
16526	15874	15239	14515	-31.6	-15.6	-4.8
6878	7017	6939	6563	-19.1	-9.3	-5.4
10957	11135	10657	10858	-28.6	1.1	1.9
8620	8294	7702	7602	-4.2	-18.6	-1.3
2144	2109	2045	1842	-47.8	-18	-9.9
4087	4088	4348	4351	-9.6	-9.1	0.1

村の世帯数の推移

1990	1995	2000	2005	増減率(%) (1960-2005)	増減率(%) (1980-2005)	増減率(%) (2000-2005)
5781	5909	6040	6107	36.2	15.7	1.1
647	657	663	695	8.3	8.6	4.8
4610	4650	4816	4875	17.3	10.4	1.2
2091	2301	2446	2386	47.2	22.9	-2.5
3092	3350	3362	3729	22	40.9	10.9
3657	3624	3489	3676	138.1	24.4	5.4
660	662	691	658	-8.9	6.1	-4.8
1011	1046	1120	1151	26.3	16.9	2.8

表1-3　吾妻郡7町村の人口の推移（2005年以降）

	2005 人	2006 人	2007 人	2008 人	2009 人	増減率 (2005-08) (％)
中之条町	17556	17435	17197	17011	16761	-4.5
長野原町	6563	6455	6351	6243	6175	-5.9
嬬恋村	10858	10714	10590	10508	10469	-3.6
草津町	7602	7486	7346	7242	7229	-4.9
六合村	1842	1803	1787	1732	1684	-8.6
東吾妻町	16847	16750	16545	16294	15944	-5.4
高山村	4351	4324	4293	4261	4206	-3.3

注：各年とも10月1日の現在の数。
出所：「群馬県移動人口調査」

表1-4　吾妻郡7町村の世帯数の推移（2005年以降）

	2005年 世帯	2006年 世帯	2007年 世帯	2008年 世帯	2009年 世帯	増減率 (05-09) (%)
中之条町	6115	6124	6145	6166	6156	0.7
長野原町	2411	2415	2408	2376	2393	-0.7
嬬恋村	3752	3768	3806	3847	3915	4.3
草津町	3679	3648	3607	3594	3620	-1.6
六合村	667	743	745	735	729	9.3
東吾妻町	5581	5757	5792	5735	5658	1.4
高山村	1160	1174	1181	1197	1199	3.4

出所：「群馬県移動人口調査」

表1-5　長野原町の人口動態（2005年10月1日～2008年9月30日）

| | 人口増減 | 自然動態 | | | 社会動態 | | | | | | | |
| | | 増減 | 出生 | 死亡 | 増減 | 転入 | | | | 転出 | | | |
						合計	県内	県外	その他	合計	県内	県外	その他
05-06	-108	-11	46	57	-97	302	145	153	4	399	238	160	1
06-07	-104	-8	55	63	-96	279	143	133	3	375	205	170	0
07-08	-108	-30	40	70	-78	254	110	142	2	332	178	149	5
08-09	-68	-30	44	74	-38	297	137	155	5	335	167	167	1
合計	-388	-79	185	264	-309	1132	535	583	14	1441	788	646	7

出所：「群馬県移動人口調査」

表1-6　県内市町村

		前橋市	高崎市	桐生市	伊勢崎市	太田市	沼田市	館林市	渋川市	藤岡市	富岡市	安中市	みどり市	富士見村	榛東村
長野原町に転入	07.10.1～08.9.30	21	13	2	2	6	1	1	6	3	5	1		1	3
	08.10.1～09.9.30	17	25	3	10	6	2	2	2	1	1	1	1		1
長野原町から転出	07.10.1～08.9.30	30	22	3	7	2	9		15	1		6	3	3	4
	08.10.1～09.9.30	29	32		5	3		3	15	2	3	4	1		

出所：「群馬県移動人口調査」

表1-7　他の都道府

		北海道	青森	岩手	宮城	山形	福島	茨城	栃木	埼玉	千葉	東京	神奈川	新潟	富山
長野原町に転入	07.10.1～08.9.30	7		1	2	1	1	1	6	20	7	32	10	1	
	08.10.1～09.9.30	8	1	4	2			2	6	25	12	36	8	1	1
長野原町から転出	07.10.1～08.9.30	5					3	8	13	21	21	16	4	1	
	08.10.1～09.9.30	5	1			2	2	10	13	3	30	18	2	2	

出所：「群馬県移動人口調査」

第1章　八ッ場ダムと地域構造　19

帯工事が本格化し，代替地の造成が進む中で，人口・世帯の流出が続いているのである。

同じく「群馬県移動人口調査」より，2005年以降の長野原町の人口動態をより詳細にみたものが表1-5である。

長野原町でも高齢化の進展により人口の自然減が続いているが，人口減の主因はやはり社会減である。転出のピークは過ぎた感があるが，人口6000余の町から毎年300人以上の転出というのはかなり深刻な事態と言えよう。しかし長野原の場合，県内外からの転入もかなりあり，結果的に年間の社会減は百人以下にとどまっている。

2年間のデータでは確定的なことは言えないが，流入・流出とも前橋・高崎と近隣の中之条町，草津町，嬬恋村等が中心であり，県外では東京等首都圏と長野県が中心であるといえよう。首都圏との間の人口移動には，国交省および建設会社のダム関係者が当然含まれているはずであるが，その実態は明らかにすることはできなかった。

なお，表からは外国からの転入・転出が意外に多い印象を受けるが，群馬

との間の人口移動

吉岡町	吉井町	甘楽町	中之条町	嬬恋村	草津町	六合村	高山村	東吾妻町	片品村	みなかみ町	玉村町	明和町	大泉村	合計
1	1		3	17	12			5	1	1				110
4		1	19	13	15	3		8			1	1		137
	2		19	13	15	3	2	16		2	1			178
1			14	21	16	2		10			2		1	167

県との間の人口移動

石川	福井	山梨	長野	岐阜	静岡	愛知	三重	京都	大阪	兵庫	奈良	和歌山	広島	香川	愛媛	福岡	佐賀	熊本	鹿児島	沖縄	国外	計
3		1	11		1	1	3		4	3		2		2			1		1		20	142
	1		5	2	2	1	1	1	2				1		1		3			1	28	155
	1	1	16		2	4	3			1	1		1		3	2				1	21	149
	1	3	31	1	2	6		1	2	3	1		2	1							19	167

県移動人口調査によると2009年12月末の長野原町の外国人登録人口は41名で，町人口の0.7％弱と郡内でもむしろ低率にとどまっている。

2　地域別人口動向

長野原町の総合計画では，町は3つのエリアに区分されている。即ち，川原湯，川原畑，横壁，林の四地区からなる東部，長野原等の中部，応桑および北軽井沢地区の西部である（図1-1）。以下，町の地域区分に従って論述を進めることにする。

長野原町における人口動態は，ダム建設による水没地域と，他の地域とでは大きく異なっている。東部地域及び長野原地区では，特に2001年の補償基準妥結後，水没世帯の急激な流出が進み，地域社会が存亡の危機に瀕している。群馬県がHPで公開している，1990年以降の国勢調査による町丁別人口及び世帯数データ(1)と㈶日本地図センター制作のサイト『地図インフォ』で公開されている住民基本台帳の大字別データ(2)に基づいて作成したものが，表1-8，表1-9である。住民基本台帳記載の人口はやや過大であり，前掲の「群馬県移動人口調査」の推計がより実態に近いと思われるが，2005年以降の地区別人口の動向を示す唯一の資料として掲載することにした。

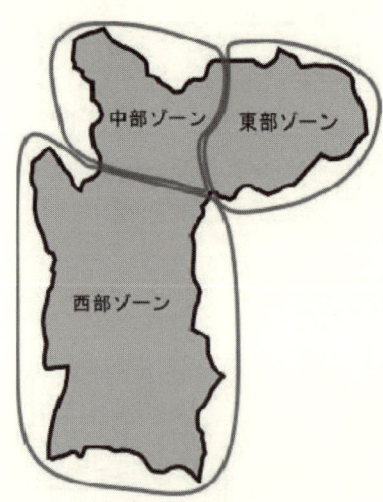

図1-1　町総合計画における地域区分

出所：『第四次長野原町総合計画基本構想』38頁。

ダム関連5地区は2000年以降人口が激減したが，その他の地区では人口の大幅な減少は見られず，むしろ漸増傾向にある地区さえある。長野原町の場合，過疎問題の深刻化がダム建設を呼び込んだのではなく，ダム建設受け入れ，用地買収と代替地造成が関連地域の人口流出に直結していることが明白

表1-8　1990年以降の地区別人口の推移

行政区分	地区名	1990	1995	2000	2005	2006	2007	2008
	総数	6878	7017	6939	6563	6686	6595	6499 (26.2)
東部	川原畑	242	239	211	83	75	69	66 (28.8)
	川原湯	558	518	461	234	222	195	181 (30.9)
	横壁	218	215	173	127	132	127	126 (33.3)
	林	375	355	330	268	291	279	265 (33.2)
中部	長野原	1152	1022	902	829	849	799	791 (30.8)
	羽根尾	541	649	687	604	577	560	561 (20.3)
	古森				67	73	74	73 (30.1)
	与喜屋	387	544	594	600	568	575	565 (32.0)
西部	応桑	950	1020	1082	1102	1166	1194	1184 (28.1)
	北軽井沢	1403	1415	1429	1530	1632	1624	1597 (21.4)

注：2005年までは10月1日現在，2006年以降は3月31日現在。2008年のかっこ内は65歳以上の人口比率（％）。
出所：群馬県統計情報提供システム（http://toukei.pref.gunma.jp/index.htm）および㈶日本地図センター制作のサイト『地図インフォ』（http://info.jmc.or.jp/index.html）により作成

表1-9　1990年以降の地区別世帯数の推移

行政区分	地区名	1990	1995	2000	2005	2006	2007	2008
	総数	2096	2303	2448	2411	2473	2472	2467
東部	川原畑	82	83	80	30	26	23	22
	川原湯	188	173	156	75	73	63	57
	横壁	54	61	53	54	51	49	49
	林	112	106	107	94	99	97	96
中部	長野原	333	329	325	308	307	295	294
	大津	308	323	377	442	424	430	433
	羽根尾	168	224	252	230	204	201	207
	古森				22	24	24	24
	与喜屋	118	165	193	186	209	216	214
西部	応桑	283	323	370	395	431	445	444
	北軽井沢	450	516	535	575	625	629	627

注：2005年までは10月1日現在，2006年以降は3月31日現在。
出所：群馬県統計情報提供システム（http://toukei.pref.gunma.jp/index.htm）および㈶日本地図センター制作のサイト『地図インフォ』（http://info.jmc.or.jp/index.html）により作成

であろう。

一方世帯数については，川原畑・川原湯で半数以下に激減しているのに対して，林・長野原はそれほど減少せず，横越では維持されているが，これは地区ごとの社会経済的諸条件の反映であるともいえる。

すなわち，横越地区や林地区はほとんどが農家で構成され，所有地を売却し代替地へ移転するという「現地ずり上がり」方式による生活再建にそれなりの現実性があるといえる。それに対して，温泉街である川原湯地区の場合，所有地売却→代替地取得という選択が不可能な借地・借家人が多かったこと，代替地に移転した場合の温泉街の将来への不安といった事情から，地元に残らず周辺市町村や首都圏に移住する住民が一気に流出したものと推測される。川原畑地区はかつては農家中心であったが，もともと条件不利地が多く，おそらくダム問題がなくても限界集落化がさけられなかったと思われる。それにダム建設をめぐる意見対立等，地域の事情も加わり，代替地への移転による生活再建に展望を持てなかった住民の大量流出に至ったと思われる。

II 産業構造の変化

次に統計により町の産業構造を検討する。表1-10は国勢調査（常住地ベース）による，1960年から2000年にかけての産業大分類別就業者数の推移である。40年間で就業者数自体は微減にとどまっている。1960年時点をみると農林業で全体の半数強を占め，サービス業，卸小売・飲食業・運輸・通信業がこれに続く。この時点での長野原町の産業構造は，「中心部に温泉街をもつ農山村」と端的に表現することが可能であろう。

40年を経て産業構造はどう変化したか。農業従事者は70%以上の減少，林業は消滅寸前である。製造業は相変わらず低迷し，運輸・通信業は約45%も減少した（国鉄民営化が影響していると思われる）。一方でサービス業就業者は3倍強，建設業と公務の就業者は2倍以上に増加した。農林業の衰退と建設業への依存強化は，中山間地一般の特色といってよい。町村部は産業中分類のデータがなく，サービス業の内実が明らかでないが，2000年時点ではま

だ旅館等観光業が中心と考えていいであろう。

しかし2000年以降の川原湯地区の人口流出は，町の産業構造にも少なからぬ影響を与えたと考えられる。表1-11は2005年国勢調査の産業大分類別就業者数である。サービス業の細分化など産業分類が大幅に変更され，第3次産業については2000年以前との比較が困難である。常住地ベースで注目すべき点として，就業者総数が2000年より320名ほど減少したことがあげられる。1960年以降，5年間で300名を超える就業者の減少は初めてのことである。これまで増加を続けてきた建設業就業が100名あまり減少，ただでさえ少なかった製造業も50人ほど減少した。

農業従事者はさらに減少したが，それでも常住地ベースで全体の15％を占め，町の主要産業であり続けている。農業については，次節で詳しく検討することにしたい。

第3次産業については，一見卸小売業が大きく減少しているが，産業分類の再編により飲食業が除外された点も考慮しなければならない。あらたに設定された「飲食店・宿泊業」の従事者は444人で，農業や建設業よりも人数が少ない。2000年以降の川原湯地区の人口・世帯流出の影響はかなり大きい

表1-10 長野原町における産業大分類別就業者数の推移（1960年～2000年）

	1960	1965	1970	1975	1980	1985	1990	1995	2000
総数	3823	3771	3917	3656	3848	3722	3691	3926	3807
農業	1956	1753	1496	1079	989	822	666	640	558
林業	150	74	42	38	25	28	21	14	7
漁業	0	0	3	4	3	1	1	-	1
鉱業	43	54	58	13	9	4	1	15	15
建設業	245	278	326	360	470	440	472	574	556
製造業	145	158	213	232	231	284	238	251	147
電気・ガス・熱供給・水道業	70	57	58	44	45	40	26	35	41
運輸・通信業	333	328	320	320	240	224	178	171	186
卸売・小売業，飲食店	358	418	527	552	610	605	673	624	670
金融・保険業	15	30	27	43	54	55	55	55	37
不動産業			44	79	51	41	92	70	48
サービス業	426	523	685	796	968	1019	1105	1322	1367
公務（他に分類されないもの）	82	95	116	147	152	152	159	155	172
分類不能の産業	0	0		5	1	7	4	-	2

出所：「国勢調査」

と言わざるをえないであろう。また新分類で登場した「医療・福祉」就業者が277人いる。介護保険制度導入の結果としてこの分野の就業者の急増がみられ，高齢化の進行した中山間地域では特にその傾向が顕著であるが，長野原町も例外ではない。

次に従業地ベースの就業状況を見ておこう。長野原町は町外への通勤者より町外からの通勤者数が多い。つまり，周辺市町村からの通勤者を受け入れる側ということになる。町外からの通勤者の最大の受け皿になっているのは，「他に分類されない」サービス業であり，統計からは実態がわからない。それに次ぐのは建設業であり，長野原町内の建設業が他町村の雇用の受け皿になっていることを示している。

従業地ベースの基本統計として，事業所・企業統計を検討しておきたい。

表1-11　2005年における産業大分類別就業者数（国勢調査による）

	常住地ベース			従業地ベース	
	町内に常住する就業者数	町内で就業	町外で就業	町内就業者総数	町外からの通勤者
総数	3484	2615	869	4162	1547
農業	520	511	9	535	24
林業	7	3	4	7	4
漁業	0	0	0	-	0
鉱業	3	3	0	7	4
建設業	450	375	75	629	254
製造業	98	57	41	95	38
電気・ガス・熱供給・水道業	32	30	2	60	30
情報通信業	15	5	10	8	3
運輸業	144	86	58	205	119
卸売・小売業	416	317	99	489	172
金融・保険業	37	12	25	42	30
不動産業	72	45	27	66	21
飲食店，宿泊業	444	277	167	394	117
医療，福祉	277	187	90	333	146
教育，学習支援業	148	91	57	179	88
複合サービス事業	72	55	17	84	29
サービス業（他に分類されないもの）	582	423	159	851	428
公務（他に分類されないもの）	151	125	26	163	38
分類不能の産業	16	13	3	15	2

出所：「国勢調査」

表1-12は2001年と2006年の事業所数と従業者数を比較したものであるが，事業所数・従業者数ともほとんどの業種で減少しており，地域経済が深刻な縮小過程に入ったことを示している。特に男性の雇用先として重要である建設業と，長野原を全国的に有名にしている宿泊業（飲食店を含む）がいずれも5年間で100人以上も減少している点は，町の産業経済の今後の展望の厳しさを示唆するものといえよう。

なお，観光・宿泊業については，ダム建設が温泉街の住民流出をもたらしただけでなく，水没予定地であるがゆえに改修できず，施設が老朽化するなどの悪影響をもたらしていることにも注意する必要がある。長野原町がHPの「町政要覧　資料編」で公表している観光客入込数の推計表によると，平成20年の川原湯温泉の入込数は11万9500人で，町西部の浅間牧場への入込数36万1900人の3分の1にも満たないのである。最近は建設中止をめぐる紛争で注目され，川原湯温泉への宿泊者が増加しているとの報道もあるが，それ

表1-12　長野原町における事業所数・従業者数の推移（2001-06年）

	事業所数			従業者数（総数）		
	2006年 (a)	2001年 (b)	増加数 (a)−(b)	2006年 (c)	2001年 (d)	増加数 (c)−(d)
長野原町計	456	535	−79	2884	3055	−171
農林漁業	2	5	−3	16	28	−12
非農林漁業	454	530	−76	2868	3027	−159
鉱業	2	2	0	5	10	−5
建設業	104	121	−17	499	631	−132
製造業	10	15	−5	78	107	−29
電気・ガス・熱供給・水道業	2	2	0	54	59	−5
情報通信業	1	1	0	1	3	−2
運輸業	8	12	−4	174	176	−2
卸売・小売業	102	128	−26	642	675	−33
金融・保険業	3	3	0	30	42	−12
不動産業	25	24	1	101	105	−4
飲食店，宿泊業	88	109	−21	426	527	−101
医療，福祉	11	8	3	346	159	187
教育，学習支援業	5	5	0	22	20	2
複合サービス業	6	3	3	71	30	41
サービス業(他に分類されないもの)	87	97	−10	419	483	−64

出所：「事業所・企業統計」

はあくまで一時的なことであり，川原湯温泉は町観光業の中心として存続しうるか否かの岐路に差し掛かりつつあるといえよう。

こうした状況の下で，「医療・福祉」分野だけが5年間で就業者数を2倍以上に伸ばしており，統計上は他産業の減少分をかなり吸収した形になっている。すでに述べたように中山間地共通の現象ともいえるが，今後は現在ヘルパーとして就労している人々が高齢者となり介護される側に転じていくわけであり，地元住民の雇用先として過大に評価することはできない。

最後に，群馬県の「市町村民分配所得統計」（平成18年度）によって，長野原町の産業構造の特徴を確認しておきたい。表自体が長大なものになるため，

表1-13 市町村内総生産の構成比（平成16年度，政府サービス生産等）

項　　目	広域吾妻経済圏	長野原町	中之条町	嬬恋村	草津町	六合村	高山村	東吾妻町
1 産業	87.5	78.9	92.0	90.1	93.0	63.9	78.6	86.2
(1)農林水産業	6.9	6.8	2.6	15.6	0.5	4.6	7.1	8.1
①農業	6.6	6.5	2.2	15.3	0.3	4.0	6.6	7.9
②林業	0.3	0.2	0.4	0.3	0.2	0.6	0.5	0.2
③水産業	0.0	0.0	0.0	0.0	0.0	0.0	0.0	0.0
(2)鉱業	0.2	0.2	0.1	0.2	0.0	2.0	0.0	0.3
(3)製造業	10.2	6.4	15.6	2.2	0.2	3.5	9.0	20.8
(4)建設業	8.1	8.9	6.6	9.4	10.9	6.5	8.3	6.4
(5)電気・ガス・水道業	5.6	5.6	4.0	4.3	3.1	11.3	2.2	9.8
(6)卸売・小売業	6.3	7.4	8.4	5.7	5.3	1.2	3.8	5.7
(7)金融・保険業	3.6	3.1	7.2	2.4	3.5	0.8	1.0	2.4
(8)不動産業	17.1	17.9	15.2	22.3	17.2	14.8	19.0	14.2
(9)運輸・通信業	3.8	3.9	3.3	4.8	2.5	4.6	7.5	3.5
(10)サービス業	25.7	18.7	29.1	23.2	49.8	14.7	20.7	14.9
2 政府サービス生産者	13.7	21.9	11.1	11.0	9.2	31.0	17.9	14.2
(1)電気・ガス・水道業	1.6	2.6	1.3	1.3	1.1	3.7	2.1	1.7
(2)サービス業	4.0	6.4	3.3	3.2	2.7	9.1	5.2	4.2
(3)公務	8.0	12.9	6.5	6.5	5.4	18.2	10.5	8.4
3 対家計民間非営利サービス生産者	1.6	1.5	2.1	0.9	0.3	6.1	4.6	1.6
(1)サービス業	1.6	1.5	2.1	0.9	0.3	6.1	4.6	1.6
4 小計	102.8	102.4	105.2	102.0	102.6	100.9	101.1	102.0
5 輸入品に課される税・関税	0.1	0.1	0.1	0.1	0.1	0.1	0.1	0.1
6 (控除)総資本形成に係る消費税	0.5	0.5	0.5	0.5	0.5	0.5	0.5	0.5
7 (控除)帰属利子	2.3	1.9	4.7	1.5	2.1	0.5	0.6	1.5
合　計	100.0	100.0	100.0	100.0	100.0	100.0	100.0	100.0

出所：「平成18年度市町村民経済計算結果」（群馬県統計課作成）

今回では県及び郡内他町村との構成比の比較のみにとどめたい（表1-13）。

長野原町の特徴として，政府サービス生産部門の構成比と建設業構成比が，郡内でも激しい過疎化で知られる六合村に次いで高いことがまずあげられる。この事実は，公共事業に依存した地域経済の実態を示すものといえよう。また卸・小売業や金融・保険業の構成比は郡内では比較的高く，一定の都市的機能の集積を示しているが，製造業の構成比は低い。サービス業は町経済の重要な柱ではあるが，その構成比は郡平均を下回っている。総じて，嬬恋における農業，草津におけるサービス業のような突出した産業部門がなく，よく言えばバランスがとれた，悪く言えば決め手に欠けた状況にあるといえる。今後国道付け替え等を含むダム関連事業に依存する形で当面地域経済が維持されるとしても，ダム完成後の産業振興の道筋は全く不透明なままである。

Ⅲ　農業と農業集落

1　農業の概況

すでに述べたように長野原町の農業従事者数は1960年代以降減少を続けてきた。しかし2005年の農林業センサスによると，農家数は443戸で農家率18.4％，農家人口は1625人で総人口の24.8％を占め，依然として多くの町民の生活を支えていることがわかる。

『平成19年（産）作物統計』によると，長野原町の耕地面積は1340ha，そのうち1270haは畑（牧草地を含む）であり，田は70haである。しかも同調査によると，実際の水稲作付面積はわずか29haにすぎなかった。耕種部門全体の作付延べ面積は1450haで，耕地利用率は108.2％に達している。表1-14に示した『平成18年度農業生産所得統計』によると，町の農業産出額は約37億円，そのうち3分の2を畜産部門が占め，なかでも生乳の占める割合は全体の52％を超えている。野菜については白菜（141ha，6537t），キャベツ（103ha，5880t），レタス（115ha，2690t）が3大作物となっており，高原野菜の一大産地を形成している。

次に2005年センサスにより，農業経営体と農家の基本指標を表1-15に示

表1-14 長野原町の農業生産額
(単位：千万円)

	合計	370
耕種部門	耕種計	133
	米	3
	麦類	―
	雑穀	0
	豆類	5
	いも類	1
	野菜	119
	果実	2
	花き	2
	工芸農作物	0
	種苗・苗木類・その他	―
畜産部門	畜産計	237
	肉用牛	7
	乳牛	228
	生乳	194
	豚	―
	養鶏	×
	鶏卵	×
	ブロイアー	―
	その他(養蚕含む)	×
	加工農産品	―

出所：農水省「平成18年度農業生産所得統計」

表1-15 長野原町の農業経営体と農家

法人化している経営体数		12
	農事組合法人	―
	会社	12
	各種団体	―
	その他の法人	―
地方公共団体・財産区		1
法人化していない経営体数		208
	うち，個人経営体数	208
農家数(戸)		443
自給的農家		227
販売農家		216
主副業分類(販売農家)	主業農家	104
	準主業農家	32
	副業的農家	80
専兼業分類(販売農家)	専業農家	86
	第1種兼業農家	55
	第2種兼業農家	75
経営耕地規模別農家数(販売農家)	0.5ha未満	37
	0.5〜1.0ha	47
	1.0〜2.0ha	29
	2.0〜3.0ha	20
	3.0ha以上	83

出所：「2005年農林業センサス」

す。特徴的な事実を列挙すると，

① 443戸の農家中半数以上の227戸は自給的農家である。

② 一方，販売農家216戸のうち主業農家104戸，専業農家が86戸に達している。

③ 販売農家を経営耕地規模別に見ると，実に4割近くが3.0ha以上である。

このように，長野原町の農家は，自給的・零細な農家と大規模経営の専業的農家に二極化しているのである。

また，2005年の基幹的農業従事者366人中226人が65歳未満であり，若い農業労働力に恵まれている点も長野原町の農業の特徴である。

2 農業から見た地域特性

　全町レベルでの統計を見る限り，長野原町の農業は中山間地としてはかなり善戦しているといえよう。だが注意すべき点は，町の東部・中部と西部とでは農業構造が全く異なっているということである。

　長野原町の西部，応桑地区と北軽井沢地区には戦後の開拓地が多く，大規模な酪農と高原野菜の栽培が行われ，消費者との交流事業も盛んでかなりの活力を持った農業が展開されている。西部地域の農業は中山間地における農

表1-16　各集落の農家数（販売／自給，主副業別）

	集落名	総農家	販売農家	自給的農家	主業農家	準主業農家	副業的農家
	長野原町	443	216	227	104	32	80
東部	川原湯	12	2	10	×	×	×
	横壁	18	7	11	—	1	6
	川原畑	4	1	3	×	×	×
	林	35	11	24	1	2	8
中部	貝瀬	4	1	3	×	×	×
	長野原	17	2	15	×	×	×
	大津	51	5	46	—	1	4
	羽根尾	24	5	19	—	1	4
	古森	8	2	6	×	×	×
	与喜屋	29	10	19	2	—	8
西部	堂光原	12	4	8	×	×	×
	滝原	5	5	0	1	2	2
	狩宿	11	8	3	2	2	4
	新田	35	22	13	7	3	12
	田通	9	6	3	6	—	—
	小菅	14	11	3	9	—	2
	小代	24	20	4	10	2	8
	小宿	4	1	3	×	×	×
	御所平	12	11	1	5	2	4
	吾妻	4	1	3	×	×	×
	浅間裏	4	3	1	×	×	×
	北軽	7	2	5	×	×	×
	栗平	9	2	7	×	×	×
	大屋原	26	23	3	20	2	1
	大屋原3　ハイロン	20	18	2	13	3	2
	甘楽1，2	7	7	0	6	—	1
	群高	38	26	12	17	4	5

出所：「2005年農林業センサス」

表1-17　各集落における路地白菜の作付と乳牛飼養の状況

地域	集落	路地白菜 作付経営体数	路地白菜 作付面積	乳牛 飼養経営体数	乳牛 飼養頭数
	長野原町計	52	9599	45	2830
東部	川原湯	—	—	—	—
	横壁	1	×	—	—
	川原畑	—	—	—	—
	林	—	—	—	—
中部	貝瀬	—	—	—	—
	長野原	—	—	—	—
	大津	—	—	—	—
	羽根尾	—	—	—	—
	古森	—	—	—	—
	与喜屋	—	—	—	—
西部	堂光原	4	×	—	—
	滝原	2	×	—	—
	狩宿	2	×	1	×
	新田	6	1235	—	—
	田通	3	×	1	×
	小菅	3	×	7	375
	小代	10	1640	1	×
	小宿	—	—	—	—
	御所平	6	1240	—	—
	吾妻	—	—	—	—
	浅間裏	1	×	—	—
	北軽	—	—	—	—
	栗平	—	—	—	—
	大屋原	7	700	11	1100
	大屋原3　ハイロン	3	×	7	571
	甘楽1，2	1	×	5	214
	群高	3	×	12	408

出所：「2005年農業センサス」

業発展の一つのタイプを示すものと言えよう。

　それに対して東部・中部地域はかつて養蚕が盛んであったものの，現在ではほぼ消滅し，こんにゃく，トマトなどが栽培されているが特産品に欠け，規模零細で自給的な農業が営まれているにすぎない。

　筆者は，農林業センサスの農業集落調査の分析によって長野原町の農業の地域的差異をさらに明らかにしようと試みたが，この調査は5戸以下の項目

について数値が秘匿されており，小規模集落が多い長野原町では秘匿数字が多く出て集落間の比較は極めて困難であった。本稿では，表1-16，表1-17を提示するにとどめたい。

　表から明らかなように，主業農家は町西部に集中し，東部・中部は全集落で自給的農家が圧倒的に多い。主要作物の例として路地白菜の作付状況を見てもほとんどが西部であり，乳牛飼養は全て西部地区である。

　このような，農業における「南北格差」というべき状況は，古い山間地の集落と戦後の開拓地という，土地条件の相違によるところが大きい。しかしながら，ダム建設でいつかは水没するという状況の下では，農家も町も農業へ積極的に投資するわけにもいかず，農業の縮小再生産を続けるしかなかったことは事実である。

ダム建設による地域経済の衰退──結びに代えて

　これまでの統計分析と現地調査での知見と突き合わせることによって，ダム建設と町の経済の関係について以下のような暫定的な結論が引き出せると思う。[3]すなわち，長野原町の場合，ダム建設の受け入れ以前には，西部の農業・酪農と東部の温泉が両輪となり，それなりに地域の経済的社会的安定が維持されていたのであり，巨大な公共事業を誘致しなければ地域経済が維持できないような状況があったわけではない。ダム建設は地域経済活性化の起爆剤ではなかった。それどころか，ダム建設受け入れ，特に補償基準妥結を契機に急速な人口・世帯流出が始まり，その結果として町の主要産業である農業と観光業の衰退が決定的になったのである。

　今後深刻な不況とダム本体工事の凍結という状況の下で，町の経済がより一層の苦境に直面することは間違いない。民主党政権のもとでの地域振興策は全く不透明である。しかし，仮に現政権が短命に終わりダム建設が再開されたとしても，ダム完成後はどうなるのか。かけがえのない自然と歴史ある温泉街という，最も重要な観光資源を失った状況で，地域経済の振興が順調に進展するとは到底考えられないのである。

（1）群馬県統計情報提供システム（http://toukei.pref.gunma.jp/index.htm）により利用可能である。
（2）今回の調査では町の住民基本台帳は閲覧できなかった。また町のHPで公開している「町政要覧　資料編」にも住民基本台帳による人口動態は（町全体の数値さえ）掲載されていない。次善の策として日本地図センターの地域データーベース（http://info.jmc.or.jp/index.html）を利用した。
（3）本章での分析が決して十分なものでないことは筆者も自覚している。特にダム工事と直結する建設業を含めて分析することは今後の課題である。

第2章　八ッ場ダム建設事業と長野原町財政の膨張

問題の所在

　この章の課題は，八ッ場ダムの建設によって長野原町の財政とその運営がどのように変化してきたのかを明らかにするとともに，長野原町が事業主体となるダム事業の財政収支の現状分析を通じ，ダム事業の進行にともなって町独自の財政力をもってしては正常化に大きな困難が予想されるほど異常に膨張した町財政の問題点を明らかにしようとするものである。

　長野原町は地方自治体としては当然，水没地区住民のためばかりでなく，町民全体の生活を公共的に保証する責任を負っている。その町財政は当面する水没地区住民の生活再建問題に対応しつつ，日本全国の地方公共団体が全般的に直面している財政難の中で，再建され，安定化されなければならない。しかし，ここではダム事業以外の財政問題は考察外におかれざるをえない。

　同時に，八ッ場ダム事業は，事業主体別に，①国主体の「ダム建設事業」，②群馬県と長野原町（および吾妻町）主体の「水特法事業」，③長野原町（および吾妻町）主体の「基金事業」の3事業の総合事業である。これに吾妻川・利根川下流の1都4県が関与する。この章における考察範囲は，長野原町財政に現れる②と③の事業に限定され，①の事業と国や都県の財政は，町財政にかかわらないかぎり考察対象とならない。

I 長野原町の財政膨張

1 財政規模

　2006年度長野原町財政の歳出決算額は，71億300万円である。この年度の日本全国町村数1022団体，その歳出総決算額は5兆9863億3600万円であるから，1団体の平均歳出額は，58億5700万円である。全国平均と比べ長野原町の財政規模は約1.8倍ということになる。1905年10月の国勢調査による長野原町の人口は6563人で，全国町村の1団体当たり人口は1万573人であるから人口で加重すれば約2.2倍の大きさになる。

　地方財務協会が毎年編集・公刊している『類似団体市町村財政指数表』(2006年度決算)は，町村を産業構造（Ⅰ～Ⅲ次）と人口（Ⅰ～Ⅴ）で分類し，産業構造を0～3に類型化し，全体で20類型の町村の財政指数を表示している。長野原町は人口Ⅱ（5000人以上1万人未満），産業構造2（Ⅱ次，Ⅲ次95％以上でⅢ次65％以上），Ⅱ－2類型である（4ページ）。Ⅱ－2類型の町村の人口1人当たり歳出額（中央値）は52万9688円であるから，長野原町の人口6595人（07年3月31日現在）の1人当たり歳出額107万7013円は約2.0倍ということになる。

　また，類型が同じで人口7302人の近隣の草津町の同じ年度の1人当たり歳出は50万1535円であるから，その約2.2倍の財政規模になる。

　以上の長野原町の財政の全国町村平均，類似団体および草津町との比較によって明らかなように，その規模は通常考えられるところより2倍ないしそれ以上の水準に達している。町では，西吾妻4カ町村（長野原町，嬬恋村，草津町，六合村）の合併協議（それは結局実現しなかった）における財政シミュレーションの経験を踏まえ，「長野原町財政健全化5ヶ年計画」（2005年8月）策定に当たり基準年度とされた2004年度以後，普通会計における経常的な収支をダム事業などの臨時的な収支から区別し，資料を作成して計画遂行を点検している。その『H18財政計画比較資料19.08.03』によれば，2006年度の歳出のうち30億200万円が経常的支出で41億100万円が「臨時的支出」と

される。臨時的部分が経常的部分の1.37倍もあり，長野原町財政の異常な規模の大きさを規定しているのである。

2　財政規模の推移

1980年度の長野原町財政の規模は20億4600万円であったから，2004年度のそれ（70億8300万円）はこの24年間に約3.5倍に膨張した（図2-1）。この間の国内総生産は246兆3000億円から496兆2000億円へ約2.0倍に増大している。この期間の終末期の「平成大合併」により町村数が激減しているので，町村ではなく市町村全体の財政規模の拡大をみると，同じ期間に27兆7000億円から49兆3000億円（2.1倍）へ増大している。つまり長野原町の財政は，日本の経済成長や全国市町村の財政膨張と比べ，約1.5倍の速度で膨張して今日の過大な規模に達しているのである。

この4分の1世紀の期間には，日本経済の①バブル以前の低成長期（〜1985年），②バブル期（〜1992年），バブル崩壊後が含まれ，その最後の時期

図2-1　長野原町の財政規模の推移（1980〜2006年，1980=100）

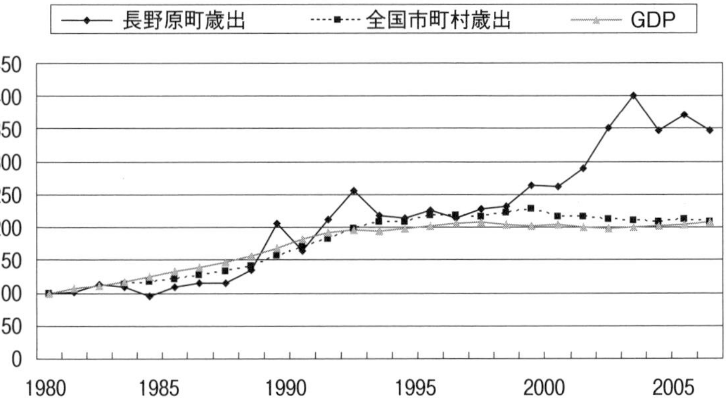

出所：長野原町の歳出は町役場提供の「決算カード」（1980〜2006年度）による。全国市町村の歳出とGDPは，矢野恒太郎記念会編集・発行『数字でみる日本の100年』（改訂第5版）p.105，p.445と総務省編『地方財政白書』（平成18年版）による。

はまた③「失われた10年」と言われた長期不況期（〜2001年）と④「構造改革」期（2002年〜）に区分できる。バブルもその後も，日本経済の「高度成長」期に形成された経済構造と成長優先の経済政策の持続によって一時的にもたらされた高揚であり，その崩壊の結果としての長期停滞である。日本の地方財政は一般に，国の経済成長促進や景気対策に動員され，住民生活の安定と向上という地方自治体としての本来の役割から外れた公共投資優先の運営を強いられてきた。それは市町村の財政膨張率がバブル崩壊後まで経済成長率を上回る傾向があることにも表れている。その結果が国と地方を通ずる公債累積の加速であった。④の時期に登場した「構造改革」路線においても地方財政のこのような一般傾向は，「地方財政計画の一般歳出は，1990年代に，国と地方を通じた景気対策の要請もあって，GDPに対する比率で見ても増大している」と認められている。[1]その「構造改革」の市場万能主義がもたらしたものは地方財政の苦境と地方間格差の拡大であった。

　長野原町の財政膨張はバブル期に始まっている。1989年度の対1980年度比2.0倍，対前年比1.5倍の急激な膨張は主として「積立金」の増大によるものであるから，町のダム事業の開始を反映していると思われる。その後，対前年度比に多少の増減はあるが，1980年度比2倍以上の水準は2002年度まで持続する。財政膨張第2の画期は2003年度から始まり，3倍以上の水準に達する。そのピークは2004年度で歳出総額は81億7500万円，対1980年度比約4倍の規模にまで達したのである。その第1の画期は，「水特法」と「基金」の事業に指定されたことによるものであり，第2の画期は，町のダム事業の本格化によるものであることは明らかであろう。このように，長野原町の財政膨張はバブルを背景に町のダム事業とともに開始され，その後の長期経済停滞期にもダム事業に支えられて高位水準を持続した。その上，町のダム事業の本格化とともに，「構造改革」路線を国と地方の行財政関係において具体化した「三位一体の改革」による制約の下で，ダム以外の事務の圧縮を強いられながらも，なおも突出した水準に達した財政規模を維持しているのがその現状であるというべきであろう。

　次に長野原町の異常な規模にまで膨張した財政構造の解明に進む前に，日

本全国共通に地方財政を強く制約している「構造改革」と「三位一体の改革」に簡単に触れておこう。2001年に打ち出された「構造改革」路線は，バブル崩壊後の日本経済の長期停滞状態と国民の「閉塞感」を打開するとして，「効率性の低い部門から効率性や社会的ニーズの高い成長部門へヒトと資本を移動し」，「市場の障害物や成長を抑制するものを取り除く」という徹底した市場主義に基づくものであった。その基本理念は，「改革なくして成長なし」，「民間でできることは民間に」，「地方でできることは地方で」という方針に集約される「7つの改革」として具体化されたが，その一つとして地方財政に直接かかわるのが「三位一体の改革」と自ら命名した国内政府間関係の分野であった。その「三位一体」とは，①「国庫補助負担金の改革」，②「地方交付税の改革」，③「税源配分を含む財源の見直し」を，市町村合併を前提に，一体のものとして進めるという意味である。この「改革」は，1905・1906年度に「3兆円程度」の国庫補助負担金の廃止・縮減，ほぼ同額の所得税から個人住民税への税源移譲として予算化が予定された。この予算化に当たっては，「個人住民税の税率をフラット化すること」という条件が付加されている。3兆円程度の税源移譲では，「約14兆円の財源不足」と自ら認める地方財政の現状と比べあまりにも少額過ぎ，そもそもそれが国庫補助負担金の縮減の穴埋めでは地方の財政難の改善に役立つものではない。その後も国庫補助負担金に加え地方交付税の削減が進むだけで，税源の移譲は進まず，地方債の発行枠の拡大で糊塗されている。

　市場主義に基づく「構造改革」においては，財政は経済成長の阻害要因として一方的に強調され，その経済機能（資源の最適配分・所得再分配・経済の安定化）は「規制緩和」の対象とされる。「地方分権」も「三位一体の改革」も地方住民の生活の安定と向上のために地方税や地方交付税が十分に確実に拡充されなければ，地方間の競争だけが促進され，格差が拡大してしまう。21世紀に入ってからの全国市町村の財政規模の縮小傾向は，財政の改善に向かっているのではなく，その困難が加速されているのであり，長野原町の経常財政もその例外ではない。「構造改革」路線は，日本国民と地方住民の所得格差や地域間格差を拡大しつつ，日本経済と国民・地方住民の生活に見る

べき改善をもたらすことなく破綻したというべきであろう。

II　長野原町の財政構造

1　経費の性質別分類による歳出構造

　2006年度の歳出構造における主要項目を類似団体のそれと比べると「投資的経費」(31.6%) と「積立金」(12.9%) の比重が特に大きい。「投資的経費」の比重は，類似団体の場合は17.3%であるからその2.4倍，「積立金」の比重は，同じく3.3%であるからその4.3倍である（表2-1）。この二つの項目をまた隣接する草津町のそれ（12.0%と7.8%）と比べると，それぞれ2.6倍と1.7倍である。長野原町の場合，「投資的経費」と「積立金」の重さ（合計44.5%）が「義務的経費」の諸項目を圧迫し，その比重が相対的に小さ目に表れる。

　次に「投資的経費」＝「普通建設事業費」を「補助事業」と「単独事業」に分けてみると，それぞれ4.0%と27.6%で後者の比重が圧倒的に大きい(87.3%)。長野原町の「投資的経費」はその名目としては国庫補助の付かない「単独事業費」なのである。その「単独事業費」の大きさは，類似団体の3.0倍，草津町の3.7倍である。

　この「投資的経費」について，八ッ場ダムと同じく国の直轄事業の川辺川ダムによる水没問題を抱える熊本県の五木村の財政をみると，その比重は歳出総額の41.5%を占め，そのうち「普通建設事業費」が36.5%である。その比重の大きさは異常であるが，ダム事業が関連している点は長野原町と共通している。五木村の「普通建設事業」を「補助事業」と「単独事業」に分けてみると，それぞれ22.1%と14.2%で前者の比重が大きい。この点での両町村の違いは，事業主体となるダム事業への国の財政関与の仕方の違いが表れたものと思われる。五木村の場合は，それが国の直接的な補助事業として行われていると思われるのである。

　「投資的経費」に関連して，公共事業後に一般に増大する「物件費」の比重が長野原町では相対的に小さい（6.5%，類似団体13.3%，草津町17.2%，五木村13.7%）のは，先に述べた計算上の問題のほか，町のダム事業が本格化し

第2章　八ッ場ダム建設事業と長野原町財政の膨脹　39

表2-1　2006年度長野原町の歳出構造（比較）

	長野原町		類似団体(中央値)人口一人当たり額		草津町		五木村	
	百万円	%	円	%	百万円	%	百万円	%
人件費	814	11.5	109257	20.6	888	24.2	381	13.6
扶助費	152	2.1	29427	5.6	279	7.6	59	2.1
交際費	472	6.6	72803	13.7	324	8.8	454	16.2
物件費	460	6.5	70434	13.3	630	17.2	386	13.7
補助費等	1069	15.0	76438	14.4	483	13.2	223	7.9
積立金	919	12.9	17270	3.3	285	7.8	16	0.6
繰出金	933	13.1	53150	10.0	284	7.8	97	3.5
投資的経費	2247	31.6	91506	17.3	440	12.0	1165	41.5
その他	37	0.5	9403	1.8	49	1.3	27	1.0
合計	7103	100.0	529688	100.0	3662	100.0	2808	100.0
投資的経費のうち								
普通建設事業費	2246	31.6	87174	16.5	440	12.0	1025	36.5
補助	285	4.0	38697	7.3	170	4.6	620	22.1
単独	1961	27.6	48477	9.2	269	7.3	399	14.2
人口（人）	6595				7302		1455	

出所：地方財政調査研究会『類似団体別市町村財政指数表』（平成18年度版）地方財務協会，各町村2006年度「決算カード」（総務省ホームページ）による

て間もなくその多くが継続中で，施設の維持・管理費の増大がそれほどないことの反映であろう。

「積立金」の問題は，歳入における基金特別会計からの「繰入金」と「諸収入」との関連で後に検討しよう。

2　歳入構造

長野原町の歳入構造において，特に顕著なのは「繰入金」（全体の20.0%）と「諸収入」（21.3%）で，合計で全体の41.3%を占めている（表2-2）。

この点に先ず注目しなければならないが，両収入とも臨時的な特定財源であるから，その検討を行う前に，経常的な一般財源について歳出と同様に類似団体などと比較しておこう。一般財源のうち主要なものは，どの地方公共団体にも共通するが，地方税（歳入全体の15.0%）と地方交付税（同14.6%）で，この二つの収入の合計は一般財源全体（33.6%）の大部分，歳入全体の29.6%

表 2-2　2006年度長野原町の歳入構造（比較）

	長野原町		類似団体(中央値)人口一人当たり額		草津町		五木村	
	百万円	%	円	%	百万円	%	百万円	%
町税	1141	15.0	138730	25.3	2059	54.2	220	6.7
地方交付税	1113	14.6	168526	30.7	229	6.0	1041	31.7
国県支出金								
国	268	3.5	30667	5.6	191	5.0	409	12.4
県	880	11.5	40970	7.5	117	3.1	315	9.6
繰入金	1521	20.0	21507	3.9	310	8.2	303	9.2
諸収入	1626	21.3	21061	3.8	114	3.0	105	3.2
町債	303	4.0	46198	8.4	235	6.2	285	8.7
その他	768	10.1	81200	14.8	545	14.3	609	18.5
合計	7620	100.0	548859	100.0	3800	100.0	3287	100.0

出所：表2-1と同じ

を占めている。類似団体の地方税は25.3%，地方交付税は30.7%で，一般財源は62.0%である。地方財政調整制度としての地方交付税は，地方税収入を補完して全国の市町村一般に歳入全体の6割以上の一般財源を保証するものであるから，類似団体はその状態にあり，長野原町の3割強の水準は余りにも異常である。ちなみに，隣の草津町は，地方税が54.2%，地方交付税が6.0%で，一般財源は66.6%である。地方交付税の配分基準となる「財政力指数」（基準財政収入÷基準財政需要）が長野原町は0.53で草津町は0.99であるから，この相違は当然であるが，通常の状態での長野原町の財政力つまり徴税力の脆弱性を如実に表している。

その特定財源のうち「国支出金」（3.5%）と「県支出金」（11.6%）の比重は特に目立つものではないが，草津町のそれぞれ5.0%と3.1%と比べれば，県部分の大きさは群馬県の長野原町への財政的梃入れの一端を示している。五木村の場合は，それぞれ12.4%と9.6%で，財政力指数0.22，一般財源の水準40.9%という脆弱な財政力に比べその過大な財政規模が，国と熊本県の直接的な財政支援によって支えられていることが示されている。

「繰入金」はもちろん，「諸収入」もその大部分（95.6%）が「臨時的収入」（総額44億9300万円）に属するので，その内部で問題を見ればよいだろう。

「繰入金」（15億2100万円）の内訳をみると，「財政調整基金」から2億3600

万円（15.5％），「その他の基金」から９億4500万円（62.1％），「八ッ場生活基盤基金」から340万円（22.4％）となっている。

「諸収入」（15億5400万円）の内訳は，「水源地域負担金」が12億9700万円（83.5％），「東中学校移転補償費」が２億2200万円で，この二つのダム関連収入が合計で97.8％を占めている。つまり長野原町の「諸収入」はダム事業によるものなのである。

ここで歳出に立ち返り「積立金」を見ると「ダム周辺整備事業施設管理基金」600万円（0.7％），「ダム生活基盤安定対策基金」７億5000万円（83.3％）のダム関連で84.0％を占めている。その他の積み立ては「減債基金」１億4400万円（16.0％）以外はわずかである。

このように，長野原町の財政においてはその臨時的部分において，各種基金の取り崩しによる収支の苦しいやり繰りが行われていることが見て取れるのであるが，そこには町のダム事業のために入ってきた「水源地域負担金」などの収入のうち，その年度内に充当されない分が「ダム生活基盤基金」などの基金特別会計に積立てられ，そこから各年度の必要に応じて普通会計に繰入れが行われるという資金循環が組み込まれているのである。町の過大な財政規模をもたらす臨時的歳入・歳出の膨張を支える基軸が財政構造におけるこの資金循環であるということができる。

2006年度の「繰入金」に占める「財政調整基金」と「その他基金等」からの繰り入れの大きさ（合計で全体の77.6％）は，ダム事業の存在だけでは説明できない。「構造改革」路線における「三位一体の改革」の下で，税源移譲を十分に伴わない国庫補助負担金の縮減や地方交付税の圧縮が進められ，全国の町村財政と同様に，長野原町財政の困難も増大している。1980年度に83.3％であった町の「経常収支比率」は，バブルの時期に一時的に60から70％台に低下したが，その崩壊によってその後上昇し，1906年度には105.6％（減税補てん債及び臨時財政対策債を除く）にまで悪化している。「長野原町財政健全化５ヶ年計画」もその悪化について，「義務的経費が増えているなか，町税や地方交付税が減収していることなどから年々上昇し，財政構造の硬直化が進み」，「平成16年度は100％を超える危機的な状況」であると言っている。

2001年度以後,「経常収支比率」の計算上母数に加えられ,「決算カード」に記載されるようになったのが「減税補てん債及び臨時財政対策債」である。「減税補てん債」とは, 1990年代の後半から行われた国の景気対策としての「恒久減税」にともなって生じた地方税の減収を地方債の発行枠を拡大することによって補うものである。また「臨時財政対策債」も, 地方交付税特別会計からの国の借り上げによって生じた財源の不足を地方債の発行によって補う特例的な措置であり, 地方財政における事実上の赤字公債をもって国の負担を肩代わりするものである。この操作による「経常収支比率」の数値は, 見かけ上地方財政の悪化の程度を低く表示するものではあっても, 新たな税源移譲や地方交付税の財源の確保が保証されない限り, 地方財政の悪化は加速されざるを得ない。

　長野原町の場合,「5ヶ年計画」が言うような一般財源に対する縮減圧力にもかかわらず, 義務的経費の増大が続くなか, その資金を「財政調整基金」などの基金の取り崩しによってしのぐ傾向が強まり, 基金特別会計の資金残高の減少が急速に進行するはずであった。ところが, 2003・2004年度にたまたま総額約16億円の「ダム行政経費」が収入としてあったため, その一部を基金に積立てることによって, 残高の著しい減少を免れることができた。この「ダム行政費」は2003年度の「諸収入」の約6割, 2006年度の約5割を占めたのであるが, その後のこの収入の保障はなく, それは「財政調整基金」残高の2005年度から2006年度のかけての94億円の減少となって現れ, その後の取り崩しが確実視されている(「5ヶ年計画」20ページ)。

III　長野原町のダム事業

　これまでの考察によって, 長野原町の財政は, 八ッ場ダム建設事業の開始とその本格化にともなって膨張した特異な状態にあることは明白である。それは町の財政当局による分類の「臨時的」収支が「経常的」収支の2倍を超える異常な構造によって規定されている。その「臨時的」収支の大部分が町主体のダム事業に属する。

ダム建設のための総事業は，①ダムの本体工事とそれに直接付随する道路・鉄道の付け替え，用地補償，代替地造成などの国が事業主体の主要事業とこれを補完する，②「水源地域対策特別措置法」（水特法）による群馬県・長野原町・吾妻町主体の事業，および③「利根川・荒川水源地域対策基金」（基金）によって支援さえる町主体の事業からなっていて，吾妻川・利根川の下流域公共団体（1都4県）がこれに関与する。ここでは長野原町の財政収支に表れる限りでの財政関係だけが検討の対象となり，国や都県の財政は必要な限りで考察されるにすぎない。

1　八ッ場ダム事業の全体規模と財政負担

　治水・利水・発電の多目的ダムとして建設されるこのダムの全体の財政規模は，①国主体の「ダム建設事業」費が4600億円，②群馬県・長野原町・吾妻町主体の「水特法事業」費が997億円，③長野原町・吾妻町主体の「基金事業」費が246億円でこの3事業費の合計を総事業費とすれば，ダム事業全体の財政規模は5843億円となり，①が78.2％，②が8.6％，③が4.2％を占める（群馬県庁提供の「八ッ場ダム事業費改定に伴う費用負担」による）。

　この総事業費の大部分を占める①「ダム建設事業」費は目的別に，治水2509.1億円（54.6％），利水2086.3億円（45.4％），発電0.1億円（0.1％）である。その国費負担は「洪水調節」目的の1688.8億円と「維持流水」目的の67.6億円の合計1717.7億円で，治水目的のみ，全体の37.3％にすぎない。よく国の直轄事業にたいする地方公共団体の負担金の大きさが問題となるのであるが，ここでも治水事業の30.0％と利水，発電事業の全額が流域の1都5県の負担となる。このように国主体の「ダム建設事業」費においても，その62.7％の負担を都県が負うことになるのである。そのなかでも，治水事業（179.9億円）と利水事業（772.0億円）を合わせて951.9億円（20.7％）を負担する埼玉県と同じく162.1億円と707.7億円，合わせて869.9億円（18.9％）を負担する東京都の負担の大きさが目立つ。

　日本経済の戦後復興期に始まり，高度成長期後半に経済成長の促進・持続を主導し，その後の低成長期以後もバブル経済を助長し，その崩壊による長

期停滞対策として，持続してきた大型公共事業中心の国土・地域開発政策のために地方公共団体の財政は動員され続けてきた。その恩恵を地方公共団体と住民が全く受けなかったわけではなく，国の政策に誘導され，補助金や地方交付税における優遇措置の獲得に奔走するような一面もあった。その結果が国公債の累積であり，国，地方を通ずる財政難である。経済の構造変化による波及効果の低下もあって，財政再建のためには，公共事業の選択的縮減は避けて通ることができなくなっている。地方債の発行には国債と比べおのずから限界があり，地方公共団体の政策選択の自由度は小さい。国策としての公共事業の縮小とともに，国の直轄事業への負担金の削減が要求されるのはこのような一般的な事情によるものであるが，長野原財政としてはそれは主として国と都県の問題であるから，ここでは都県の負担の大きさを確認するだけでよい。

2　長野原町の「水特法事業」

(1)　水源地域特別措置法（水特法）とその八ッ場ダムへの適用

「水特法」の意義やその成立（1973年）・八ッ場ダムへの適用と実施の経移についてはこの研究のほかの分野においても論及されていると思われるが，ここでは財政にかかわる重要規定を整理しておきたい。

①「水特法」の目的　　ダム建設によってその地域の「生活環境，産業基盤等」の「基礎条件が著しく変化する」ことへの対策として，「関係住民の生活の安定と福祉の向上を図り」，ダムの「建設を促進し，水資源の開発と国土の保全に寄与すること」（第1条）とされる。

②「水源地域」の指定　　「水特法」による「指定ダム」とは，「その建設により相当数の住宅または相当の面積の農地が水没するダムで政令で指定するもの」（第2条）のことであるが，その「水源地域」の指定は，「都道府県知事の申請に基づ」き，「あらかじめ関係市町村長の意見を聞き」，国土交通省を通じ，決定・公示される（第3条）。

③「水源地域整備計画」の策定とその内容　　「指定ダム」と「水源地域」の公示後，都道府県知事は「整備計画」を「遅滞なく」作成し，「関係

地方公共団体の長及び政令で定める者の意見」を聞いたうえで，その案を国交大臣に提出し，計画は決定・公示される（第4条）。その計画の内容は，「土地改良事業，治山事業，治水事業，道路，簡易水道，下水道，義務教育施設または診療所の整備に関する事業，その他政令で定める事業」である（第5条）。また，ダムによって「生活の基礎を失うもの」への生活再建（斡旋）措置がある（第8条）。

　④**補助負担金のかさ上げ**　「水没する住宅の数」か「水没する農地の面積が特に大きなダム」の場合，特例として国の補助負担金のかさ上げが行われる（第9条）。

　その住宅数は150戸以上，農地面積は150ヘクタール以上とされるから，八ッ場ダムの場合，340戸と48ヘクタールでこの条件の一方を満たし，「第9条指定ダム」ということになる。

　⑤**流域地方公共団体の負担**　事業主体地方公共団体は流域の受益地方公共団体または個人と協議し負担を求めることができる（第12条）。

　概略以上のような「水特法」の適用によって，長期のダム反対運動は「苦渋の選択」をもって終息することになった。その法的・行政的諸条件（ダム指定，水源地域指定，基本計画の策定など）の充足のためにも，群馬県の長野原町への「生活再建案」とその「手引き」の提示（1980年）と「水特法」ダム指定告示（1986年）以来，水没5地区の「水源地指定」告示を受けての「地域整備計画」の閣議決定（1996年）まで16年が経過している。この間に，また今日まで，長野原町，吾妻町，群馬県，国の折衝・協議と合意が積み上げられ，それと平行してダム事業が徐々に実施されてきている。その詳しいいきさつや手続きについては煩雑でもあり，他の研究と重複すると思われるので，ここでは，水特法事業には直接の関係はないが，2008年までに3次にわたって「基本計画」が変更され，第2次変更（2004年）によって「流水の正常な機能の維持」が目的に加わり，国の「ダム建設事業」費が当初の2200億円から4600億円へ約2.1倍の増額となったこと，第3次変更（2008年）によって発電が目的に加わり，工期が2015年まで延長されたことを指摘しておく。

(2) 八ッ場ダム建設における「水源地域整備計画事業」

　八ッ場ダム建設のための「水源地域整備事業」（水特法事業）は，62事業，総額約997億円である（2000年変更決定）。その費用負担は，国庫補助金504億円（50.5％），「地方公共団体負担金」491.5億円（49.3％），受益者負担金2億円（0.2％）となっている。

　「地方公共団体負担金」のうち，地元3団体の負担額は88.4億円（18.0％）で，そのうち群馬県59.6億円（12.1％），長野原町21.1億円（4.3％），吾妻町7.7億円（1.6％）である。残りは「下流受益都県」（群馬県，茨城県，埼玉県，千葉県，東京都）403.1億円（82.0％）の負担となる。この「受益」の意味は「群馬県（企業局・藤岡市）」となっていることや栃木県の負担がないことから，「利水」にかかわるものと言ってよいだろう。この下流都県の負担割を見ると，群馬県10.5％，茨城県6.5％，埼玉県35.4％，千葉県15.2％，東京都32.4％で，「水特法事業」の場合も埼玉県と東京都の費用負担が目立つ（合計67.8％）。「水特法第9条指定ダム」として国庫補助負担のかさ上げはあるが，この事業も国主体の「ダム建設事業」と同様，地元と利根川流域の地方公共団体の受益者負担的な共同負担に負うところが大きいのである。

(3) 長野原町の「水特法事業」の目的とその費用負担

　群馬県庁提供の「八ッ場ダム水源地域整備計画事業報告書」によれば，2006年度までに清算が行われた諸事業のうち，長野原町主体の「水特法事業」の完成までの総事業費は，338億3800万円である。これは群馬県と吾妻町が主体の事業を合わせた「整備計画事業」全体1078億7200万円の31.4％を占めている。

　長野原町の「水特法事業」を目的別に分けてみると①「産業」（26％），②「生活環境」（59％），③「教育・文化」（10％），④「福祉」（5％）からなっている。「土地改良」は横壁・林地区の「残存農地」と新田・大屋原・小菅地区の「農業集落排水」のためのものであり，「共同利用施設」は「園芸施設」と「林産物栽培等」のため，これに「畜産活性化」のための汚水処理を加え，「産業」（農林牧畜業）として一括した。道路事業については，山間地

第2章　八ツ場ダム建設事業と長野原町財政の膨脹　47

表2-3　八ツ場ダム「水特法事業」費の構成と事業進捗率

	総事業費	構成比	事業費累計額 (2006年度まで)	進捗率
	百万円	%	百万円	%
土地改良	6537	19.3	3564	19.3
道路	7482	22.1	738	22.1
簡易水道	3660	10.8	1479	10.8
下水道	8495	25.1	3323	25.1
義務教育	1098	3.2	648	3.2
公営住宅	1355	4.0	556	4.0
共同利用施設	849	2.5	155	2.5
公民館等	765	2.3	281	2.3
スポーツレクレーション	1642	4.9	243	4.9
保育所	137	0.4	156	0.4
老人デイサービス	50	0.1	47	0.1
消防施設	336	1.0	18	1.0
畜産	1432	4.2	1103	4.2
合計	33838	100.0	12311	100.0

出所：群馬県庁提供の「八ツ場ダム水源地域整備計画事業実績報告書」(06年度)による

方の町道であるから，生活目的とみなしてよいだろう。教育・文化は主として小・中学校の建設である（表2-3）。

　事業の06年度までの進捗状況を見ると，当面の生活と生活再建のための基盤づくりと生業としての農林牧畜業の基盤づくりが優先的に進んでいることがうかがえる。事業全体は遅れがちながら，小中学校の建設や保育所・老人施設の建設がほぼ完了していることが事業進行の一応の目安となるだろう。

　水没地域住民や長野原町の強い要望に基づく「生活再建計画」を財政的に裏付けるものであるから，この財政支出の状況はむしろ当然の結果であるといってよいが，事業の遅滞が気になるところである。

　次に長野原町役場提供の「年度別水源地域整備事業費確認表」(06年度)によって，町の「水特法事業」の費用負担関係を検討しよう。

　この「確認票」の数値は群馬県の「事業報告書」と必ずしも整合しない。その「確認」と「清算」は一般の財政における「予算」と「決算」に相当するものと考えるべきであろう。また，「水特法事業」の全体規模とその費用負担と目的別の事業内容についてはすでに「清算」数値を用いて検討したの

で，事業項目全てを検討する必要はないであろう。

ここでは，「水特法事業」のうち典型的と思われる「土地改良」目的の①横壁・林地区の「残存農地」改良事業，②新田・大屋原・小菅地区の「農業地区排水」事業，道路整備目的の③「林長野原線」事業，「下水道」目的の④「水没地区」事業と⑤「水没外地区」事業，「義務教育」目的の⑥「東中学校」分，および「公営住宅」目的の⑦「川原湯地区」分の7事業を採りあげる（表2-4）。

①事業費911万3000円の負担は，国450万円（49%），県225万円（24%），長野原町236万3000円（25.9%）で，町の負担は4分の1強であるがその全額を「下流域」都県が代替負担する（代替率100%）。この事業の場合，長野原町の実質負担（一般財源からの支出）は0となる。

②の事業費1億8315万円の負担は，これに対し，国9157万5000円（50.0%），県1857万5000円（9.8%），「受益者」366万3000円（2.0%），町6991万2000円（38.2%）である。町の負担は①より重いが，これを「下流域」が6148万1000

表2-4 長野原町の典型的「水特法事業」の費用負担（06年度）

目的	事業	事業費 千円	費用負担				「下流域」都県による代替負担
			国	県	「受益者」	長野原町	
土地改良	①横壁・林地区 残存農地	9113	4500	2250		2363	2363
	負担率%		49.4	24.7		25.9	(100.0)
	②農業集落排水	183150	91575	18000	3663	69912	61481
	負担率%		50.0	9.8	2.0	38.2	(87.9)
道路	③林長野原線	147000	98000	0	0	49000	49000
	負担率%		66.7	0.0	0.0	33.3	(100.0)
下水道	④水没地区	650947	306975	0	0	343972	343972
	負担率%		47.2	0.0	0.0	52.8	(100.0)
	⑤水没外地区	563053	265526	0	11261	286267	251743
	負担率%		47.2	0.0	2.0	50.8	(87.9)
義務教育	⑥東中学校	267070	0	0	0	267070	267070
	負担率%		0.0	0.0	0.0	100.0	(100.0)
公営住宅	⑦川原湯地区	253000	61000	0	0	192000	192000
	負担率%		24.1	0.0	0.0	75.9	(100.0)
	合計	3532000	912269	20250	14924	2449208	2403985
	負担率%		25.8	0.6	0.4	69.3	(98.2)

出所：長野原町役場提供の「年度別地域整備事業費確認表」（06年度）による

円だけ代替負担する（代替率87.9％）。町の実質負担は，下流域負担によって843万1000円（4.6％）に軽減するが，町の一般財源から補填されなければならない。「受益者負担」があり，下流域負担率に差があるのは，この「農業地区」には水没地区以外も含まれていることが反映されていると思われる。

　③の「林長野原線」事業1億4700万円の負担は，国9800万円（66.7％），町4900万円（33.3％）で，国の負担が3分の2と大きく，県の負担はない。県の負担がないのは県道の事業主体となるためであろう。町負担分についてはその全額が下流域負担によって代替される（代替率100％）。

　④「水没地区」下水道6億5094万7000円は，国3億697万5000円（47.2％），町3億4397万2000円（52.8％）であり，町の負担は全額「下流域」によって代替される（代替率100％）。

　⑤「水没外地区」下水道5億6305万3000円の負担は，国2億6552万6000円（47.1％），「受益者」1126万1000円（2.0％），町2億8626万7000円（50.8％）で，県の負担はなく，受益者負担がある。町の負担は2億5174万2000円だけ「下流域」が代替し（代替率87.9％），残る3452万4000円が純粋の町負担となるのは②の場合と同様である。町の実質負担は6.1％に軽減されるが，これは一般財源をもって補填しなければならない。

　⑥の「東中学校」の建設事業費2億6707万円は全額町負担で，国と県の負担はない。それは地方公共団体の義務教育費には一般に国の補助があり，学校の建設と備品の整備については（主任以外の職員の給与も）市町村が，教職員の給与については都道府県が責任をもつという関係から来るものであろう。この町負担の全額が「下流域」のよって代替負担される（代替率100％）。

　⑦の川原湯地区の「公営住宅」事業2億5300万円の負担は，国6100万円（24.1％），町1億9200万円（75.9％）で，町負担の全額を「下流域」が代替負担する（代替率100％）。国の負担は4分の1弱で③の道路整備と比べ小さい。

　2006年度の長野原町「水特法事業」費の総額35億3220万1000円の負担関係は，国9億1226万9000円（25.8％），県2025万円（0.6％），「受益者」1492万4000円（0.4％），長野原町24億4920万8000円（69.3％）である。「下流域」の代替負担は24億4920万8000円で，町負担の98.2％を代替する。

以上の2006年度長野原町「水特法事業」の典型的な事例の検討から判明することは，事業よって異なるが，国の負担は事業費総額の4分の1が確定しているに過ぎず，その約7割が形式的に町の負担として予定され，その町負担のほぼ全額が「下流域」1都4県の負担に転嫁される仕組みになっていることである。すでにみた「ダム建設事業」における直轄事業負担金に加え，「水特法事業」における負担の重さが「下流域」都県の財政を圧迫する要因となっている。長野原町財政においては，町の負担は「下流域」の負担代替によってその大部分が軽減されるとはいえ，町財政の一般財源から賄われなければならない実質負担が残り，その累計額は2006年度までに3億1567万4000円に達する。町財政の経常財源の脆弱性から，その負担は苦しい財政運営の要因となりかねないのである。

3　長野原町の「基金事業」

　「ダム等の建設に伴い必要となる水没関係住民の生活再建対策と水没関係地域（水源地域及びその周辺地域）の振興対策に必要な資金の貸し付け，交付等の援助及び調査を行うこと」（利根川・荒川水源地域対策基金　寄付行為第3条）により，「ダム建設事業」と「水特法事業」を補完するのが「基金事業」である。その事業規模は30事業約246億円（3事業合計の4.2％）で，他の事業と比べ規模は小さいが，2事業が建設中心であるのに対し，資金の貸し付けや給付を含む住民生活への直接支援と町財政への資金補給を行うことができるところに特長がある。

　「基金事業」費，その大部分が「国及び地方公共団体からの委託費等」（寄付行為第5条）であると思われるが，その負担の内訳は，東京都83.1億円（33.76％），埼玉県90.6億円（36.8％），千葉県38.8億円（15.8％）茨城県16.7億円（6.8％）群馬県（藤岡市を含む）16.8億円（6.8％）となっている。この負担割合は各年度の事業費負担においても基本的には変わらない。この場合も，埼玉県と東京都の負担が大きく（全体の約7割），負担配分の基準は「水特法事業」に準ずるのであろう。

　2006年度の事業費は，群馬県庁提供の「八ッ場ダム基金事業の実施状況」

によれば，8億3656万5000円である。その内訳は，①「代替地等の取得および営業開始に対する助成」のうち「住宅取得拡大資金利子補給事業」24万6000円，②「職業転換助成」0，③「水没関係地域振興助成」のうち「吾妻峡温泉施設整備事業」420万円，「現地生活再建支援事業」7739万円，「水源地域財政基盤安定事業」7億5000万円，④「生活相談員設置費助成」416万1000円，⑤「調査費助成」56万8000円である。

2007年度までの事業費の累計39億7693万1000円の内訳をみると，①2億456万5000円（5.1%），②600万4000円，③35億2898万4000円（88.7%），④1億2506万円，⑤1億1231万8000円（2.8%）で，そのほとんどが「水没関係地域振興助成」であり，中でも「水源地域財政基盤安定事業」23億6993万1000円が最も大きく，町財政の困難を救済するものとならざるを得ない。

長野原町財政の特殊性——結びに代えて

以上IからⅢまでの長野原町財政の考察からわかることは，第1に財政規模の異常な膨脹である。その膨脹は日本経済のバブル期に始まり，バブル崩壊後の長期不況期を通じて持続したのであるが，その趨勢については全国市町村の一般傾向と大きな違いはない。長野原町の場合，財政膨脹開始の時期がダム建設の開始と重なり，ダム事業が次第に具体化・実施されることによって町財政の膨脹が加速され，2000年以後市町村の財政規模が縮減傾向にある中で今日の肥大化に至った点が特異なのである。ダム事業は町財政の普通会計における「投資的経費」の大きさとなって現れる。町の財政収支はその年度中に行われるダム事業とそれに充当される「諸収入」によってだけでなく，ダム関連基金への「積立金」とそこからの「繰入金」の介在によっても規定され，その全体が町財政の臨時的部分の大きさとなって現れるのである。第2に長野原町のダム事業は，「水特法事業」と「基金事業」からなる。「水特法事業」の町負担の大部分は「下流域」都県によって代替負担されるが，代替されない部分は長野原町の独自負担として，一般財源から補填されなければならない。「基金事業」は町財政の補強として使われるところが大きい。

長野原町の財政はダム事業によって普通会計の運営が大きくゆがめられるばかりでなく，経常的な財政もその実質負担によってもともと脆弱な一般財源が圧迫され，財政再建と安定化の困難が加重されているのである。長野原町としても，「長野原町行財政改革推進計画」（04年8月）に基づき，「財政健全化5ヶ年計画」（05年8月）を策定し，「危機的状況にある」町の財政の現状と将来に対応しようとしている。水没地域住民ばかりでなく町民全体の生活再建と生活の安定が町の行財政運営の中で最も優先されなければならない。

ダム本体工事中止という新たな事態が始まろうとしている今，これまでの計画の大きな見直しと変更は不可避となるだろう。その場合第1に，水没地区住民の生活再建のための補償と保障はこれまで以上に国の義務として十分に行われなければならない。第2に，「下流域」都県の財政協力はこれまでも重要であったが，その継続には，利根川流域全体の開発計画の全面的，科学的再検討とともに，流域住民間の相互理解が不可欠である。「流域委員会」の住民参加による活用など地域間の自発的・民主的な協力関係が強化されなければならない。第3に，「財政健全化5ヶ年計画は」現在進行中であるが，町のダム事業の再検討も群馬県の仲介によりこれと並行して始まっている。これまでの経験を踏まえ，関係諸機関の協力により，財政問題の分析と予測がより正確に行われ，住民の納得が得られる計画の遂行が期待される。

（1）（2）「構造改革」や「三位一体の改革」の説明は「今後の経済財政運営及び経済構造に関する基本方針」（2001年）など『地方財政白書』（平成18年版）の資料（資159〜300）を参考にした。

　本稿の作成にあたっては，群馬県庁特定ダム対策課の坂尾博秋氏と前橋康裕氏，長野原町役場財政企画グループの市村敏氏には貴重な資料の提供と説明のお世話をいただいたこと，その資料を十分には利用できなかったことについて，お礼とお詫びを申し上げなければならない。また，図表の作成に当たっては，同僚の石井敏教授に全面的にお世話になったことに厚く感謝する次第である。八ッ場ダム建設の財政問題の私の研究は今後も続けられるので，不十分な点はその中で補っていきたい。

第3章　八ッ場ダム建設と地域の疲弊

問題の所在

　政治に翻弄される八ッ場地域の住民たち。戦後間もない1952年に突如ダム計画が地元住民の了解も経ずに決定され，長い反対運動の末，生活再建計画の策定と引き替えに受け入れを決めたのが1991年。その後，遅々として進まない代替地への移転にしびれを切らしたのか，水没地域の住民は次々と下流地域に移転を決め，それでも代替地への移転を決めた住民は，新しい地域への移転とそこでの生活を待ちわびていた。ところが2009年の歴史的な政権交代によって，新しく政権についた民主党はこれまた地元住民への事前相談なく，八ッ場ダムの建設中止を打ち出し，地元住民を憤慨させるとともに，大いなる不安のなかにたたき込んだ。こうした経過を一瞥しただけでも，八ッ場ダム地域の住民は政治に翻弄されてきたということができよう。

　しかし八ッ場ダム建設予定地域は，政治に翻弄されてきただけではなく，多くの住民が代替地の完成を待たずに，地区外へ移転していき，地域はコミュニティの維持すらままならないほど，疲弊していった。

　ダム建設は，多かれ少なかれ地域に犠牲を強いるものであるが，この地域ほど当初の生活再建計画と齟齬をきたし，地域を疲弊させた事例は少ないように思われる。本章では，ダム建設に伴う地域疲弊の要因を生活再建計画を中心に地域住民からの聴き取り調査を中心に明らかにする。

I ダム建設による地域疲弊の現状とメカニズム

1 ダム建設による地域疲弊の現状

　八ッ場ダム建設予定地域の疲弊ぶりを示しているのは，水没予定地域の住民数の激減と高齢化である。表3-1からわかるように，川原畑，川原湯，林，横壁，長野原の水没5地区の世帯は，ダム建設が決定される前の1979年には822世帯であったが，地元住民が長い交渉の末，「利根川水系八ッ場ダム建設事業の施行に伴う補償基準」（以下「補償基準」と略称）を調印した2001年以後，急速に移転が進み，2007年には540世帯にまで減少している。代替地移転希望者は，全水没地域の川原畑地区では1979年の約5分の1の18軒に，川原湯地区では約6分の1の39軒に激減した。とくに温泉街である川原湯地区では，10軒ほどあった温泉旅館のうち代替地への移転を希望しているのは6軒に過ぎない。世帯数の急減によって，川原畑・川原湯地区では，例え代替地に移転したとしてもコミュニティとしてのまとまりすら危うくなる事態になっている。

　時期的に見ると，2003年頃から転出が急速化するが，これは同年12月に代替地の分譲価格が発表され，その価格が坪単価17万円という予想より高価格であったことと，代替地造成計画が遅れたことで，代替地への移転を断念したケースが多いからである。代替地の造成が遅れた理由は，権利関係が複雑

表3-1　水没地域の世帯数の推移

	1965年	1670年	1980年	1987年	2000年	2003年	2005年	2006年	2007年	2008年	代替地希望者
川原湯	148	171	195	198	181	150	86	73	65	40	39
川原畑	63	75	83	89	95	70	28	26	24	21	18
林	105	102	103	107	106	102	99	99	98	84	22
横壁	45	47	51	58	62	54	46	51	50	34	16
長野原	401	423	357	358	321	312	313	307	303	―	39
合計	762	818	789	810	765	688	572	556	540	―	134

出所：1965年，1970年，1980年，2000年，2005年は『国勢調査』，それ以外は長野原町及び群馬県資料，2008年は聞き取り調査，代替地希望者数は『東京新聞』2009年11月18日「八ッ場ダム」

で代替地の買収が思うように進まなかったことや土地売却代金の非課税枠の問題から，一度に買収ができず，数年間にわたって買収が進められたといった事情が考えられる。

これら地区外転出者の状況を見たのが，図3-1である。両地区とも広範な地域に転出したことがわかるが，川原湯地区ではすぐ下流の東吾妻町とそれ以外の群馬県内に転出している世帯が多く，川原畑地区では東吾妻町よりも下流の中之条町と群馬県内が20％を超え，多数になっている。川原畑地区で近隣以外の県内転出が多いのは，地区の基幹産業である農業や林業が衰退したので，子供たちが勤務先を求めて近隣町村以外の群馬県内に居住しており，その地域に親たちも移り住んだことによるのではないかと思われる。しかも近隣周辺地域への転出者は，単独で移転した人もいるが，先に移転した知り合いを頼って移転したりした人もあり，地域のつながりを現在の居住地でも保っている人もいる。また両地区とも，同じ長野原町内への移転を選択する人が少なかったことは，地域自体が疲弊し，過疎化が進んでいるので，

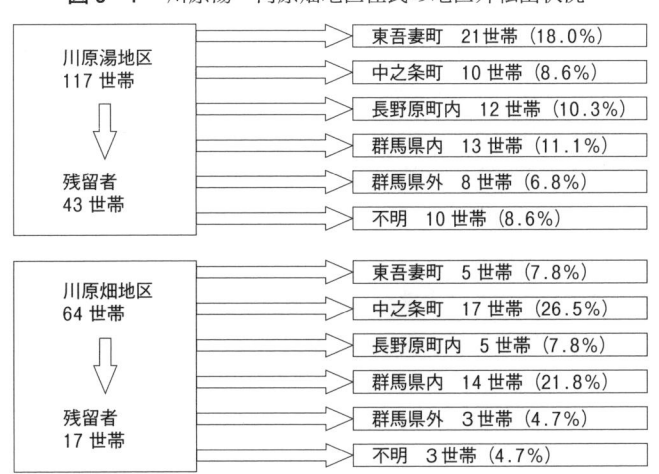

図3-1　川原湯・河原畑地区住民の地区外転出状況

川原湯地区 117世帯 → 残留者 43世帯
- 東吾妻町　21世帯（18.0％）
- 中之条町　10世帯（8.6％）
- 長野原町内　12世帯（10.3％）
- 群馬県内　13世帯（11.1％）
- 群馬県外　8世帯（6.8％）
- 不明　10世帯（8.6％）

川原畑地区 64世帯 → 残留者 17世帯
- 東吾妻町　5世帯（7.8％）
- 中之条町　17世帯（26.5％）
- 長野原町内　5世帯（7.8％）
- 群馬県内　14世帯（21.8％）
- 群馬県外　3世帯（4.7％）
- 不明　3世帯（4.7％）

注：地区全体の世帯数は，1990年段階の住宅地図より，地元住民からの聞き取りで補正したもので，転出先の世帯数は調査時点（2008年9月）の数字。
出所：聞き取り調査を整理したもの

生活環境を重視した結果であろう。このように考えると，水没地域の住民多くが地区外へ転出したから，地域の疲弊が進んだのではなく，ダム建設（の長期化）そのものが，地域の疲弊を招き，水没地域の住民の地区外転出を促進させたということができよう。そこで，次にダム建設による地域疲弊のメカニズムを検討してみよう。

2　ダム建設に伴う地域疲弊のメカニズム

　ダム建設は計画から着工までの長い期間を要することもあり，八ッ場ダム地域以外にもダム計画や建設により地域が疲弊する事例は多い。

　ダム計画・建設が地域を疲弊させる要因は複合的であるが，総括的に示せば図3-2のようになる。すなわち，第一にはダム計画があるため，国や地方自治体が社会資本整備を行わないということがあげられる。いずれ水没する地域に社会資本整備をするのは無駄であるという考えからである。八ッ場ダム地域でも老朽化した学校や道路の拡幅を国や群馬県などに要請しても，「ダム計画を受け入れるのが先」と言われて，学校の改築事業に補助金がつかず長野原町独自の財政で行わざるを得なかったということが関係者より報告されている。同様に個人の居宅や商業施設や公共施設も改修や新設が進まず，劣悪な状態のままで我慢する事例も多い。ダム計画を受け入れない限り，社会資本整備が進まないうえ，地域経済や産業の将来像も個人の生活の見通しも決まらないから，地域振興策も方向性が見いだせない状態が長期にわたって継続する。ダム建設地域は農林業が主たる産業であることが多い上に，ダム計画は地域経済や地域産業を停滞させるので，資本蓄積も進まず，新規企業の誘致や新規産業の創出も進まない。したがって就業先も限られるし，地域整備や居宅の改修もままならないので，人材流出も進み，過疎化が進行していく。

　ダム問題では，どの地域でも多かれ少なかれ賛成派と反対派に別れ，いがみ合うことも多いので，ダム建設を受け入れた後も微妙にしこりは残り，地域再建に影を落とす。

　ダム完成後の生活再建や地域再建も地域住民の意向をくみながらも，行政

第3章　八ッ場ダム建設と地域の疲弊　57

主導で進んでいくことも多い。ダム建設では，長年住み慣れた家や地域が水底に沈むことになるので，住民にとっては全くの被害者ということもあり，行政への不信感が伏在しているうえ，すでに見たように過疎化の進行により，地域を担う人材も減少しているので，地域づくりへ主体的に取り組もうという意欲も少なくなってくる。⁽⁴⁾

このようにダム建設地域は山村地域なので，過疎化が進行しやすい地域であるのだが，それに加えて過疎化を食い止める地域振興策もダム建設が前提となるので，なかなか実現しない。地域振興の担い手となる地域住民も，ダム建設の重圧のもとで長期間生活し，将来の生活計画が見通せなくなることもあり，住民の流出が続く。こうして長期にわたるダム建設計画は地域の過疎化に直接的・間接的に影響を与え，一般的な過疎化以上に地域の疲弊を進めていくことになる。「ダムによって栄えた地域はない」と言われるゆえんである。

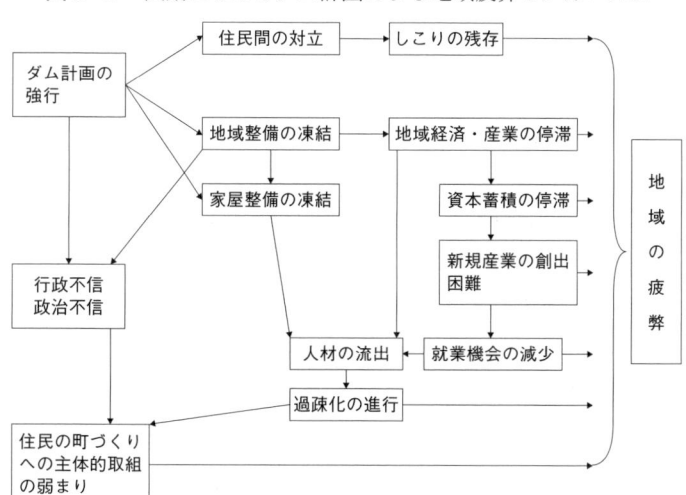

図3-2　長期にわたるダム計画による地域疲弊のメカニズム

出所：帯谷博明「ダム建設問題の展開と地域再生の模索―環境社会学の視点から」「青の革命と水のガバナンス」第6回研究会報告（2005年2月10日）配布資料を参考に筆者作成。

II ダム建設に伴う地域再建の困難さ

1 地域住民にとっての地域再建とは何か

ダム建設では、水没地域の住民は長年住み慣れた地域からの移転が不可避となるので、個人の生活再建と並んで地域の再建が重要な課題となる。なぜなら地域は住民の経済活動や労働や福祉や教育の場であるという意味で、また住民相互の交流と助け合いを通じて地域生活が安定的に営まれるという意味でも、住民生活の不可欠の基盤をなしているからである。

しかし地域の再建といっても、その意味するところは単純ではなく、多くの意味と要素を含む複合的なものである。まず地域再建の根本には、代替地に移転し、住宅を再建するということがある。しかし従来の土地で散在していた住宅群が代替地で新築の住宅群として整備されただけでは、家の集合体としての地域を「復旧」させるにとどまるものであって、コミュニティとしての地域の再建とは異なる。

地域の再建とは、そうした「家」の集合体としての地域を再現することだけではなく、長期にわたるダム計画によって疲弊してきた地域の生活条件の向上と地域の活性化を図ることを通じて、従前よりも暮らしやすい地域を造ることである。このことは水特法によっても規定されている。すなわち、水特法第14条では「国及び地方公共団体は、この法律に特別の定めのあるもののほか、水源地域の活性化に資するため必要な措置を講ずるよう努めなければならない」としており、国や地方自治体はダム建設地域の活性化をはかることを求められている。そのため、地域住民もダム建設を通じての地域の活性化への期待を膨らませていくことになる。我々の八ッ場ダム調査でも、「狭い耕地で農業だけでは食べていけない、勤め先もない。この地域の発展のためには受け入れた方がよい」（川原畑・A）というように、ダム建設を地域開発の手段と考える意見がみられた。ダム建設を受け入れる代わりに、地域住民は地域経済・生活基盤の従前と同じ内容での再建ではなく、より向上した基盤の形成を期待し、地域再建計画へ盛り込むように要求することにな

る。

　同時に，地域再建とは住宅や生活基盤といった物質的な基盤の再建を意味するだけではなく，濃密な人間関係によって形作られてきたコミュニティを再建することも意味している[5]。地域においては，地域住民間の信頼関係に基づき，相互依存関係が形成され，それにより地域住民相互の利益を維持する関係が形成されているから，相互依存関係としての地域コミュニティの再建が必要なのである。したがって完全なる地域再建とは，こうした住民相互の助け合うという人間関係も再建することが必要となる[6]。

　またコミュニティとしての地域再建という場合，地域の文化的・民俗的伝統の維持も含まれる。地域には地域固有の文化や民俗が残されているが，それは地域住民を担い手として長年をかけて育まれ，地域住民の心のよりどころとなってきただけに，神社や仏閣という建造物とともに地域の祭りや風俗・風習を維持することも必要である。住民が分散的に移転すれば，地域の文化的・民俗的伝統の担い手が失われるので，地域住民が集団的に移転する必要がある。ダム建設地域で下流域に集団移転地が造成されるのは，地域の文化的・民俗的伝統を維持するという側面から一定の合理性がある。

2　地域再建の困難さ
(1) 代替地設定の困難

　このようにダム建設では，コミュニティの再形成も含めて地域再建が地域住民の納得を得るためにも必要なのである。しかし地域再建には固有の難しさがある。とくにコミュニティ維持のために，集団移転を行おうとする場合，代替地の取得・造成が必要となるが，代替地取得には複雑な問題がある[7]。

　第1に代替地取得と造成が困難であるという問題である。水没地域の近辺にある程度まとまった面積の住宅地を速やかに確保する必要性があるが，「代替地は土地収用法の対象外」（長谷部［2007］）だから，土地収容という手段をとることができず，買収が遅れることは珍しいことではない。しかも代替地の選定にあたっては，新たな就業先との関係，生活環境，移転者の要求に見合う土地価格などの条件を満たすものでなければならない。代替地を決

定する場合でも，現地見学会を行い，できるだけ移転希望者の要求に応えるようにする。そのため，代替地を決定し，造成し，分譲するまでには時間がかかる。したがって地域コミュニティの再建を第一義的に考えれば，補償基準を妥結する前に代替地の土地を買収し，水没地域の住民が確実に代替地に移転できるという確信を持てるようにする必要がある。徳山ダム（岐阜県）の代替地本巣市文殊地区や宮ヶ瀬ダム（神奈川県）の代替地厚木市宮の里地区のように，すでに民間や住宅公団などが住宅開発を進めていた地域に集団移転地をつくり，移転までの期間を短縮させようとしたことは，きわめて理に適っている。

　第2に代替地への移転者は水没財産の補償金額を考慮しながら，移転の意思決定を行うのが一般的だから，実際に代替地に移転するかどうかは補償金額や代替地の分譲価格に左右される。地域住民にしてみれば，補償金で住宅を再建するだけではなく，スムーズに新生活を送れるように資金的な余裕を確保しておきたいという思いを持つのは当然なので，代替地の分譲価格も地域住民にとって大きな関心事となる。

　代替地価格は代替地周辺の取引事例をもとに選定（近傍類地）するのが原則だから，補償基準に見合った価格（近傍類地価格）になる。代替地では，一般に道路の拡幅や街路灯の設置，公共施設の整備などでダム建設地よりも利便性が増すから，それを分譲価格に反映すれば，当然高くなる。[8]分譲価格が事前に想定したよりも高価格になれば，住民は代替地への移転を躊躇することになる。

　他方で，長谷部［2007］が主張するように，事業者にとって代替地造成はリスクのあるものである。どれくらい代替地を造成したらよいのかは，補償金額や分譲金額によって左右されるから，不確かである。補償基準が確定するまでは住民は代替地への移転を決断できないし，他方で代替地計画が実現可能なものであるとの確信が持てないと，補償交渉は進まない。また補償基準が明確になっても，住民は自分の補償契約を締結し，補償金額が確定するまでは，移転を決断しづらい。さらに移転を決断しても，代替地の分譲金額や代替地造成計画の進展度合いによっても，住民の意思決定は左右される。

したがって当初計画通りの代替地は不要となる場合もあり得るから、代替地造成の規模をどうするかは、事業者にとっても困難さがある。[9]

3 八ッ場ダムにおける代替地問題

八ッ場ダムの場合は、地域住民の認識と事業者（国交省）側との認識にずれが生じている。代替地取得の複雑さを事業者（国交省）側は今までの経験から十分認識していたとしても、地域住民は、こうした代替地問題の複雑性を一部の人を除いては十分認識できず、地域住民は付け替え道路や鉄道駅など代替地のイメージが机上の構想だけで不確実なまま移転決定を迫られたように思われる。そのため代替地の造成が遅れると、代替地への移転に確信が持てなくなり、それが地区外への転出を促進したように思われる。この点では、補償基準妥結前に、また付け替え道路などダム建設関連土地の買収より先に、代替地の土地買収を進める必要があった。地域住民も自己の利益を最大限にするように行動する「合理的経済人」の側面を有することを認識して、代替地の買収・造成・移転計画を策定するべきであったろう。

また代替地の価格問題でも、地域住民と事業者（国交省）との間には、情報の非対称性がある。すなわち補償基準の設定では、地域住民は移転後の生活再建を考え、より高い基準の設定を求める。しかし代替地の分譲価格は近傍類地の取引価格に対応した価格となるから、補償価格が高ければ、分譲価格も高くなる。[10] 当然、事業者（国交省）はこのことを承知しているが、補償交渉の阻害要因となることから地域住民には十分には告知していなかった可能性がある。[11]

実際に、私たちが行った調査での聴き取り事例でも、地域住民は代替地の分譲価格について十分な知識を持っていなかったことがわかる。

「補償価格交渉のときは、分譲価格はでなかった。造成にお金がかかるので、分譲価格は高くなるという話はあった」（川原湯・A）
「買収価格に見合った分譲価格という説明はあったが、もう少し安いと思った」（川原畑・B）

「買収価格を高くすることに熱中していて，買収価格が高くなればそれに見合ったものになるという説明に気づく余裕はなかった。」（川原湯・B）

もっとも，「売る方としては，高く買って欲しい。しかし高く売れれば，分譲価格格は高くなると言う認識はあった」（川原畑・A）という人もいたし，「現地で再建するのだから，土地の補償金額はゼロにして，分譲価格もゼロにするという意見も出た」（横壁C）というが，地域住民全体としては分譲価格よりも補償金額に大きな関心があったということは否めない。

しかも国交省は地区外に転出するならば，補償金を支払うが，代替地移転を希望する人には代替地移転まで支払わないという方針であったという。したがって代替地造成が遅れるなかでは地区外移転を選んだ方が，経済的にも合理的だという判断が働いたものと思われる。だから，国交省の代替地造成の遅れと補償基準支払い方針が水没地域の住民の地区外移転を促進したと批判する人は多いが，一番の問題は補償基準妥結前に代替地取得の措置がとられなかったことである[12]。八ッ場の場合，代替地取得，すなわち生活再建の措置が後回しになり，補償基準が先に妥結したことで，地区外移転の経済的条件を創り出してしまった。例えば，すでに紹介した下流の中之条町に移転したAさんは，次のように述べている。

「妥結後，皆どんどん地区外に出始めた。はじめの頃は，以前から「出たい」といっていた人から出始めた。時期的には，2001年秋頃から地区外転出がはじまった。その後，2002，2003年に随分出て行った。にもかかわらず，代替地は出来ない。見通しは立たない。その間に歳をとっていく。すると，「自分がしっかりしているうちに先の見通しを立てたい」と考えるようになった。当時，自分の両親（共に90歳前後）を抱えていたこともあり，一時鬱状態に陥ってしまったほど思い悩んだ（移転後に恢復し，現在に至る）。悩んだ結果，2003年頃に地区外移転を決意した。その後，移転地を探し，2004年5〜6月頃に中之条に土地を購入して，自宅を建設し，2005年1月に引っ越した」（中之条A）

同時に住民のなかには「補償交渉を優先するように主張したものもいた」

(中之条・A) というから，住民間で足並みがそろっていたわけでもない。そのため，国交省としても，地域がダム建設を容認したならば，生活再建よりも補償交渉を進め，ダム建設を促進したいという要求が強かったと思われ，代替地造成が二の次になったのではないかと批判されても仕方がない状況を⁽¹³⁾つくり出したのも事実である。

4 コミュニティとしての地域の維持の困難さ

　ダム建設における地域再建とは，すでに見たようにコミュニティとしての再建という意味もある。しかし，代替地を造成し，集落を再建するだけではなく，地域住民の協働組織としてのコミュニティの再建には，ダム建設固有の困難がある。

　その第1は反対運動の分裂による，人間関係の複雑さである。ダム建設に伴う地域住民の間の考えの違いが，賛成派，反対派，条件付き賛成派などに分かれ，対立した関係が反対運動収束後も微妙に影響し，代替地でコミュニティを再建しようという意欲を阻害する面がある。八ッ場ダム地域の聴き取[14]りでも，「表だってはないが，反対派の人たちは賛成派の人はおもしろくない。しこりは残った」(中之条・A) というし，「しこりは残っている。いがみ合うこともあった。買い物も賛成，反対で分かれた」(川原湯・A)[15] というように，ダム建設に対する意見の相違がしこりとして残り，現地再建へのこだわりを少なくし，地区外移転を決定させた心理的要因になった可能性がある。

　第2には地域再建をめぐる地域間および地域内住民の意見の相違が顕在化し，地域住民の協働を困難にしていったということである。

　八ッ場ダム建設をめぐる地域間のコンフリクトが顕在化する過程を見てみよう。これは，全水没地域（川原湯・川原畑）と一部水没地域（林・横壁・長野原）との間で，さらにとくに温泉と観光を生活基盤とする川原湯とそれ以外の地域との間で，代替地価格をめぐるコンフリクトとして現れた。これは，川原湯地区とそれ以外の地域では地域再建・生活再建に対する切実度の違いがあり，それが代替地価格という地域再建の基盤となる問題を通じて噴出した。

その過程を新聞報道により見てみよう。代替地の分譲価格については，「読売新聞群馬版」2005年3月1日付けで，「全戸が水没する川原湯，川原畑地区側からは「実質ゼロ回答だ」「ダムによる犠牲を考慮しない不誠実な対応」などと不満が出ている」と住民の不満を伝えた上で，「これ以上の価格見直しをできないなら，交渉を引き延ばすより早くまとめた方がいいといった意見もある」と妥協の動きを伝えている。同日付「上毛新聞」では川原湯と川原畑地区が反対する一方，「地元住民の他地域への流出を防ぐためにも，早期合意を望む声が強い」という他地区住民の声を伝えている。その後，「上毛新聞」2005年3月12日付けでは，川原畑地区が国交省の提示する分譲価格に合意することを伝え，川原湯地区だけが反対していることになった。その川原湯地区では，分譲価格に不満が強く，「読売新聞群馬版」2005年3月18日は，「早期妥結を望む他の4地区と分かれてでも交渉を続けるべきだとの意見も出た」と伝えている。「上毛新聞」2005年4月10日付けでは，「交渉の長期化は，当初予定された本年度中の代替地移転開始に影響を及ぼしかねない。分譲価格の妥結後には個別交渉と，分譲する土地の上限や分譲者の条件などの分譲基準交渉が控える。移転者が希望する分譲地の意向調査も行わなければならず，四地区では『移転開始が遅れるのでは』と心配する声が出ている」という記事が，また同新聞4月14日付けでは「合意を了承しない場合は交渉が暗礁に乗り上げる可能性が出てきている」として，川原湯地区が合意しないと，代替地移転計画がうまくいかなくなると言う懸念を伝えている。「朝日新聞群馬版」2005年4月15日付けでは，八ッ場ダム水没5地区連合補償交渉委員会委員長の萩原明朗氏は「4地区だって不満はあるが，『早く決まるなら』と了承した。早い機会に5地区合わせて調印できればいい」と早期解決を切望する思いを述べ，川原湯地区の受入を促すような発言をしている。「読売新聞群馬版」2005年4月16日付けでは，「温泉街を抱える川原湯地区が依然として基準に難色を示しており，交渉が長引けば分譲開始時期がずれ込む可能性もある」として，川原湯地区の早期合意を促すような記事になっている。これに対して，川原湯地区でも，「豊田治明委員長は『温泉地再建のためにも早く回答を出すべき』と収束を要望。しかし，参

加委員からの反発が強く,三十日に再度委員会を開くことになった」(「上毛新聞」2005年4月25日)との報道に示されているように,川原湯地区の委員長を中心に合意を急ぐ考えを出している。しかし「毎日新聞群馬版」2005年4月26日付けによれば,4月24日の川原湯地区のダム対策委員会の総会では,「交渉は難航。次回会合では参加できない委員の委任状を準備して,多数決にする可能性も出てきた」として,川原湯地区では全員一致ではなく,多数決で決することも辞さない様子を伝えている。こうした動きを受けて,4月30日の川原湯地区の総会では,「多数決」で受け入れることを決めた。これについて,「上毛新聞」2005年5月1日付けは「協議では,出席会員で意見が分かれ結論が出ないまま多数決を行い,『合意了承』の意見が多数を占めた。同地区の豊田治明ダム対策委員長は,上毛新聞社の取材に対し『納得できる価格ではないが交渉も長期化したので,多数決の結果を受け,やむを得ず受け入れることにした』と語った」と伝えているが,この記事からも国交省が提示した分譲価格の受入は川原湯地区では苦渋の選択であることが伺える。

　このような分譲価格の受入をめぐる川原湯地区の反対の動きは,他の4地区から完全に孤立し,マスコミ報道からも陰に陽に受入を迫られていたことがわかる。代替地の分譲価格をめぐる交渉が統一的な交渉となった点は評価できるが,川原湯地区で「多数決」で決したことからわかるように,合意した代替地価格は地区住民全体が満足するものとはならず,地域こぞって温泉街の全体的な再建に取り組むという目的からは乖離したものになったと言わざるを得ない。

5　地域内の階層関係から生じる経済的理由による地域コミュニティからの離脱

　川原湯地区では,代替地の分譲価格交渉が長期化したが,その理由は川原湯地区独特の階層関係にあると思われる。川原湯地区の住民は,主として三つの階層に属している。すなわち一つは,駅周辺の下湯原地区で,農家以外の住民の多くは戦後の鉄道工事などを通じて新しく転入した人たちで,主に地区外の企業に勤務している被雇用者層である。第2には戦後の繁栄期に温

泉街の借地で旅館や飲食店，土産物店などを開業した自営業者層である。第3には，古くからの旅館経営者で，彼らは温泉街やその周辺の土地の所有者でもある。[16]

こうした階層関係の下で，自己所有地，借地を問わず旅館経営者は旅館が生業であり，生活基盤であるから代替地での営業継続を臨むが，自己所有地と借地では経営基盤は大きく異なる。土地・建物を自己所有している場合，補償は土地・建物，立木補償，移転料，営業補償が対象となり，代替地での営業継続の資金は獲得できる。しかし借地の場合，建物補償や営業権に対する補償，協力感謝金に止まるから，代替地での価格如何では，代替地での営業継続には制約が出てくる。もちろん，この制約は金融機関からの融資によって乗り越えられるものとはいえ，土地・建物の自己所有者とは資金基盤は相当に異なる。

川原湯の温泉街での土産物店や飲食店などの自営業者は，借地人が多く，温泉街での営業が生活基盤であるが，借地の場合は，借地での旅館経営の場合と同じく，代替地での営業継続には資金面での制約がある。表3-2から1996年当時の借地人の業種別構成を温泉街との関係で見ると，旅館業や飲食業，小売業の一部，旅館関係勤務者を合わせれば，22人，借地人全体の44.9％になる。彼らは温泉や渓谷を観光資源とする観光客や宿泊者を対象としている点では，この土地での営業が生活基盤になっている。しかしこれらの人たちの補償は建物や営業補償，協力感謝金などに限定されるから，代替地での営業の見通しが確実とならない限り，地区外転出を選択するのは，当然である。[17]

また地区外の企業に勤務している被雇用者の場合は，地域は生計費の稼得基盤ではないという点では，経済的には代替地への移転への誘因は高いとは言えない。

こうした複雑な階層関係から成り立っている川原湯地区では，代替地への移転条件をめぐっても，利害関係は一様ではない。そのため代替地価格問題を契機に経済基盤・生活基盤の相違からくる利害対立が顕在化し，地域としての統一的な意思決定が困難になったものと思われる。国交省が提示した代

表3-2 川原湯地区の業種別借地人構成

旅館業	4
飲食業	7
小売業	6
旅館関係被雇用者	5
その他被雇用者	8
自営業者	5
その他・不明	14
合計	49

注：1996年当時の「川原湯借地人名簿」から聞き取りにより調査

替地価格をめぐって，川原湯地区の受入合意が他地区よりも遅れたのは，階層関係から生じる世帯ごとの利害が錯綜し，複雑だったからであろう。そして，それが川原湯地区では地区としての集団移転構想を「破綻」させた根本原因だったように思われる。すなわち代替地価格の高騰は，生活基盤が土地所有と切り離されている被雇用者や自営業者の場合は，代替地での生活再建を選択する誘因を低くし，むしろダム建設に伴う自己の経済的利益を最大化するためには，地区外への移転の方が望ましいという結論を選択するように導いたのである。それは経済的観点からは当然というほかはない。こうして代替地価格問題を契機に，自己利益の最大化という個人意識が顕在化し，地域コミュニティからの離脱を選択するに至ったものと思われる。[18]

III　ダム建設と生活再建

1　現段階の生活再建政策

ダム建設を受け入れた水没地域の住民にとって一番の関心事であるとともに，最も重要なのは，個人の生活再建の確実性が担保されることである。地域整備，地域振興ということで水没地域にさまざまな公共事業が実施されるようになったのは，1957年に始まる下筌ダムをめぐる蜂の巣城紛争である。下筌ダム建設や八ッ場ダム建設では，洪水防止など下流域の住民の利益が強調される一方，水没地域住民の生活を軽視したことが，紛争の激化を招いたことから，1973年に水特法を制定し，水没地域住民の生活再建を支援するこ

とを明確にした。その後,水特法の枠外の事業を行うための補助制度として,76年から水源地域対策基金制度が制定され,ダム建設に伴う生活再建政策の枠組みが形成された。

　生活再建のための施策は,表3-3のような内容で行われている。まず個人補償に関しては「公共用地の取得に伴う損失補償基準要綱」に基づき,個人の土地・建物・立木など財産に対して金銭補償が行われる。また水没する公共施設に対しては,「公共事業の施行に伴う公共補償基準要綱」に基づき,金銭補償または現物補償が行われる。水特法では,生活環境や産業基盤整備,ダム貯水池の水質汚濁防止事業などの水源地域整備計画や水源地域の活性化のための措置が行われる。水特法では整備が困難な生活再建事業や地域振興事業については,受益の下流自治体が負担する基金で行われる。さらにその他の関連施策が国や建設地の都道府県によって関連公共事業として行われる。生活再建策は,これらの施策が総合されて実施されている。

　ダム建設地域で,さまざまな公共事業を通じて,生活再建が追求されているのは,法的には水特法の規定に基づいている。生活再建について,水特法は次のように規定している。すなわち,

　「生活環境,産業基盤等を整備し,あわせてダム貯水池の水質の汚濁を防止し,又は湖沼の水質を保全するため,水源地域整備計画を策定し,その実施を推進する等特別の措置を講ずることにより関係住民の生活の安定と福祉の向上を図り,もつてダム及び湖沼水位調節施設の建設を促進し,水資源の開発と国土の保全に寄与する。」(水特法第1条)

　水特法の「生活の安定と福祉の向上」という条文にあるように,地域住民にとっては生活再建で期待するのは,従前と同じ水準での再建ではなく,より良い水準での生活再建である。

　しかしより良い水準での生活再建といっても,水特法で規定しているのは,「土地改良事業,治山事業,治水事業,道路,簡易水道,下水道,義務教育施設又は診療所の整備に関する事業その他政令で定める事業のうち,当該水源地域の基礎条件の著しい変化による影響を緩和し,又はダム貯水池の水質の汚濁を防止するため必要と認められる事業」(第5条)であり,個人の生

活再建では代替地の取得，住宅地の環境整備，職業紹介や職業訓練などに限られている。水特法第8条「生活再建のための措置」では，次のように規定されているからである。

1．宅地，開発して農地とすることが適当な土地その他の土地の取得に関すること。
2．住宅，店舗その他の建物の取得に関すること。
3．職業の紹介，指導又は訓練に関すること。
4．他に適当な土地がなかつたため環境が著しく不良な土地に住居を移した場合における環境の整備に関すること。

このような水特法の規定に基づいて，水源地整備では道路整備や下水道設備の新設，公共施設，レクリエーション施設，観光施設の建設など，個人の生活再建では土地の取得と環境整備などで，職業紹介を除けば，多くの整備事業が公共事業として行われている。表3-4からわかるように，水特法に基づいて実施されている整備計画のうち，林道も含めれば事業費の半分以上が道路事業にあてられており，次いで土地改良の11.8％となっており，合わせて土木工事業で66.7％を占めている。[19]これに県単独で行う事業や基金事業での生活道路整備を加えれば，生活関連事業では土木事業の割合がさらに大

表3-3　生活再建の体系図

〈補償〉	〈水特法〉	〈基金〉
1．一般補償 ・個人の財産的価値に対する補償 （62年補償基準決定） 2．公共補償 ・公共施設の従前の機能回復のための補償 （67年補償基準決定）	1．水源地地域整備計画 ・生活環境，産業基盤等の整備事業 ・ダム貯水池等の水質汚濁防止事業 2．固定資産税の不均一課税に伴う措置 3．水源地域活性化のため	1．水源地域対策基金 ・生活再建対策事業 ・地域振興対策事業
		〈関連施策〉 1．国のソフト施策 ・リーダー養成研修 ・生活相談員研修 ・アドバイザー派遣 2．県等の措置 ・関連公共事業 ・生活関連措置等

出所：国土交通省『日本の水資源2008年版』

表 3-4　水特法による整備計画総事業費の事業費別構成別

整備の目的	事業の種類	構成比(%)
イ．水没者の宅地・居住	1．宅地造成	1.0
	2．公営住宅	0.5
	小計	(1.5)
ロ．産業基盤の整備	3．土地改良	11.8
	4．林道	5.0
	5．造林	0.7
	6．農業水産業共同利用施設	2.2
	小計	(19.7)
ハ．生活環境の整備	7．自然公園	0.4
	8．簡易水道	4.2
	9．下水道	6.1
	10．義務教育施設	2.0
	11．診療所	0.1
	12．公民館等	1.7
	13．スポーツ・レクリエーション施設	5.8
	14．保育所等	0.3
	15．老人福祉施設	0.2
	16．地域福祉センター	0.1
	17．有線無線放送	0.1
	18．消防施設	0.3
	19．畜産汚水処理施設	0.2
	20．し尿処理施設	0.5
	21．ごみ処理施設	0.4
	小計	(22.4)
ニ．関連する公共施設の整備	22．治山	1.3
	23．治水	5.3
	24．道路	49.9
	小計	(56.5)
計	(89ダムについて)	100.0

注 1：国土交通省水資源部調べ。四捨五入により合計と一致しない。
　2：構成比は水源地域整備計画決定時のもの。
　3：指定湖沼水位調整施設（霞ヶ浦）は含まない。
出所：表 3-3 と同じ。

きくなる。

　基金事業では，水没者の代替地取得の際の利子補給，生活相談員設置，職業訓練手当，上下流交流事業などのソフト関連事業のほか，公園施設整備，観光施設整備などの施設整備事業も展開されている。

しかし個人が水没によって失われる生活基盤を再建するという意味での生活再建の枠組みは，財産に対する補償を除けば，基金事業での住宅取得への利子補給や職業訓練手当の支給に止まっており，八ッ場ダムの川原湯地区の場合のように，十分な財産を持たない借地・借家人にとっては，代替地移転もままならないし，例え移転が可能であったとしても生活を維持できる就業の場・自営の場を創り出すことが困難であるという問題がある。地域にとどまって，生活を再建しようとしても，事業計画の長期化に伴い地域経済・産業の衰退が進行しているだけに，土木事業偏重ではなく，雇用先の確保など移転対象者が自立して生活できるような生活再建政策を組み立てることが必要ではないか。

2　八ッ場ダムにおける生活再建事業の問題点

(1) 生活再建事業の概要

八ッ場ダムでも，水特法事業や基金事業，群馬県の単独事業などを通じて，さまざまな生活再建事業が行われている。枠組み別の内訳では，水特法による事業費が997億円，利根川荒川水系基金事業による事業費が246億円で総計1243億円であるが，ダム事業費4600億円のなかにもダム補償分として水特法事業との合併事業が含まれており，総額では2003億7700万円という巨額になる。これは表3-5からもわかるように，国道や県道，JR線路や駅舎など鉄道施設の付け替え道路など大規模な土木事業が多く，それに全事業費の60％以上が当てられているからである。これら道路・鉄道事業や防災対策を合わせれば，大規模土木事業が1578億5600万円，78.8％に達する。基金事業を中心とした生活再建関連事業では，総事業費279億6551万円のうち，水没関係地域振興助成が全体の40％，114億4400万円が当てられている。このように基金事業では水没関係地域振興助成が大きな事業割合となっており，これが地域の生活再建事業の中心となっている。

基金事業を中心とした生活再建計画は，1990年に国と県で策定した「地域居住計画」をもとに，国，県，町と地域住民との協議で策定された。その内容は，「水辺の参道のある，ゆったりと時の流れる田園の町」川原畑，「斜面

の自然と調和した落ち着いた温泉郷の町」川原湯,「のどかな美しい山間景観と文化の息づく生活感のあるまち」林,「恵まれた自然の中にある健康で穏やかなまち」横壁,「ゆとりと都市機能を持った,やすらぐ水辺都市」長野原というように,それぞれコンセプトをもって策定された地域居住計画にもとづいて,さまざまな施策が計画された。大きなものでは代替地造成,国道145号線の付け替え,JR吾妻線の付け替えと駅前整備,県道・町道の整備から,地域のコミュニティセンターの建設,ダムサイト公園の開設,スポーツ公園,農業経営近代化施設,園芸施設,神社や墓園の移転整備,川原湯地区では観光会館やクアハウス,横壁地区では丸岩森林公園,冒険ランド,湖面を利用したイベントスポーツやウォータースポーツゾーンの整備,林地区では特用林産物栽培施設,工芸の里の整備など箱物を中心に多彩な事業が計

表3-5 八ッ場ダムにおける生活再建事業

(単位:100万円)

事業区分	事業費	構成比	主な事業内容
移転地計画	23034	11.5%	代替地造成
道路交通対策	122637	61.2%	国道,県道,JR鉄道施設の付け替え
防災対策	35219	17.6%	湖岸整備,砂防対策
社会生活環境施設対策	8827	4.4%	水道施設,消防施設,教育施設
農林業対策	333	0.2%	代替地内農地造成
観光対策	10325	5.2%	ダムサイト公園,湖畔公園,など
商工業対策	0	0	
合計	200377	100	

出所:国交省資料(鬼丸朋子氏の整理表)

表3-6 基金事業構成

(単位:100万円)

事業区分	総事業費	構成比
代替地等の不動産取得に対する助成	2865	10.2%
営業開始に対する助成	1213	4.3%
職業転換に対する助成	104	0.4%
生活相談員設置に対する助成	164	0.6%
水没関係地域振興助成	11444	40.9%
公共補償補完措置助成	3152	11.3%
その他	9020	32.3%
合計	27965	100

出所:国交省資料(鬼丸朋子氏の整理表)

画されていた。

　このような施設建設を主とする生活再建事業を概観すれば，全体としてリゾート地域構想的なもので，その中核として川原湯温泉街の再構成とダム湖を中心とした観光資源の開発，その他の地区でも観光施設的なものを開発するとともに，規模の大きな沢は自然環境ゾーンとして利用するというものであった。

　しかしすでに見たように，水没地区では地区外への移転が相次ぐとともに，住民の高齢化が進展し，担い手がいない，施設建設後の維持費の問題，採算性などを理由に，国交省と群馬県，長野原町は2006年7月に生活再建事業の見直しを協議し，農林業施設や冒険ランドなどの観光施設など68事業の見直し案が提示され，一部事業が廃止されることになった。

(2) **生活再建計画の策定過程**

　八ッ場ダム建設に関わる生活再建事業は，もともとの計画自体が地元住民にダム建設を受け入れさせるための条件という性格が強く，その意味では行政主導で基本計画が策定されたといってよい。以下では生活再建案の策定過程を見てみよう。

　まず建設省がダム問題を進展させるために，1975年7月に水没地域の生活再建策を提示し，長野原町と住民に提示したが，住民はこれを拒否した。[20] 次いで群馬県が仲介役のような立場で，県独自の生活再建案を提示したが，反対派住民（反対期成同盟）は，知事との対話を拒否した。しかし群馬県は1978年度当初予算に生活再建案策定のための水源地域対策調査費を計上し，調査を開始した。1980年11月に，県は「八ッ場ダム建設の前提としない白紙の立場」（「上毛新聞」2009年10月2日）というスタンスのもと，住民の判断資料として生活再建案を提示した。県がまとめた生活再建案は，生活再建と地域振興策を柱としたもので，受益下流都県からの財政援助（基金事業）を含む総額1600億円で道路整備，生活環境整備，農林業振興策，観光振興策などからなるものであった。このなかには，川原湯温泉の移転を前提に，観光会館の建設や「こどもの国」（横壁地区の「冒険ランド」）といった現在の施策に

つながる内容が含まれていた。しかし，地元住民は県が提示した生活再建案にもとづく話し合いにもすぐには応じず，ようやく1981年5月から地区別に県がまとめた生活再建案の説明を受けるようになった。地区別説明会を受けて，1982年5月から町は地区別懇談会を開き，疑問点を提出し，県には現地調査を要請した。それとともに，1984年3月に町は独自に地区別の地域整備案などをまとめ，各地区でそれを検討するようになった。この検討会は，「上毛新聞」（2009年10月3日）によれば，「時には寝ずに議論重ねた。口げんかになるほどだった」という。こうした地区別の検討を踏まえて，1985年2月に町は県に県の生活再建案に対する回答書を提出した。町が県の生活再建案に対する回答書を提出したと言うことは，地域住民がダム受け入れに踏み出したということでもある。

県は町の回答書提出を受けて，町の回答書に盛り込まれた生活再建に対する要望を検討し，1985年5月に調整案を町に示した。この調整案は，①実現可能なもの，②趣旨に沿って実現に努力するもの，③将来課題として対応するもの，④実現不可能なもの，というように区分されていた。町はこの調整案を地区で検討するように要請し，何度か町と地域住民との間で調整が図られるなど，地域住民の要望や意見を組み入れるようにした。こうした町と地域住民との何度かのキャッチボールを受けて，町としての最終案をまとめ，9月に県に提出した。町の最終案を受けて，県と建設省との協議を踏まえて，1985年11月27日に県と町は生活再建案の覚え書きに調印した。ここに地域住民は反対の旗を降ろし，ダム受入を最終的に決断した。

建設省は，県が作成した生活再建案をもとに，1990年6月に現地再建案の地域居住計画を策定し，これをもとに，地域住民と協議したが，すでに述べたように川原湯地区では地域住民の階層の複雑さもあり，協定への同意は容易ではなかった。しかし川原湯地区を除く他の水没4地区が用地調査補償協定を受け入れたこともあり，1992年に「もう抗しきれない」（豊田［1996］119頁）として，川原湯地区も協定を受け入れ，地域住民全体としてダム受入を決定することになった。

このような経過を考えると，県や国が生活再建案を提示し，地元要求を入

れながら、ある程度「ダムによる地域振興」を約束したことが、地域住民が受け入れることにつながったことは明らかであろう。1980年に県が提示した生活再建案も、「白紙の立場」と言いながらも、実際にはダムを受け入れさせるための「飴」といった側面が強いのは明らかである。地元の要求に関しても、実現不可能なものと判定したもの以外は、含みをもたせているのも、地元に期待を持たせるという効果を狙ったものということができる。

(3) 地域住民と生活再建計画

　生活再建計画は八ッ場ダムを受け入れさせるための条件として、県主導で計画され長野原町に提示された後、建設省・県・町と地区住民との間で何回かの協議を経て最終決定されたものであり、その意味では完全に行政主導でなされたものではない。しかし生活再建計画については、地元住民との関わりでも、その内容の点でも問題があったように思われる[21]。

　まず生活再建計画の策定過程での地元住民との関わりの問題点について、私たちの聞き取り調査から探ってみたい。

　地元住民との関わりという点では、「会議の都度、地元の要望はできた。トップだけの考えで進んでいくことはなかった」(中之条・B)「県、町からの提案については、1回では決めないで、出席者の意見を聞いて決めてきた」(川原畑・B)というように地区内での住民合意をめざすために、民主的な進め方を行ったという自己評価がある。他方で「(この地域の人は)あまり意見を言わない」(横壁・B)、「生活再建計画に対して声に出して要求する人は少なかった。国交省の説明に対して、協力しなければいけないという雰囲気があった」(川原畑・A)、「一部の大地主の意見が通る。お前に何があるのかといわれた人もいる」(長野原・A)など発言力の強弱があったし、積極的に発言できない人もいた。また「県も原案を変えようとしなかった」(横壁・B)「最初、若者中心に「まちづくり研究会」で移転後の地域づくりを研究したが、県推薦のコンサルタントの意見と地元の要望がかみあわなかった。各部会から要望を出しても、「国のプランは最高」だからといって、押しつける。」(川原湯・A)「役場主導で、施策を作らないと水特事業の絵が描けないから作った。地域の

要望ではない」(川原畑・C) といったように,国土交通省や県がつくった計画を押しつけられたと感じている住民もいる。このように,地元住民のなかには自分たちの要求が反映されないという思いを抱いている人もいるし,地域全体の意見と言うよりも一部有力者の意見が通ると言った疎外感を感じた人いる。したがって生活再建案策定過程での住民の関わりの程度や問題意識はさまざまであった。

同時に,生活再建計画の内容や地元住民の要求にも実現可能性を顧みないなど問題点があった。生活再建計画のなかには,地区内の道路整備など身近な計画はともかくも,農業施設や観光施設については地域資源との関連,担い手,経営環境などを十分考慮しないものもあったように思われる。1980年に群馬県が提示した「生活再建計画の手引き」のなかには「農業経営はなめこ,しいたけなどの林産物との複合経営で現状を上回る収入が得られる計画をしています」という記述があるが,具体的に経営計画が策定されているわけではない。雇用対策でも県は観光会館での雇用や温泉旅館の規模拡大による雇用機会の大幅な増加や公的機関による木製品製造業や縫製業などの地場産業振興によって,450人規模の新規雇用を創出するとしているが,新規雇用のうち200人が公的機関による雇用になっているわりには,具体的に投資計画や雇用職種が提案されているわけではない。

またこの生活再建計画に基づく地元からの回答書のなかには明らかに実現困難な要望が出されているが,それでも1985年の県の回答は「将来の課題」として含みをもたせている。例えば,川原湯地区では「2000人収容のホールをもち,クアハウス的機能を持つ観光会館や屋内スポーツセンターの設置,移転代替地の金花山に大展望台やロープウェイ,森林公園,総合スポーツレジャーランドの建設」などの要望を出しているが,県の回答は将来の課題として検討するとなっている。横壁地区での,森林レジャーランドまたは総合グランド,体育館,テニスコート,プールなどの体育施設の建設という要求に関しても,県は将来の検討課題としている。

このように県の生活再建案に対する地元要求の組み入れも,形式的には丁寧な手続きで検討したように見えるが,地元の要求が過大であったこともあ

り，ダム建設後の地域振興が具体的にイメージできるようなものは少ない。水没地域の地元要求も，地道に実現可能性を追求したものと言うよりも，ダムで水没する代償として要求できる施設は要求するといった性格のものが強い。県が提示した生活再建案自体，当時のリゾートブームにのったもので，観光客や雇用人員を過大に見積もっており，実現が不可能なものでも今後の検討課題となっていることを考えれば，地域住民にダムを受け入れさせるためのものと言うことができる。実際に，生活再建計画ができて「現地で再建できそうだという見通しは持てた」（中之条・B）と言う住民もいたのも事実だからである。

　しかし生活再建案はインフラ整備中心で，地域の経済資源を利用して，地域経済の自立的な循環が可能な仕組みを担い手も含めて，どのように作っていくかという視点が少なかった。県はダム建設を受け入れさせるために，バラ色の生活再建の見通しを示し，地元住民もさらに要求を強めて，計画に反映させるようにした。地元住民もダムの犠牲になるのだから，経済的に自立できるような施策を要求するのは当然であるが，地域再建の担い手は地域住民であるという原則が，生活再建計画を協議する過程では見失われていったのではないか。こうして地域経済の限界を考慮しない過大な計画が策定され，地元住民はこの計画通り生活再建計画が実現すると信じて，ダム建設を受け入れたと思われる。

　ところが地区外への住民の移転が相次ぐようになったことや計画立案当時とは経済環境が変化したことで，当初通りの計画が「時代遅れ」になり，実現不可能になってしまった。このため，県は2006年に生活再建事業の見直し案を提示し，見直しが進められることになった。この点について，地元では「これがすぐに実現できていれば，集客もできたはず」（横壁・C）という意見もあるが，「この通りには行かないだろうと感じていた」（横壁・B），「地域の発展には役立たない。メニューを受け入れるだけの人材はいない」（林・B）と冷めた見方をしている人もいる。しかも施設の建設は水特法や基金事業で行うものの，施設の維持管理は地元負担ということになるから，完成後には地元負担だけが大きくなる。[22] 地元負担の大きさから「計画通り進

めたら，大変」(横壁・B)，「皆が出て行ってしまったので，最初の計画通り作られても困る」(川原畑・D) のは確かである。ただし「現状と同じ規模で施設園芸を検討している。人工の畑なので，かんがい用水くらいはつくらせたい」(川原畑・B) と言う声もあるが，ごく一部である。

Ⅳ　地域住民の政治・行政への不信と依存という アンビバレントな関係性

1　地域の疲弊が進行するなかでの政治・行政不信の蔓延と現状へのいらだち

　当初，ダム建設を積極的に受け入れた地元住民はほとんどいなかったと思われるが，長い反対運動の過程で疲弊し，生活再建ができるならば受け入れもやむを得ないという心情で受け入れを決めたようだ[23]。しかし代替地での新生活はなかなか実現できず，当初の生活再建案も地域の高齢化と世帯数の減少で実現する基盤が縮小し，見直しを受け入れざるを得ないところまで来ている。

　地域住民のなかには，地域が疲弊することに，何ら打開策が見いだされない現状から，行政への不信感が渦巻いている。私たちの聞き取り調査でも，以下のような行政への不信感が出されている。

　「事業の遅れが不満。一生懸命やっているしか言わない。町は，全体のまちづくりを地域に任せて，リーダーシップをとらない。地域，地域で動いているだけで，全体の構想がない。地域完結ではなく，全体のことは町でリーダーシップをとってほしい。地域も自分のことしか考えていない。地域も町も人材がいない。」(川原畑・B)

　「国交省は遅い。あきれてモノが言えない。皆不満に思っている。何をするにも，「何年後にこうなる」と言った事が，言った通りにできたことがなかった。当てにならない。先が見えない。皆は町がリードすべきだと思っているが，町は，皆が意見を出さねば始まらないというスタンス。誰が責任を持ってリーダーシップを取るかが明確でない。」(川原畑・A)

「観光公社設立が県との覚書の中に全て書かれていた。管理・運営は全て県がやってくれると信じていた。だが，時代状況の変化から，公社が直接管理・運営に関われなくなった。資金難・人材難の中で誰がやるかという問題が発生したときに，自分たちでがんばれというのでは責任転嫁である。こういうのではダメだ。当初プランを貫くべきだ。代替地を思うように取得できない不安感で，若い人が皆地区外に移転していった。残ったのは老人のみ。」(横壁・C)

「国に振り回されただけ。個人も地域も振り回されただけ。国のいいなり」(横壁・C)

「計画がいろいろ発表されるが，想像できず，自分たちで対応できなかった。」(川原畑・C)

「水のたまるのをみて死にたいと言っていた第一世代はすでに死んでしまった。」(川原畑・D)

「国に翻弄されてきた。これ以上，翻弄されたくない。今後地域が発展するかどうかわからないがここでやめるわけにはいかない。」(川原畑・B)

「政治に翻弄された。中曽根や福田が総理大臣になる踏み台にされた。一生ダムで苦しめられてきた。ダムほど恐ろしいモノはない。人が住んでいるところに作るべきではない。」(川原湯・A)

「こんなに時間がかかるなら反対すべきだったかも入れない。欲得の強い人が多い。各地区の委員長が犠牲的精神を発揮しなければならない。」(横壁・A)

では地域の停滞感は代替地の造成が完成すれば，解消し，地域活性化に向かうのだろうか。この点について，地域住民は悲観的である。「ダム湖周辺の地域振興にどのように期待していますか」という問いには，否定的な回答が並んでいる。

「町の人は視野が狭い。人の足を引っ張ることしか考えていない。温泉は草津があるので，無理。今からでは，観光も遅い。」(長野原・A)

「この地域の人はダムでくたびれている。所帯数が減少したところでは，新しいことにチャレンジするのが大変。その気にさせるのが大変。残っている人の年齢が高いので，ギャップが大きい。」（横壁・B）

「西吾妻全体を一つに連携して生きていくしかない。ダムで地域振興を考えていたが，ダメになった。自然を生かした，自然と共生したあり方を考えなければならない。地域の人が真剣に考えなければならない」（横壁・A）

「各地区が競合しないように当初プランを作っていたはずが，今では皆同じようなものになりつつある。現在は，各地区で道の駅の取り合いをしている状態である。」（横壁・C）

「渓谷を売りにしていた川原湯温泉がダム湖では，ダムサイトのコンクリ壁では観光客は来ない。道路ができれば，渋川・高崎に通勤できるが，観光面では通過点になる。地元と一体となった観光はできない。」（林・A）

こうした地域住民の発言を聞くと，行政に対する不満・不信と自らの地域の将来に対する悲観的意識が強く，地域一帯となって新しい地域づくりに動くといった感じではない。地域住民は，ダムを前提に将来の生活再建を夢見ているだけに，約束通り計画を進行させない行政に対する不信感は増幅していく。しかもこれらの人たちは，現在地での再建を選んだ人であるだけに，事業の遅れに対するいらだちは大きい。同時に，ダムによる地域振興が困難であることも認識しつつあるが，かといって行政も地域住民も有効な打開策を提示できるわけでもない。

他方で生活再建計画自体が地域の経済基盤や経済資源の検討，地域住民の主体性発揮の必要性，すなわち地域づくりの担い手づくりといった側面を軽視して立案されただけに，バブル経済崩壊後の長期不況のなかで，政府と自治体の財政赤字が拡大すると，県や国が全面的に八ッ場ダムの生活再建を引き受けることは，財政面からも困難になってきた。またGDP成長率の低下で内需が縮小し，国内リゾート施設の経営難が表面化する事態が相次いだことも，当初通りの生活再建計画の実現性に疑問符がつくことになった。この意味では国や県にとって，生活再建計画の見直しは不可避となったのである。

こうして地域住民からすれば，国や県は約束通りに生活再建計画を進めないから，地域の疲弊が進むのだということで行政への不信感を募らせていく。国や県は地域作りの担い手は地域住民なのに，自らが動こうとしないという思いをもっているようだ。八ッ場ダム地域では両者が不信感をもちながら，地域の疲弊だけが進んでいくという現状にある。

2 二重の被害者意識の形成

八ッ場ダム建設を押しつけられたことからくる政治や行政に対する不信感は，現在の下流地域で起きている反対運動にも向けられている。[24]

「ここまで来たら，ダムを作ってもらわなければ困る。今までのことが無駄になる。ダムのために犠牲になってきたのに，ダムができなかったら何のために苦労してきたのだ。」(川原畑・A)

「非常に困っている。「考える会」は「我々を苦しめるだけだ」として，縁切り宣言をした。代替地を作ってもらわなければだめなので。われわれはダム自体に賛成しているわけではない。生活の問題から言っている。」(川原湯・B)

「断腸の思いで，やむを得ないとして造ることを受け入れたのに，今さら言われても困る。ダムをストップさせて，生活再建がすんなりいくとは思えない。「考える会」が言うほど，簡単なものではない。またストップさせたら，下流都県が負担してきた資金は，ムダになる。」(川原畑・B)

「今さら見直しをされても困る。反対だ。計画を早く進めてくれ。生活スタイル，人生設計もそれにあわせてきている。」(川原畑・C)

「ダムストップは困る。ダム本体がなくて，今後の発展はない。夢が絶望に変わる。」(長野原・B)

「地元が（ダム受け入れを）決めたのに，まわりがとやかく言うのはいかがなものか」。(中之条・A)

このような発言からも，地元住民からすれば，「迷惑」あるいは「反発」

の思いを読み取ることができよう。地元住民としては，父祖の地が水底に沈むのは耐え難いが，長年の反対運動で疲れ，「容認」せざるを得ない状況に追い込まれた。地元住民は下流域の水害防止を引き受けるのだという思いで，また国や県が生活再建を図るということを約束したことで，ダムとともに生きることを選択した。下流域の市民たちの運動は，こういう思いで自分を納得させてきた地元住民の気持ちを顧みないもので，不安にさせるものだということから反発しているのだと思われる。またダムによる補償金や協力感謝金で生活再建を考えているのに，もし中止になれば自分たちが考えた生活再建計画が水泡に帰すという思いも，反発を強くしている一つの原因である。つまりダム建設中止後の生活再建の展望が見えないこと，市民運動や民主党の側も地域住民を安心させる建設中止後の生活再建案を提示しきれていないことから，地元住民は「ダム中止が先で生活再建は後回し」になるのではないかという不安にとらわれている。

　こうして地域住民にとってはダム建設もダム建設中止運動も自分たちの意思とは関わりないところで決まっていくという思いが強く，それが下流域の反対運動への不信感となって現れている。そして政治や行政に翻弄されてきたことが地元住民の「被害者」としての意識を二重にしている。すなわち一つは，ダム建設で下流都県民の利益のために財産や故郷を犠牲にするという意味での被害者であり，もう一つはダム建設を推進してきた国においても，ダム建設中止の反対運動をしてきた下流都県民の運動，民主党政権下での建設中止も，自分たちの意思とは無関係なところで，自分たちの運命が決定されたという意味での被害者である。

3　地域住民の行政依存

　地域住民は，政治や行政に翻弄されてきたという感情から不信感を強くもっているが，同時に国や下流都県民の犠牲になって，故郷を水底に沈めなければならないという思いもあり，行政に依存するという気持ちも強い。それはダム計画によって，長い間なおざりにされてきた地域基盤整備を一挙に実現させるためには，事業主体の国や県に要求し，工事を進めさせなければな

らないからである。生活再建計画でも、さまざまな事業メニューが用意されているので、それを利用して地域も個人も生活を従前よりもよくしていくためには、必然的に事業主体の行政に依存せざるを得ない。地元住民は行政に不信感を持ちながらも、行政に依存せざるを得ないというアンビバレントな状況に置かれているのである。

　行政依存が強いため、生活基盤、産業基盤が確立されたあとの地域振興に対する地域住民の関わりが弱いという問題がある。そこをついたのが生活再建計画見直しの一環としてとして群馬県が川原湯地区に提示した「ダイエットバレー構想」である。[27]これは当初の生活再建計画では、観光会館の運営主体は群馬県や町が出資する公益法人が主体となる観光公社ということになっていたが、公社形式をとることが県の財政上から困難になったという事情を受けて、構想されたものである。施設自体は基金事業で建設ができるが、その後の維持管理費は運営主体が引き受けることになる。ところが自治体が設立した公社の経営状況は良くなく、自治体財政からの補助金投入で経営を維持しているところも多く、公社経営の非効率性への批判が絶えない。公社経営についての批判的意見の強まりや経営の見通しが不明確なこともあり、川原湯地区の観光会館の経営を公社方式から、県や町、地元住民や地元金融機関、地元企業が出資し、株式会社を設立し、経営は専門の管理会社に委託し、地元住民は株主として配当を受けると言う方式に変えるものである。[28]この構想は地域づくりには、地域住民が行政サービスを受けるだけではなく、自ら主体とならなければ成功しないという自明の理を強調し、地域住民に自立を促したものと言うことができよう。

　しかし地区外移転が進み、高齢化が進み、疲弊した地域に、突然自立を求めても、混乱が広がるばかりである。地域住民が行政依存の意識を強く持つようになったのは、自分たちは国の水資源政策や下流都県民の利益を守るために犠牲を引き受けたのだという意識からであり、現在のダム建設に基づく生活再建事業もこうした上流の水源地域の犠牲にいかに報いるかという観点から成立しているのだから、地域住民が行政に依存するようになるのは当然であるといわざるを得ない。したがって地元住民が地域づくりの主体として、

行政依存の枠組みから脱却するためには，地域資源の再発見と地域資源の循環モデルを地域住民が自ら創出するために，どんな取組をどんな工程で進めていくかという工程表づくりを地元住民と一緒になって創り上げていくという地道な取り組みが必要であろう。

八ッ場ダム建設と地域社会の疲弊──結びに代えて

　八ッ場ダム建設による地域社会の疲弊の様相とその原因を地域住民の聞き取り調査をもとに，分析してきた。ダム建設と地域社会との関係においては，一般的にはダム建設地の住民が下流都市住民のために犠牲になるので，ダム建設地の住民がダム建設を受け入れやすくするために，財産に対する補償だけではなく，地域再建・生活再建のための事業を行う。この事業費は，上流のダム建設によって洪水の防止や水資源の確保などで恩恵を受ける下流地域の住民が一部負担する。

　こうした上流の犠牲と下流の受益という関係は，環境社会学では受益圏と受苦圏という概念でとらえられてきた。しかし八ッ場ダムと地元住民との関わりを考えた場合，上流の水没地域の住民は全体的には受苦的な存在であっても，その住民が属する階層によってその程度は異なるということである。つまり川原湯地区が典型的であるが，土地所有権の有無によって現地再建が可能になるかが決定されたのであり，非土地所有者は代替地価格の高さにより，移転できず，地区外へ流出せざるを得なかった。また土地所有者でも，所有面積によっては代替地への移転よりも地区外で生活再建を図った方が経済的に有利だということもあり，地区外への流出を選択していった。こうした理由により，住民の地区外流出が相次ぎ，コミュニティとしての地域の維持が困難になるほど，疲弊していったのである。したがって，経済的に見た場合，上流域の住民でも受苦の程度は異なるのであり，それが地区外流出を招き地域を疲弊させていったということができよう。

　また八ッ場ダム建設は，地域住民の行政に対する不信と依存を増幅させ，地域経済の自立を困難にしていった。生活再建計画の策定過程で，国はダム

第 3 章　八ッ場ダム建設と地域の疲弊　85

建設を受け入れさせるために，財産に対する一般補償だけではなく，さまざまな施設整備，産業基盤整備を約束したが，地域住民はダム建設を起爆剤に，地域振興を図るために要求を強めていくという過程であったように思われる。そこでは，地域の経済資源をどのように循環させ，地域経済の自立につなげていくかということが真剣に検討されたようには見えず，国・住民とも机上のプランに終始したようだ。そのため，地域住民の地区外流出と高齢化により，当初計画通りの再建計画が実現できず，地域をよりいっそう疲弊させていったのである。

（1）2010 年 3 月に発表された国交省関東地方整備局による「川原畑地区，川原湯地区における代替地への移転意向把握のための調査結果について」によれば，両地区での代替地への移転者（予定者を含む）は 52 軒，代替地周辺への移転者 3 戸を含めても 55 軒とさらに減少した。
（2）八ッ場ダム地域と対称的なのが，宮ヶ瀬ダムの場合で，長谷部［2007］によれば，ダム事業による宮ヶ瀬地区の移転者数 274 名のうち，厚木市宮の里の代替地に 190 名が移転したほか，ダム周辺の代替地に移転した住民を合わせると 229 名，85％に達する。宮ヶ瀬ダムの場合は，大多数の住民が代替地への移転を選択し，実際に移転できた。
（3）私たちが聞き取りをした，地区外移転者（中之条町）A さんは次のように述べている。「代替地は出来ない。見通しは立たない。その間に歳をとっていく。すると，「自分がしっかりしているうちに先の見通しを立てたい」と考えるようになった。当時，自身の両親（共に 90 歳前後）を抱えていたこともあり，一時鬱状態に陥ってしまったほど思い悩んだ。悩んだ結果，2003 年頃に地区外移転を決意した。」
（4）もちろん生活再建や地域再建には，地域住民の参加が不可欠なので，地元住民を交えてさまざまな地域再建計画が策定されるが，今まで地域整備がないがしろにされてきたという思いもあるので，過大な整備計画が策定されるケースも多い。
（5）もちろん地域の濃密な人間関係と言っても，それは肯定的な意味もあれば，否定的な意味もある。ここではダム建設の対象となる山間地域では，多かれ少なかれ濃密な人間関係が形成され，それが地域の生活を維持するのに大きな役割を果たしてきたし，それによりコミュニティを形成してきたということを主張しているに過ぎない。
（6）しかしダム建設では，所有物が保障の対象となるため，境界をめぐる争いが起こるほか，地域住民は建設賛成，反対で別れ，場合によってはいがみ合うこともあるので，いったん人間関係が壊れると地域住民相互の助け合い組織としてのコミュニティの再建は困難である。
（7）代替地取得・造成の複雑さについては，長谷部［2007］が要領よくまとめてお

り，本稿でも参照した．
(8) 長谷部（2007）は，代替地価格について次のように整理している．すなわち「ダム事業費による費用負担は損失に対する補償の範囲内でなければならないから，支出した代替地の造成等に要する費用は，原則として分譲等の収入等によって回収すべきであると考えられている．事実，土地収用法の替地補償規定の解釈においては，代替地は補償金に代わるものであるからその財産的な価値は同じでなければならないとするのが通説である．もっとも，代替地提供は生活再建への支援でもあるから，そのような解釈に縛られることなく，適正な価格で分譲することができるという主張もある．」ダム建設の場合は，生活基盤そのものが失われるのだから，「生活の安定と福祉の向上」が図れる価格設定にするというのも合理性があるが，長谷部が整理したように，現行法の枠内ではそうした考えを代替地価格に反映させることは困難である．
(9) この点については，長谷部［2007］を参照のこと．
(10) ちなみに，聴き取りによれば，宅地は1等級7万4300円/m^2から6等級2万1100/m^2といった評価基準になっていた．田は同様に，1万9400円から1万5300円，畑は1万8800円から1万4800円，山林は5000円から2400円，原野は1万4500円から1400円などとなっていた．この評価基準は，おおむね路線価の2倍から3倍，山林に至っては10倍という高いものであった．したがって，分譲価格も，これに連動し，高価格になったのである．
(11) 80年に群馬県が地元に提示した「八ッ場ダムにかかる生活再建の手引き」には，再建事例が試算されている．これによれば，借地で旅館を経営している場合の補償金額が9000万円，代替地に取得する土地300m^2で500万円となっているが，実際には代替地の分譲価格はこの数倍はした．例え，取得価格が500万円だとしても，差し引きで手元に残る金額が8500万円で，ここから旅館の建物・設備を新築整備すると，残余の金額ははるかに少なくなるであろう．また借地借家人の場合，借家の補償金が600万円，150m^2の土地を取得すると，350万円しか残らないから，住宅を新築することは困難である．現行の補償制度は財産に対する補償だから，自己所有地・建物を有しない場合，現地での再建は困難になる．
(12) 神奈川県の宮ヶ瀬ダムの場合は，損失補償基準の協議以前に生活再建の中心である代替地造成を先行したことで，安心して補償基準の交渉に臨めたという．もっとも八ッ場の場合，現地再建ということで造成工事も大がかりになったし，権利関係の複雑さから代替地の買収も困難を極めたという特殊な事情もある．
(13) 町は，1992年に「用地交渉に対する協定書」を締結する際に，地域コミュニティの崩壊を恐れ，補償交渉妥結時には代替地が決まっているように要求し，当時の建設省もそれを約束しておきながら，代替地の取得を進めなかった．住民のなかには，「建設省は住民が転出していくのを待っていたのではないか」（中之条・A）という人もいる．
(14) 徳山ダムでは土地の測量をめぐって，隣近所の争いがおこり，いがみ合うこともあったという．だからか，徳山ダムでは，下流の藤橋村（現在は揖斐川町）

などへの集団移転では，5ヶ所できた移転地に集落ごとに移転したわけではなく，ばらばらに移転している．
(15) 反対運動の分裂という点では，八ッ場ダムの場合，養寿館経営者の萩原好夫氏が果たした役割は大きかったように思われる．彼は，1965年5月に八ッ場ダム連合対策委員長に就任したが，崖地での営業に限界を感じ，ダム建設を好機として新天地での移転を企図したいという思いからか，条件付き賛成派として運動を分裂させていった．彼は，「いつまでも反対という絶対対立面を強調するだけでは，解決に到達しない」（萩原［1996］22頁）という考えのもとに，地元の有力代議士であった福田赳夫や建設省とも気脈を通じ，八ッ場ダム工事事務所長と図り1966年7月に条件付き賛成派を集めて八ッ場ダム総合対策連盟を発足させ，以後生活再建を重視しながら，八ッ場ダム賛成の立場で活動していった．
(16) この階層関係のなかで，川原湯地区では土地所有者の旅館経営者がさまざまな面で有力者として権限をもち，それが反対運動にも非民主的側面をもたらした．この点について，萩原［1996］41頁は次のように述べている．
　「運動の切り崩しを恐れて，借地人ら弱い立場の人々の実印を委員長に預けさせたり，ダムに賛成したものには一年以内に土地を返還させるなどの契約条項を設ける等，反対運動が一部有力者を中心として，常識を越えた形態をとったことは，強い国家に対する弱い住民のやむにやまれぬ絶望的な反抗であったがためであるとともに，この地に残っていた封建的な関係によるものであった．」
(17) 借地人の補償は，一般的には商業地では8～9割，住宅地では6～7割といわれるが，川原湯地区の場合は借地の場合の補償基準は120％増で計算し，うち80％が地主，40％が借地借家人に配分された．しかし借地借家人には全く配分されなかった例もあるという．借地借家人への配分が低かったのは，川原湯地区では反対運動を強化するため，地代が安く抑えられていたということもある．しかし補償交渉では，この地代の安さが逆に借地権割合の低さもたらした．建物の補償があるとはいえ，これでは高額になった代替地での生活再建は不可能だといってよい．したがって，代替地での営業や生活を望んでいた人も断念せざるを得ず，地区外に転出せざるを得なかったと思われる．結局，川原湯地区では土地所有者―借地借家人という土地所有をめぐる階層差が地域崩壊の一つの要因になったことは否めない．
(18) 岐阜県の徳山ダム建設で離村を余儀なくされた大牧富士夫氏は，2008年3月の聞き取り調査で，「徳山ダム建設は地域住民の欲望を全開させた」と述べたが，これはダム建設が地域住民を経済合理性一辺倒にしていったことを的確に表現している．
(19) 水特法に基づく整備事業で土木事業が多くなるのは，ダム建設地域は山村部であるうえ，ダム受入までは整備計画が凍結され，道路整備が遅れていたという事情がある．
(20) 生活再建案の策定経過については，2009年9月25日から22回にわたって連載された上毛新聞［2009］，国交省八ッ場ダム工事事務所パンフレット「八ッ場ダム」，豊田［1996］，萩原［1996］などによる．

(21) 例えば生活再建計画について，条件付き賛成派であった萩原［1996］は，次のように行政主導であったことを指摘している。
「この計画は，例によって川原湯住民は一人として参画していない。すなわち住民の意見は何一つ聞かないで，机上で計画したと思われる。」
「強引に「地域居住計画」は一方的に決定され，建設省，群馬県，長野原町当局には，八ッ場ダムはこれですべて片付くと言うような空気が根付いた。」(102頁)
(22)「観光施策は県からでていた。運営主体が地元であることは，当時はわからなかった。当初は，県だと思っていた。地元は雇用が増えると思っていた。」(横壁・B) という証言からも，建設後の維持管理について地元住民は十分理解してわけではないようだ。
(23) 豊田［1996］120頁は，この間の事情を次のように述べている。「建設省は国の予算を使い，豊富な人材を使って人海戦術で攻めてくるが，私らは自分の生活を維持しながら資金と時間を作り出して闘わなければならない。しかも彼らは「権力」という最大の武器を持っている。私らが疲れ切ってしまうのも当然だ」
(24) 下流域の反対運動の問題点は，本書「第5章 八ッ場ダムをめぐる住民運動と市民運動」を参照のこと。
(25) この住民訴訟は，2010年2月までで東京，前橋，水戸，千葉の各地裁で原告側(住民側) 敗訴の判決が出されている。
(26) 以上のように，ダム建設を前提に生活設計を考えているのだから，今さら反対されても困ると言うのが大多数の意見である。ただし，注意すべきは現在でもダム建設そのものに賛成している人は少ないということである。
「ストップしてもかまわないが，生活再建の問題がはっきりしない。ダムが凍結されれば，生活再建も止まるのでは。」(林・B)
「ダム建設に賛成して，補償交渉を妥結させ，補償基準に調印したわけではない。代替地も，道路も，鉄道も決まった後では，反対運動は完全な人気取りのパフォーマンスだ。下流の人が運動を起こすはやむを得ないが，上流地域では今さらという気がする。」(林・A)
「ダムをストップしても，生活の補償があればよい。分譲地に行くつもりなのに，補償金も出なくなるのは困る。」(川原湯・A)
(27) ダイエットバレー構想とは川原湯温泉を中心に水没地区の地域振興をダイエットという観点から温泉，食事，マッサージ，運動，医療，メンタルヒーリングなどのサービスを拠点にするというもので，群馬大学教授の寺石雅英氏が群馬県の依頼を受けて地元に提示したものである。
(28) ダイエットバレー構想では，実際の運営はノウハウをもつ民間の大規模運営会社に任せることになるが，それでは「外貨」を獲得しても，「配当」と「賃金」分以外の利益の大部分は域外に漏出し，地域内での資本蓄積は進まない。また構想では，水没5地域内あるいは長野原地域全体における産業連関を中心にした地域経済循環の考え方がなく，地域経済自立の構想としては不十分である。

第4章 八ッ場ダム建設と長野原町における住民運動の展開
――「八ッ場ダム反対期成同盟」の動向を中心として――

問題の所在

　本章の課題はダム関連4地区（河原湯，河原畑，林，横壁）において長期間にわたって八ッ場ダム建設反対を貫いた「八ッ場ダム反対期成同盟」（ダム関連4地区に其々設立されたが，大きな役割を担ったのは，「八ッ場ダム反対川原湯期成同盟」である。総称して，以下単に「反対期成同盟」と称する）の動向を中心として，長野原町における反対運動の展開過程を整理・検討するとともに，実質的に反対運動が終焉した1985年以降現在までの地域住民の動向を整理してみることである。

I　長野原町における八ッ場ダム建設反対運動の展開

1　建設省による八ッ場ダム建設計画の公表と全村挙げての反対運動の展開（1952〜53年）

(1)　八ッ場ダム建設計画の公表

　1952年5月16日，長野原町に対して，建設省より治水対策の一貫として利根川水系の吾妻川にダムを建設するための調査に着手する旨，正式の通知があった。建設省は既に1949年から利根川改修・改定計画の一貫として調査に着手していたが，1952年に到って極めて唐突に長野原町と地域住民に提示されたのである。

　この時の模様を当時の住民のひとりは，「川原湯村民は，何の話かの説明もなく集会所に集合させられた。町長の先導で話を始めた建設省の役人，坂

西徳太郎は村民の頭越しに『ここにダムを造る』と言い放ち,『この村は,ざんぶり水につかりますな』と横柄にもそう苦笑して,その場を立ち去った。くわしい水没理由の説明などなかった」(萩原［1996］1頁)と,回想している。

(2) 地域住民の驚愕と激しい反対運動

　この事態に対する長野原町民,とりわけ関連する住民の驚愕・反撥の声は大きく,「万一の場合を危惧して連日これが対策に腐心し,為に農繁期をも忘れさせる状態」(「長野原町報」15号)に陥ったし,町議会内にも,1952年9月には「八ッ場ダム建設絶対反対」を掲げ「協議会」および「対策特別委員会」が結成されている。さらに,今日地元では伝説となっている長野原小学校第一分校での「八ッ場ダム建設反対住民大会」(1953年2月15日)では,「定刻前に手に手にむしろ旗,プラカードを掲げた住民が鐘や太鼓の音も勇ましく,――老若男女合せて八百余名会場せましとなだれ込んだ」(同,20号)と町の広報誌も伝えているし,これに先立つ2月14日には,町長を先頭に53人がダム建設反対を地元選出国会議員(中曽根康弘氏)に要請するとともに,建設省に対しても,「どうせ殺されるならダム建設反対の捨て石となることも,喜んで引受けるという覚悟の程を率直にお伝え致します」(同,15号)旨の厳しい「陳情」を行っているのである。

　ここでは,当時の町民全体としての激しいダム建設反対の意思と熱情が伝わってくるが,1953年段階にあっても,建設省は「専ら地元民を個人別に訪問して口説き落とす」(「長野原町報」31号)というある種姑息な手段に出ていたし,長野原町自体も,「団結が敗れて,ダム建設となった他所の例を他山の石とし,私達はその二の舞を繰りかえさない様につとめましょう」(同,31号)と警戒を強めていた。[1]

　しかしながら,1950年代においては吾妻川が強い酸性の川であるなどの理由から,「建設省が川の上流や下流にコンクリートの柱を沈めて,耐酸試験をおこなっているという話がときどき話題になる程度」(竹田［1996］9頁)で,建設省も1958年3月に八ッ場出張所(52年5月沼田市内に設置され,現地

調査は川原湯の借り上げ民家を拠点に実施されていた）を廃止して，ダム建設計画は表面的には沈静化したのであった．

2　八ッ場ダム建設計画の「再燃」と反対運動の高揚（1965年）
(1)　建設計画の「再燃」

建設省は1963年に草津町に大量の石灰を投入する中和工場を完成させ，翌年1月から操業させた．さらに，今日，中和生成物の堆積などの問題性が指摘されている品木ダムが1964年に六合村に建設された．それらの結果，吾妻川の水質も改善され，建設省は再びダム建設に執念をみせることとなった．すなわち，1965年2月，長野原町長・町議会議長が群馬県庁に呼ばれ，建設省から予備調査の実施についての協力を求められた．そして，同年4月群馬県企業局長や建設省職員が来町して，地元での説明会が開催された．この説明会の性格は，「ダムは予備調査をしてみなければつくるともつくらないとも判らないし，位置も決まっていない」（「長野原町報」149号）という曖昧なものであったが，それはまさに日本の建設省の常套手段として建設を前提とした調査であり，地域住民のひとりは，その時の（以後の展開を含めて）「あまりに官僚的なやりかたが，八ッ場を遅らせ，もつれさせた原因だと思う」（竹田［1996］10頁）と回想している．

(2)　長野原町の対応と「八ッ場ダム対策委員会」，「吾妻ダム（八ッ場ダム）特別委員会」の設置

これに対して長野原町では，ダム建設による約170戸の移転問題や川原湯温泉の水没など地元に対する影響が極めて大きく，「地元は死活問題として重大視」との立場から，ダム建設反対を明確にした．このため，1965年4月22日町議会内に「吾妻ダム（八ッ場ダム）特別委員会」（委員長高山雅一郎，副委員長樋田一雄，委員は町議全員．その目的はダム建設に係る諸問題の調査研究，地域住民の権利擁護など）が設立され，5月30日一応ダム建設反対を掲げた住民組織としての「八ッ場ダム連合対策委員会」（地元の川原湯，川原畑，林，横壁の各地区代表者を委員として，委員長は萩原好夫）が発足した．

これらを今日から評価してみれば，議会内の「特別委員会」はほとんど機能しなかったし，「連合対策委員会」はその内部に，ダム建設についての絶対反対派，当初からの賛成派，条件付き賛成派など，複雑な立場の人々を抱えていたのであって，1965年11月には何の成果も達成せずに分裂・解散することとなった。

3　反対運動の分裂と「八ッ場ダム反対期成同盟」の闘争（1965～74年）
(3)　「八ッ場ダム反対期成同盟」の設立
　上記の分裂以前に，関連する地元では，既に1965年6月30日ダム建設に対して賛成色の強い「八ッ場ダム研究会」（川原湯の岩佐武彦らによって創設され，12月2日川原畑の高山雅一郎らが合流）が設立される一方で，ダム反対を貫く「八ッ場ダム反対川原湯期成同盟」（川原湯の樋田亮平を代表とする）が結成されている。そして，ここで注目されるのは，その後八ッ場ダム反対運動を長期間に亘って担い，今日においても地域社会に一定の影響を与え続けているものと思われる「反対期成同盟」の動向である。川原湯地区では，前述の対策委員会が解散した後ダム建設反対の意向が強く，1965年12月2日午後7時を期してダム建設反対の住民は「山木星旅館」（94人集合）へ，条件付き賛成の住民は前者と数メートルしか離れていない「山木館」（12人集合）へ集合することで意志を示したという（豊田［1996］63頁）。そして，同日4地区675人の会員に達する「反対期成同盟」が設立されたのであるが，同盟はダムに強く反対する理由として，「川原湯温泉が水没する」の他，「けわしい地形で犠牲をともなわない再建はできない」，「近くに代替地が見あたらない」などの理由をあげている（竹田［1996］13頁）。2009年の今日から見れば，状況は「反対期成同盟」の当初の危惧のとおりとなって推移しているのである。
　そのことはともかくとして，「反対期成同盟」の規約には「建設阻止するを以て目的とする」，「不動産等の売買・貸与については，役員会の承認を得なければならない」，入会には「署名捺印し印鑑証明を添付して申し込む」などの項目が存在し，堅い結束を窺わせる。また，今日からみればやや異様な感も免れない「実印を委員長に預けよう」という運動も起ったのである

(竹田［1996］16頁)。

八ッ場ダムと地域住民①（中之条・Bさん，2007年9月に聞き取り調査）

a．「反対期成同盟」の地区委員長を務めていたが，自民党群馬県幹事長の話を聞こうという頃から，反対運動がおかしくなってしまった。ダム建設には強く反対であった。

b．「補償基準」（後叙）の調印後，すぐに代替地が出来上がり，移転出来ると思ったが，長期間かかった。調印後，建設省の態度は一変し，地域住民に冷たくなった。

c．旅館の後継者もいなかったので，中之条町に転出し，現在娘家族とともに暮らしている。

d．今更，ダム建設に反対されても困る。「水没者を支援する会」，「転出者の会」が創設されてもよいのではないか。

(2) **建設省の対応と激しい反対闘争**

1966年以降，「反対期成同盟」はダム建設阻止に向けて，建設省の行動に対して激しい反撥をみせる一方で，外部勢力（国会議員，革新団体など）の力を借りて，建設阻止へ向けての活路を何とかみいだそうとした。

イ）建設省との主要な攻防を中心とする「反対期成同盟」の運動

建設省との主要な攻防などは以下のとおりである。

① 建設省による下請企業を使っての川原湯地区での岩盤調査（1966年6月）→「反対期成同盟」は作業を中止させ，建設省・群馬県に抗議。

② 町内の雲林寺境内において，「八ッ場ダム反対総決起集会」の開催（1968年12月15日）

③ 建設省による地元説明会に協力的であった町長への抗議行動（1969年3月20日）。約250人が町役場会議室に結集，区長業務や消防団ハッピの返上（川原湯地区と林地区が特に強硬)[3]。

④ 建設省は川原湯駅前に「補償のなかに生活再建や地域開発」を盛り込んだ「生活相談所」を設置（1969年6月5日）。場所は賛成派の住居。

⑤ 建設省,水没線を決めるためのくい打ち強硬(1969年7月26日)→「反対期成同盟」は約100人を動員し,作業を阻止し建設省に抗議(竹田［1996］25〜26頁)。

⑥ 建設省,県に対して土地収用法に基づく調査を通告(1969年8月7日)→「反対期成同盟」は根本建設大臣に直訴状を送る(竹田［1996］25〜26頁)。混乱の末,建設省は調査を中止する。

ここには,国家権力による私有財産侵害,地域社会破壊に対する地域住民の土着の激しい闘いを見ることが出来るし,「反対期成同盟」も旺盛なエネルギーを所持していたのである。

ロ) 有力政治家への助力依頼・革新勢力との関連

一方,「反対期成同盟」は当時の有力政治家の力を借りることで,何とかダム建設を阻止しようとの行動を取っている。その主要な行動は次のようなものであった。

⑦ 約200人の陳情団で,福田赳夫・中曽根康弘・小渕恵三の各国会議員をはじめ,建設省,日本社会党本部への陳情(1966年7月)。

⑧ 群馬県議会議員全員の自宅訪問と協力依頼(1969年1〜2月)。

⑨ 小渕恵三議員の紹介で,田中角栄自由民主党幹事長に陳情(1969年2月)。

⑩ 当時の高島昭治県会議員(中曽根派で当時反対派とのパイプ役と言われた)の「要請」に応じて,「反対期成同盟」員の約半数102人が自由民主党に集団入党。[4]

他方,外部勢力との共闘について言えば,日本社会党(群馬県本部)系との「共闘」が実施されている。例えばⓐ「吾妻共闘会議」が川原湯にて反対支援集会を実施し(1968年12月,その際,当時の革命的共産主義者同盟中核派の活動家約80人が「乱入」したが,「反対期成同盟」は共闘しなかったとされている)[5],ⓑ活動家が上湯原に「団結小屋」を作り,そこに寝泊まりして支援,ⓒ「一坪地主運動」の実施などが行われている。ただし,これらは革新勢力の力量や外部勢力との「共闘」は避けたいとの「反対期成同盟」の意向もあって,実質的に効果をもたなかったし,当時の社会党系の活動家も,「地域住民との信頼関係を築けなかった」と述べている(当時の活動家に対する,我々の聞き取

り調査による)。

　では，こうした運動や福田赳夫は八ッ場ダム賛成の立場が明確であったのに対して，「反対派住民は『中曽根さんがわれわれを救ってくれる』と思い込んだ」(豊田[1996]65頁)という状況をどう評価するのであろうか。いわば国家と対峙せねばならない地域住民が国家権力に近い立場にある政権党の大物政治家に援助を求めたという運動の限界を指摘するのは簡単であるが，今日とは異なりいわば孤立無援の中での当時の山村住民の必死な想いが伝わってくるのであって，「反対運動を担った人々は，反対々だけで相手に大きな打撃を与えるような本当の闘いを挑めなかった。かえって自分自身をくるしめただけ」(萩原[1996]42頁)というようなダム賛成派からの冷やかな評価は誤りといわざるを得ないであろう。また，自己の事業負債の清算のためにダム建設に積極的に賛成したり，「建設省調査事務所に対して"自主補償"の線を打ち出し，調査費として合計千万円を近日中に支払うよう申し入れた」，「福田赳夫自民党幹事長も(その件を)側面から応援している」などと，吹聴する人々も地域において一定の影響力を持っていたのである。こうした状況下，ダム建設反対派の人々は先祖代々から山村で生活して来た地元民が多く，彼らに八ッ場ダムの不必要性を科学的に示せるはずもなく(今日の我々にとっても，自然科学者の知識を借りて，その是非を検討せざるを得ない状況である)，「知恵もなく，金もなく，地位もない地元民にしてみれば『団結』だけが心の支え」(竹田[1996]16頁)という状況は十分に共感できるものである。事実関係としても，「反対期成同盟」の執拗な闘争が無かったとしたら，地域住民は現在招来されているよりかなり大きな犠牲を余儀なくされていたであろう(もちろん，犠牲の大きさと深刻さは今日まだ未定であるのだが)。

　上記の点は別にして，事実関係としては，1969年3月群馬県議会において，「八ッ場ダム建設促進決議案」が採択されることとなった(4年に亘る継続審議，13回目の提案)。その間の事情については，ダム反対の県議会議員が多い中，「福田(赳夫)氏が来県，無所属議員や中曽根派の議員にまで礼を尽くして，『八ッ場ダムは承知しろ』と説得した」(豊田[1996]70頁)とか，議

決される前夜,「中曽根派の有力議員が反対期成同盟員が集まる山木館にやってきて両手をつき,頭を畳にすりつけるようにして」,「どうにもならん,ご了解願いたい」(豊田 [1996] 70頁) と謝罪したと記録されている。

「反対期成同盟」にしてみれば,自由民主党に集団入党までして頼った中曽根派 (中曽根氏自身も後に賛成に転じる) ではあったが,結果は,このようなものであり,「反対期成同盟」に大きな打撃を与えることとなった。

八ッ場ダムと地域住民② (林・Cさん, 2008年9月に聞き取り調査)

a. 父はダム反対派でもなかったが,自分は明確な反対派であり,社会党系組織の中で反対運動を行ってきた。しかし,時間を経る中で,地域内で孤立気味であった。地域内の人間関係を破壊してまで,外部勢力と共闘出来なかった。
b. 樋田町長を誕生させたが,国や群馬県の締め付けが強く,変化は止む得なかった。
c. 自分自身は土地が買収されるが,あまり用途の無い土地なので,個人的にはよかった。
d. 景色は良いし,この地域には愛着がある。

(3) 樋田富治郎町長の誕生

1974年,基本的にダム建設に (条件付き) 賛成派であり,5期20年に亘って長野原町長を務めた桜井武氏 (選挙公約ではダム反対を掲げつつも,賛成に転じたとされている) が病気に倒れ,その後継者として前町議会議長であった浅井一氏が桜井町政を踏襲するものとして,町長選挙に立候補する情勢となった。ダム賛成の町長の誕生を危惧した「反対期成同盟」は,告示3週間前に「反対期成同盟」委員長樋田富治郎 (当時山木館主,かつて税務署勤務で,その人柄からして多くの人々の人望を集めていたが,4年前には町長選挙立候補を辞退していた) を立候補させ (豊田 [1996] 87頁),「資金もないためダム反対と,金のかからない清い選挙を全面に打ち出して,反対期成同盟の総力を賭けた選挙をぶった」(竹田 [1996] 29頁) のである。その結果,2572票

対1979票と約600票差をつけて樋田氏が当選し，町長に就任することとなった。そこでは「反対期成同盟」の必死さが目に浮かぶが，皮肉なことに樋田町政の3期目の1985年に，長野原町は群馬県との間で生活再建案についての包括的な合意・覚書を締結することとなるのである。その間の経緯は後述する。

4 長野原町議会における攻防とダム関連各地区の動向
(1) 長野原町議会における攻防

イ）一方，長野原町議会の動きはどのようなものであったのであろうか。町議会は1966年2月1日，川原湯を中心とする住民の陳情を受けて，「長野原町議会は，関係地域住民の意向を代表し，八ッ場ダム建設には絶対反対する」（『長野原町誌・下巻』723頁）旨の決議を全会一致で採択している。しかしながら，ここでの審議結果をみると，各地区の実情に応じた（各地区の「有力者」の意向を反映する側面も強いのだが）複雑な様相が窺えるのである。例えば，「陳情によれば，川原湯で278名，林において304名，川原畑94名，横壁においても相当数あり，これらの人々が反対するものであり，地元の大多数がそのような意向である以上，我々議会も，議会として絶対反対の線を打ち出して，県議会同様，挙町一致で反対していくべきであると考えるので，ダム建設については絶対反対する」（『長野原町誌・下巻』721頁）として反対を貫くものから，川原畑地区を代表する議員からは，「総会を開いて審議した結果，3名の反対だけで，『条件闘争により部落の再建をはかる』ことが決められている」（同）との見解も見られ，決議自体は採択されたものの，条件付き賛成派も一定程度存在していたのである。

さらに，翌年1967年6月28日の議会では，樋田亮平氏を代表とする（外729名の署名捺印）絶対反対派による「昨年2月1日の議会に於て決議された反対決議を再確認していただきたい」旨の請願（さらに，9月7日には，県議会における反対請願を求めるもの）が出される一方で，「禍を転じて福となすべく生活再建地域に社会共同生活上必要な環境の整備対策を樹て，墳墓の地を湖底にする悲しみを償って余りある充分な生活再建補償基準を地元として

確立すべく」(『長野原町誌・下巻』724頁) として, 条件付き賛成派 (八ッ場ダム連合対策協議会, 332名の署名捺印, 実質的には建設促進派も含まれる) の請願も出されているのである。

ロ) これらの請願をめぐっては,「大臣の議会でも『皆さんの納得がなければダムはつくらない』と再三言っているが, こんなことをほんきできいているものは我々の仲間には一人もいない。結局, 口だけではうまいことを言っても実際は我々を切り崩してうやむやのうちにダムを造ってしまおうとする我々を見縊ったやり方」(『長野原町誌・下巻』726頁) と主張する見解や,「反対, 賛成の両派があるのだから, ダム特別調査委員会にいま少し研究させたらどうか」,「議会は賛成とか反対とかに一方づけないで, 町民と国との調停役になったらどうか」(同) と, 賛成派の立場から採決を避けようとする見解も見られた。その後, 町議会では反対派と (条件付き) 賛成派との激しい対立が見られ, 反対派による賛成派であった桜井町長の子息に関するスキャンダルの暴露 (1967年11月, 臨時議会), 建設省出張所の所長の反対派切り崩し策に議会として抗議するか否か (1969年3月10日, 抗議する12票, 抗議しない5票) など, 反対派が多数であったが激しい議論が見られているのである。

ただし, この時期桜井武町長は,「町長としては今後, 議会を無視しても独自の行動をとる」,「ダム問題が解決するまでは町長を辞めない」(『長野原町誌・下巻』730頁) とダム建設賛成を公然化・明確化したのである。さらに, ダム賛成派のなかでは,「八ッ場ダム反対決議の白紙還元と浅間園に関する陳情」まで提出する勢力も現れたのである。前述の県議会への反対請願を求める議決 (賛成15票, 反対6票) にも見られるように, 当時ダム建設反対を貫こうとする議員が多数を占めていたとも思えるが, 賛成派の桜井町長が1954年4月から5期20年も町長を務めていた (ダム反対派も対立候補を擁立) のであるし(9), しかも, 町議22人のうち13人までが「桜井派」であり,「ダム反対派は苦労した」(竹田 [1996] 21頁) 状況にあったのである。

(2) 八ッ場ダム関連4地区の特性とダム建設問題への対応

1965年12月の「反対期成同盟」の設立から1974年4月の樋田富治郎町長の

誕生まで，反対運動は旺盛なエネルギーを保有し，一定の盛り上がりを見せたのであるが，上記の町議会への「請願合戦」によれば，絶対反対派730人，（条件付き）賛成派332人の其々署名・捺印があったこととなる。単純に計算して，前者68.7％，後者31.3％となるが，「反対期成同盟」を中核として激しく粘り強い闘争がなされる一方で，（条件付き）賛成派（その内実は建設賛成派であったのだが）の人々も約30％存在していたことになる[10]。では，このような分裂と対立の背景には，いかなる要因が存在していたのであろうか。ここでは，八ッ場ダム関連4地区の地域特性と反対運動との関連を明らかにする中で，今日的状況をも踏まえて検討してみることとする。

　川原湯地区……吾妻川沿に旅館・飲食店・物産店などが狭い地域に密集しており（75年当時，16軒の旅館，約50軒の物産店・サービス業などが存在した），八ッ場ダムが完成したなら，概ね全水没する地域である。歴史ある温泉街が崩壊することもあって，反対運動が最も強固であった。公式の世帯数でみると，（表4-1）の通りであり，1985年の195戸から減少傾向をたどり，2001年には176，2005年には86へと半減し（これには，後述のように2001年からの「利根川水系八ッ場ダム設事業の施行に伴う補償基準」の調印・個別補償交渉の開始が大きく影響している），2008年9月現在40戸（2001年に比較して，▲72.3％）にまで減少しているのである。1985年当時でも20軒以上あった旅館・民宿は次々と廃業し，2008年現在9軒のみが営業継続を希望している。この地区の特徴は，少数の旧来から存在する旅館（現在7軒）を中心に少数の大所有者によってほとんどの土地が所有されていることや，「高度成長期」以降，飲食店・旅館の従業員，職人，建設労働者などが，借地・借家に次々と移住してきたことである（表4-1に見られるように，川原湯地区の世帯数は1965年の148戸から，1970年には171へと増加をみせ，やがて1985年にはピーク水準に達しているのである）。したがって，当地区では，イ）旅館経営者を中心とした地主層，ロ）借地による旅館・商店等の経営者層，ハ）借地・借家人であった新規移住者などの勤労者層と，階層・格差が明確であった。このため，「反対期成同盟」設立当時の「実印預入運動」にも表現されるように，ロ），ハ）の階層の人々は地主層の意向に従わざるを得ない側面を持っていたし，半

表4-1 八ッ場ダム関連4地区における世帯数の推移

地区	65年	70年	80年	87年	01年	05年	07年	08年
川原湯	148	171	195	198	176	86	65	40
川原畑	63	75	83	89	94	28	24	21
林	105	102	103	107	107	99	98	84
横壁	45	47	51	58	62	46	50	34
(長野原)	401	423	357	358	322	313	303	—

注：『国勢調査報告書』および群馬県の資料による。なお、08年については、聞き取り調査による。

　封建的ともいえる人間関係の中で、「反対期成同盟」も弱さを抱えていたともいえよう[11]。事実上も、個別補償交渉の開始とともに、ハ)の階層の人々は、まず補償金などと引き換えに早々と地域を去ったし、ロ)の階層の人々も、最近2、3年間における転出が顕著である。

　川原畑地区……川原湯地区同様に、水没対象となる世帯がほとんどで、また耕地の約70％が水没し、急な斜面に家屋・畑が存在している地域である。表4-1によれば、当地区の世帯数も、1965年の63から1970年に75へ、さらに1985年83、2001年には94へと増加している。川原畑地区には、川原湯程ではないにしても温泉街の発展とともにその関係者としての借家・借地人が増大し、家族内での世帯分離や実際居住してない人々の住民票上の移動など[12]、種々の増加要因が存在した。

　しかしながら、川原畑地区でも、2001年の94世帯から2005年には28へと急減し、2008年ではさらに21世帯にまで減少している（2009年の今日では17世帯に）。元来、当地区では農業を主として生計を立てることは困難であり、親の代からの居住者を含めて多くの転出者が見られているのである。

　この地区での反対運動は錯綜した様相を呈していた。例えば、「八ッ場ダム連合対策協議会」（条件付き賛成派）の川原畑地区委員長の高山雅一郎氏（当時町会議員）が当地区の有力者であり、「その意向に多くの住民が従った」[13]といわれるように条件付き賛成派が多かったにしても、一方で、N氏（「反対期成同盟」の地区委員長、67年9月7日の請願の際の地区代表者、現在でもダム建設に反対の意向だといわれている）の存在のように、最後までダム建設に反対の人々も見られているのである。

八ッ場ダムと地域住民③（川原畑・Ｂさん，2007年9月，08年9月聞き取り調査）

a．川原畑でもダム建設反対の人は多かったが，受け入れが決定してからは簡単に転換し再建へ向かう人が多かった。1993年頃は現地再建対策委員会（残存を目指す人々）に所属する世帯も63軒あったが，01年以降急減した。

b．現在，現地再建対策委員会で頑張っているし，専業農家として生活してゆきたいが，現在の再建策は「住宅再建」に留まっている。

c．ともかく，ダム建設事業の進捗が遅いし，町のリーダーシップもほとんどなく，各地区毎に任せてしまっている。

d．断腸の思いで妥協し，家屋の改築も控えてきたのに，今更建設中止といわれても，迷惑以外の何物でもない。

　林地区……川原畑地区に比較すれば平坦な耕地も見られるが，吾妻川の川岸で細い道路を中心として生活する世帯の多い地域である。林地区の世帯数は，表4-1に示したように，1965年105，1970年102，1985年103とほとんど変化が無かったが，補償基準が示された2001年頃から減少がみられ，2001年の107から2008年3月現在で84世帯と川原湯・川原畑に比較すれば低いものの約20％近い減少がみられている。

　林地区は川原湯地区に次いでダム建設に反対の意識が強く，1960年代において，「103戸のうち，95％は反対期成同盟に参加した。数人のみ対策委員会であった」(14)し，「反対期成同盟」の林地区委員長であったＳ氏などは現在でもダム建設に強い反対の意向であるという(15)。また，地区内において十分な影響力を発揮出来なかったが，旧国鉄労働組合の活動家も居住しており，前述のような当時の社会党系の反対運動を担ったのである。林地区で「反対期成同盟」や反対の意識が強かったのは，当地区においては，農業で生計を立てていた人々や勤労者世帯も多く，比較的安定的な生活をおくっていたことによるものと思われる。

　横壁地区……川原湯地区に隣接し，比較的広範な山間部に畑が点在するのが横壁地区である。横壁地区の世帯数は，1965年45，1985年51，2001年62と

大きな変化は見られなかったが，他地区同様に補償基準提示後徐々に減少が見られ，2008年4月には34世帯にまで減少している。横壁地区は地元4地区の中では反対運動が最も弱かった地域である。これには当地区がダム建設の影響が比較的少ないということもあろうが（影響の多くは土地収用で，移転を余儀なくされる家屋は15戸である），特定の地域有力者の意向が地域全体の意向となったという当地区の特性も影を落としている。例えば，当地区では，萩原昭朗氏（71年〜91年町議，99年から「八ッ場ダム水没関係5地区連合対策委員会」委員長）が，30年近くも「八ッ場ダム対策横壁委員長」をも兼ねているし，「横壁にも反対派はいたが，自分は初めから賛成。本当の反対派などいない。条件闘争だった。」との率直な認識も示される（自営業T氏）。その意味で，「反対の人はいたが，リーダーが何かいうと，他の人は何も言わなかった。はっきり物を言わなかった」という状況にあったのである。

八ッ場ダムと地域住民④（横壁・Aさん，2008年9月に聞き取り調査）

a．自身は当初から（条件付き）賛成派であったし，本当の反対派などこの地区にはいなかった。条件闘争であったが，こんなに長引くなら反対しておけば良かった。

b．地区の意見は十分話し合って決めた積りである。昔は，土地の境界線に杭など無かったが，今日では皆自分の利益を主張する傾向が強い。

c．農林業はもう無理だし，ダム建設を前提とした再建事業にしても，若い人が少なく不安である。国・県の案にしても，地域の人々はその成否を心配している。

d．ここまで来て，ダム建設中止は極めて迷惑である。八ッ場ダムの存在意義はある。

5 樋田富治郎町政下における八ッ場ダム建設反対運動の展開と
　　その実質的"終焉"(1975〜85年)
(1) 建設省・群馬県の攻勢と「反対期成同盟」の抵抗

　1970年代後半，ダム反対運動はいわば外部的な政治状況の変化に見舞われることとなった。すなわち，八ッ場ダム対策とも言われた「水資源地域対策特別措置法」の制定（1973年9月），美濃部亮吉東京都知事による群馬県への要請（1974年9月，水量確保の観点からのダム建設の促進），下流4都県による「八ッ場ダム建設促進協議会」の発足（1975年4月），「利根川水系及び荒川水系における水資源開発基本計画」の閣議決定（1976年4月，八ッ場ダムも含まれる），建設促進派の清水一郎氏の群馬県知事就任（1976年7月，前任の神田知事はダム建設に消極的であったため県議会の福田派からの批判を受けて退任を余儀なくされたといわれる）など，反対運動はいわば「外堀」を埋められる事となったのである。しかしながら，「反対期成同盟」は依然として旺盛な反対運動を展開することとなった。その経過は以下の通りである。

① 建設省八ッ場ダム工事事務所が長野原町議会に対して，「八ツ場ダム生活再建計画説明会」の開催を申し入れ（1974年5月26日）→町議会は拒否（「広報ながのはら」233号，1975年8月10日）。

② 上記の代わりに，「県主催による白紙の立場で調査研究」のための説明を受ける（1974年7月7日，町議会議員全員）（「広報ながのはら」233号，1975年8月10日）。

③ 「利根川水系及び荒川水系における水資源開発計画（案）」の説明会（1976年3月19日，町の主催，町長の意見によって県知事など群馬県も出席）→「反対期成同盟」は反対したが，「自分たちがだした町長の立場を考え，いやいやながら了承」（竹田［1996］31頁）した。また，基本計画に八ッ場ダムを含める事に反対の旨，1227人の署名簿を付けて県知事に提出。

④ 清水群馬県知事との懇談会開催（1977年8月21日，県の楽観的な予想に反して町民は60人のみ参加）→「反対期成同盟」は参加せず，「（この開催は）関係地区大多数住民の意向を全く無視したものであり，その真意が如何なるものであるか理解に苦しむものであり，絶対に納得することは

できない。……我々は今後とも，ますます団結を強固にし，本町将来の発展の為に，また，絶対に全水没関係地区住民が犠牲にならないよう決意をあらたにし頑張ることを誓うものである」(竹田[1996]33頁)，旨の声明を出す。

　この段階での「反対期成同盟」は樋田町長誕生の余勢をもかって，建設省やそれに乗った（条件付き）賛成派の様々な策動にも拘わらず意気軒高であったといってよいであろう。しかしながら，前述のように「外堀」を埋められ，建設省や建設促進派の群馬県知事の攻勢を受ける中で，闘争の長期化もあって，この時期さすがの「反対期成同盟」も上記の説明会を阻止する戦略をとることが出来ず，反対運動も転機を迎えることとなったのである。

(2) 　樋田富治郎町政への「締め付け」

　前述のように，「反対期成同盟」が総力を挙げて誕生させた樋田富治郎町長であったが（1974年から1990年まで，四期16年在職する），その町政は種々様々な要因によって，ダム建設阻止という当初の目的の達成には困難な状況を余儀なくされた。樋田氏自身は「外柔内剛といえばよいのか，表向きは柔軟な姿勢をとりながら，肝心な建設省との対決には鋭く応じ，反対運動のリーダーとしての力量を十分に発揮した」（豊田[1996]88頁）と評される人物であったが，「反対期成同盟」もその樋田氏に多大な期待をかけることとなった。例えば，「樋田氏を町長に当選させたとき，『ああよかった，これでダムは食い止められる』と安堵感にすっぽりはまり，まるで腰くだけの状態だった」（豊田[1996]101頁）のであり，2期目の町長選挙におけるダム建設推進派による巻き返し（対立候補陣営の多額の選挙資金投入，ダム建設による地元経済への効果についての過剰宣伝など）のなかで，樋田氏自身も「ダム建設絶対反対の一本槍ではダメだから，県のいう再建案について前向きに検討するという柔軟な態度をとらせてほしい」，「自分は，ダム反対派だけの町長じゃない。長野原町全町民の町長なのだから……」（豊田[1996]101頁）と，若干の姿勢の変化を余儀なくされたのである。

　しかしながら，問題の本質は樋田氏個人の問題ではなくて，町長としてダ

ム建設反対を貫こうとする樋田町政に対して，建設省・群馬県による種々の圧力がかけられ(18)，変容を強制されたということであろう。もちろん，客観的にみれば，国家権力に対して地元の一町長のなし得る手段の限界はある程度明白ともいえるが，その点を「町長に依存したすべては，反故同然となった事実を，地元民は肝に銘じてわすれてはならない。町長が住民の意思を代表しているという考え方を金科玉条としていた誤りについても，人々はもっと反省しなければならない」（萩原［1996］45頁）などと，反対運動を他人事のように誹謗中傷する見解は大きな誤りであるものと思われる。樋田町政はこうしたダム建設賛成派を地域に抱えつつ，行政執行を余儀なくされていたのである。(19)

(3) 群馬県による「生活再建案」の提示と住民意識の変化

上記のような地域住民のダム建設に反対する明確な意志表示と，他方における樋田町政の変化のなかで，知事の代わった群馬県も，八ッ場ダム建設促進のため一定の変化をみせ，「群馬県は地元住民の立場に立って白紙の立場で再建案をつくりたい。再建案をつくるにあたって，もし再建案ができあがって，その財政的，法律的な裏付けが得られなかったり，地元住民の納得が得られなかったりした場合は，群馬県もともに反対する」（豊田［1996］99頁）旨の念書を，地元と交わしたといわれる。こうした立場から，群馬県は80年11月，「県独自の立場」で「生活再建（案）」，「生活再建の手引き」を提示することとなった。

提示された「生活再建（案）」は，「集落整備対策」，「生活安定対策」，「道路交通対策」ら11項目の柱からなり，総事業費1600億円（うち下流都県の負担協力金430億円を予定する）というものであった。そこでは，「水没土地の代替として補償金の範囲内で分譲」とか，「現在地上部に新設する国道沿いに移転する」（いわゆる「ずり上がり方式」と，以後俗称される事となる）とかの案が提示され，新温泉地は上湯原か小倉地区にし，その選定は地元に任せるというのが主たる内容のものであった。この案に対する群馬県知事の発言は，「県としてはベストの案をつくったつもりだが，今後意見，要望を出

してもらい県と町が一緒になってよりよい方向を見出したい」(「上毛新聞」1980年11月28日) というものであった。地元では,「これでは以前の建設省案と同じ」,「検討に値しない。県は地元民の立場を考えていない。再建案とはほど遠い」(「上毛新聞」1980年11月28日) など厳しい意見が多く,「反対期成同盟」のみでなく, ダム建設賛成派も拒絶反応を示したが,「県や町の再三の要請により, 1年後の81年になって長野原, 横壁, 林, 川原畑の4地区が説明をきくことになり」(竹田 [1996] 35頁),「『建設反対はなんのためか?』と世論が変わってきた」(同) なかで, やがて「期成同盟は苦しい選択を迫られること」(同) となったのである。こうしたなか, 1983年5月に至り「反対期成同盟」も, 会の目的を「八ッ場ダム建設阻止」から「犠牲をともなう八ッ場ダム建設に反対」に変更することを余儀なくされたのである (やがて, 1992年5月18日の定期総会で,「八ッ場ダム対策期成同盟」へと名称変更)。

　その後, 地域住民は各地区毎にこの「生活再建 (案)」の検討を繰り返してゆく事となるが, それらはもはやダム建設を前提とした検討の積み重ねであり, 1985年11月, 長野原町長と群馬県知事は後述のように,「八ッ場ダムに係る生活再建 (案) に関する覚書」を締結するに至るのである。そして, ここに1952年から約33年間という極めて長期間に亘ったダム建設計画 (それは地域住民を長期間に亘って不安定な状況に置き疲労困憊させ, 地域社会に分裂を招来した) 反対運動も実質的な"終焉"を見せることとなったのである。[20]

6 小　括

　1952年から長期間に亘って展開されてきた地元住民を主体とした八ッ場ダム反対運動, とりわけ1965年設立から約20年に亘って反対運動の中核を担った「反対期成同盟」の運動は, 国家とその意を体した群馬県によるダム建設の強行 (それは, いわば国策の名のもとに一定の金銭的補填はあるものの私有財産を没収し, 地域社会を破壊し, 地域住民を長期間に亘って不安定な状況に置くなど, 地域住民に多大な犠牲を迫るものである) に対する, 粘り強い地域住民の激しい闘いの歴史であったとすることが出来よう。そして, 反対運動の特徴としては以下の点を指摘出来るであろう。

第1に，闘争は極めて長期間に及び，結果として地域住民を精神的に疲れ果てさせてしまったという事である。この点は「反対期成同盟」の幹部として，当初強い意志をもって闘った人々にも該当するといえるであろう。逆にいえば，反対住民の「闘争疲れ」を待つかのような国家の対応に対して，粘り強く闘ったともいえるのである。

第2に，ダム建設反対運動も関連地区全体としてみれば，60年代後半から約30％程度のダム賛成派・促進派が存在するなかでの運動を余儀なくされたということである。ダム賛成派の人々は，国家との対峙を始めから諦めてしまった人々，自己の負債の清算のため補償金を受け取りたい人々，公共工事の末端での受注を期待した人々，補償される資産も少なく地域への愛着も薄かった人々など，その内実は様々であり，その行動を非当事者が評価すべき問題でもないが，そうしたダム賛成派が時間の経過を経る中で公然とダム建設を促進するための活動を実施することとなったのである。その意味で，八ッ場ダム建設計画は，地域社会における住民の分裂・対立を招来することとなったし，世代が替わった今日でも，ダム建設に依然として強い反対の意思を持つ人々が声を上げにくい状況が醸成されているのである。

第3に，ダム反対運動自体も国家・群馬県次元の政治的状況の変化に動転させられたということである。しかしながら，この点はいわば「孤立無援」に近い中で八ッ場ダム建設阻止にあらゆる手段を取ろうとした「反対期成同盟」の行動としては，止むを得ないものであったといえよう。

第4に，「反対期成同盟」の方針もあって，また，当時の日本社会の公共事業に対する意識水準もあって，反対運動が社会的に見れば必ずしも広範な広がりを持たなかったということである。これは「反対期成同盟」の固い結束をもたらし，粘り強い闘争を可能にしたともいえるが，その内部には，土地所有の有無・就業状況・地元への愛着度などにおいて，様々な人々を抱えていたのであって，その「弱さ」をも形成する要因ともなったといえるであろう。

八ッ場ダム反対運動は，ダム建設を阻止出来れば「勝利」，出来なければ「敗北」いう次元から評価されるべきではないであろう。国家・地方自治体

によって地域住民の犠牲を伴うような大規模公共事業が提起された時,或いはその事業の社会・経済的意義が大きく変わろうとしているのに依然としてそれが強行されようとする時,それに対して地域住民はどう対処すべきであるのかという課題と教訓を我々に提示しているように思われる。その意味で,かつて50年代から30年余も闘い続けた「反対期成同盟」のダム建設阻止という悲願は,今日政権交代という反対運動とは一見無縁とも思える政治状況の変化によって達成されようとしているのであるが,「反対期成同盟」の運動がダム建設を遅延せしめることによって今日の結果を招来する一因となったともいえよう。

II 「八ッ場ダム建設事業に係る基本協定」の締結と「補償基準」の調印

1 「八ッ場ダム建設事業に係る基本協定」の締結と住民の動向

1980年代後半以降,上記の長野原町と群馬県による「八ッ場ダムに係る生活再建(案)に関する覚書」の締結後,「水源地対策特別措置法」に基づく国の指定ダムとして告示(1986年3月),「八ッ場ダム建設に関する基本計画」の告示(1986年7月),「利根川・荒川水源地域対策基金」の基金対象ダムとしての指定(1987年10月)など,ダム建設に向けてのいわば「形式的要件」は整えられることとなった。しかしながら,その建設を実質的に促進することとなった「八ッ場ダム建設事業に係る基本協定書」の締結(長野原町と群馬県,建設省,1992年7月14日)と「用地補償調査に関する協定書」の締結(八ッ場ダム工事事務所長と長野原地区を含む関連5地区の各代表,同日)に至るまでには約7年の歳月を必要とした。

この間の事情については早々と各地区対策委員会で,「用地補償調査協定」の締結を了承した横壁・林地区など4地区に対して,川原湯地区では「水没家屋の数が多く,観光を主産業とする川原湯地区内の調整が難航し,他の水没4地区との足並みがなかなかそろわなかった」(「上毛新聞」2009年10月5日)と報じられているが,その基底には,八ッ場ダム建設への反対論が依然として存在し,また「地域居住計画」を提示した建設省に対しても積

年の不信感が残存したままであったことが大きく影響していたといえよう。川原湯地区の住民によれば，「調印などしたくはなかったのですが，周囲の事情に押し切られ，しかたなく調印したというのが本音です。べつに反対が賛成になったのではない。」（竹田，48頁）ということであろうし，長い間のダム建設反対運動を容易に転換出来るものでもなかったのである。

八ッ場ダムと地域住民⑤
（川原湯・Bさん，20007年9月，2008年9月聞き取り調査）

a．1950年代後半から1960年代前半が一番栄えていたが，ダム建設事業の予定により温泉街では設備投資が不足し，衰退気味である。

b．1980年代，ダム建設自体に反対の意見が依然として強く，県の再建案も無視していたが，他の地区が検討をはじめたので検討し，止む無く受け入れた。現実的に受け入れざるを得なかった。

c．群馬県は，いわば国と地元の「仲介者」として再建案を作ったのに，その実現のための行動は極めて不十分なものであった。

d．新温泉街に移転するため，種々の構想を時間をかけて練り上げてきたのであって，ダム建設の中止は認められない。新事業のなかには，地元が要望したものであるが，実現は実際無理だろうと思われるものもある。

2　「利根川水系八ッ場ダム建設事業の施行に伴う補償基準」の調印と地域住民の急激な転出

　建設省による「用地補償調査」の開始（1992年9月），長野原と横壁地区における「工事用進入路の建設着手」（1994年3月）とダム建設に係る付帯工事が開始される一方で，建設省は住民補償の交渉窓口となる連合補償交渉委員会の設置を求めた。これに応じて，各地区では横壁（1997年6月）・長野原（1997年9月）・林（1997年11月）に各々補償交渉委員会が設置されたが，川原湯と河原畑地区では2年後の1999年4月に，ようやく同委員会が設置されることとなった。川原湯地区で設置が遅れた理由については，前述のような地

区内における複雑な階層構成に起因する意思統一の困難さの他,「『交渉の場を設ける時期にきている』との共通認識は得られつつあるが,(建設)省への根深い不信感をぬぐいきれない。」(「上毛新聞」1997年3月24日)状況にあったことが指摘できるであろう。

その後,1999年6月には「八ッ場ダム水没関係5地区連合補償交渉委員会」(委員長には今日までダム建設賛成を推進し続けている萩原昭朗氏が就任)が設立され,同委員会は,「利便性や地形,田畑の耕作実績などに応じて土地をランク付けする土地等級格差基準案に同意」し(「上毛新聞」2009年10月9日),建設省の当初案より上方修正する結果で妥協したのである。

その結果,2001年6月には「利根川水系八ッ場ダム事業の施行に伴う補償基準に関する調印がなされ,同年10月から個別説明が開始されることとなった。

我々の調査によれば,土地についての補償基準は表4-2のようなものであった。

この買収価格については,個別の物件をどの等級に置くかについて国交省と住民の軋轢もあったし,永く放置されてきた土地の境界をめぐる住民同志のいさかいも伝えられている(地域住民に対する我々の聞き取り調査による)。また,後日の報道によれば,移転雑費補償,特殊動産移転料なども支払われているし,我々はその正確な額を知ることはできないが,一定の年数を超えて居住した住民には,人数単位で「協力感謝金」が一世帯当たり平均で700～800万円(最低350万円)支払われたとのことである(地域住民に対する我々の聞き取り調査による)。

表4-2　八ッ場ダム建設に伴う補償基準

(単位:円・m^2)

等級	宅地	田	畑	その他
1等地	74300	19400	18800	雑種地 (20200～71200)
2 〃	58800	18400	17900	山　林 (2400～5000円)
3 〃	49700	17600	17200	
4 〃	43300	16600	16400	
5 〃	29800	15900	15400	
6 〃	21100	15300	14800	

注:地域住民にたいする聞き取り調査による。

この買収価格についていえば，公示地価を大幅（約4倍～10倍）に上回っていることや，本来なら市場価格の付かないであろう雑種地・山林も一定の価格で買収されるという意味で，かなり高額のものともいえるが，この点は何も八ッ場ダムに限ったことではないし，地域住民の立場からいえば，30年余も反対運動を実施し不安定な位置に置かれてきた代償も含まれるとしたら，雑費補償や動産移転料を除けば，必ずしも高額なものではないということになるであろう。

　このような，いわば「高額補償金」や「協力感謝金」は，借地・借家人，土地所有者を含めて，急激な地域住民の転出を招来する主要因となったのであるし，後に残存する住民にとっての高額な移転代替地価格にも帰結したといえるであろう。

　すなわち，建設省が1993年11月までに実施した水没5地区住民と農地所有者474人を対象とした意向調査では，「住民の7割は生活再建案で示した代替地への移転を希望。町外への移転希望は1割で，2割が態度を保留した」（「上毛新聞」，2009年10月7日）とされているが，その後の経過は，表4-1に示したように，2001年と2008年の比較でその減少世帯数は，川原湯▲136（減少率77.3%），河原畑▲73（同77.7%），横壁▲28（同45.2%），林▲23（同21.5%），となっているのである。

　ここでは，長いダム反対闘争やその後のいわば条件闘争に地域住民が疲労困憊してしまったことを基底に，提示された補償額が住民の予想以上に高額であったことや自らの高齢化の進展，さらには「自宅周辺では大型トラックが砂埃をあげて行きかい」，「落ち着いて生活できる環境ではなかった」（「上毛新聞」2009年10月15日）など住環境の悪化も指摘できよう。したがって，個別補償金・協力金を受領して早々に地価の安い地域外へ転出した人々は，故郷や現住地への愛着を捨てれば金銭的には問題なかったともいえるであろう（ただし，移転先での精神的苦労も多く報告されている）。逆に，残存する住民からは，「代替地が早く完成していれば流出を防げたのに，国交省のやり方がまずかった」（地域住民に対する我々の聞き取り調査による）との声も聞こえてくるし，結果として1985年当時構想されたいわゆる「ずり上がり方式」

はほとんど意味を持たなくなってしまった。また，代替宅地も，当初計画の54haから34haへと縮小せざるを得なくなったのである。そして，こうした人口流出は，今日における種々の生活再建策にも大きな影響を与えることとなっているのである。

以上のように，1985年11月における「八ッ場ダムに係る生活再建（案）に関する覚書」の締結によるダム建設反対運動の実質的"終焉"から，2001年10月における「利根川水系八ッ場ダム事業の施行に伴う補償基準」に基づく個別説明開始まで，16年という長い年月が費やされた。そこでは，長く住民と対峙してきた建設省に対する不信感・ダム建設反対運動を長く闘ってきた地域住民の挫折感やダム建設への残存する拒否感を基底に，関連4地区による統一の困難性（例えば最後まで反対を貫こうとした川原湯地区における住民の階層構造を反映した意見集約の困難さや特定「有力者」の意見によって左右されてきた横壁地区という相違）が存在し，「交渉」を長期化させ，地域社会を半崩壊状況に陥れせることとなったのである。

III 八ッ場ダム建設中止方針の提示と地域住民の動向

2009年8月30日に実施された衆議院議員選挙の結果を受けて成立した，民主党政権の前原誠司国土交通大臣による八ッ場ダム建設の中止方針の表明（9月17日），それを受けて高山欣也長野原町長による建設中止の白紙撤回要求（9月19日），いわゆる下流5都県と群馬県の6知事による白紙撤回要求（10月19日），前原大臣による「地元理解得るまで，廃止手続きを進めない旨の高山町長への文書回答」（9月21日）や「新たな基準でダムの必要性を再検討」する旨の表明（10月27日関東知事会にて）など，八ッ場ダム建設問題は一挙に政治問題としての様相を強めることとなった。

その過程における各種報道によって，前述の品木ダムにおける中和成生物の推積問題や吾妻川とその支流での環境基準を超えるヒ素検出問題，さらには八ッ場ダム関連企業への国土交通省からの多数の職員のいわゆる「天下り」問題や，それら企業からの群馬県選出の自由民主党国会議員への政治献

金問題など，八ッ場ダム建設をめぐる本質的な問題とはやや距離を置く様々の事態が明らかにされることとなった。

　2009年12月現在，国土交通省主催の「有識者会議」の初会合が開かれ（12月4日），「個別ダムの必要性についての検証の進め方や，新たな治水の評価基準を来夏までに示し，八ッ場ダム（群馬県）など見直し対象のダムの個別の検証作業を各地方整備局で進めることを決めた」（「朝日新聞」2009年12月4日）という。この結果八ッ場ダム建設中止をめぐる最終的な決着はさらに引き延ばされることとなった。一方で，群馬県は川原湯地区と川原畑地区を結ぶ橋脚建設の工事入札を10年2月に実施する方針であるという（「東京新聞群馬版」2009年12月1日）。

　このように，八ッ場ダム建設に関する最終的決着は予断を許さない状況にあるが，ここでは建設中止問題に対する地域住民の対応を整理・検討してみることとする。

1　八ッ場ダム建設中止に対する「建設促進派」の反発

　長野原町においては，上記の前原国土交通大臣による八ッ場ダム建設に関する中止表明に先ずる形で，2009年9月10日には「八ッ場ダム推進吾妻住民協議会」なるものが，小渕優子（衆議院議員），南波和憲（群馬県議会議員，同氏の関連企業南波建設はダム関連工事の受注業者である），萩原渉（同）の3氏を発起人として設立されている。そこでは「今新しい未来に向けた生活が始まった時に『八ッ場ダム中止』を我々地元住民が受け入れることには絶対に出来ません。……万が一にも，『八ッ場ダム建設事業』を中止することになれば，我々地元住民は，地元の総力をあげ国及び民主党に対して法的手段を含め，あらゆる闘争を繰り広げ『八ッ場ダム早期完成』に向けて力を結集してまいります。」（同会の設立趣意書による）という宣言がなされている。政権交代が明確になってから10日という迅速な行動にも驚かされるが，その質は全くことなるものの，1960年代の「反対期成同盟」の文言をも彷彿させる厳しい口調のものである。

　その後「長野原町長ら，建設中止の白紙撤回要求」（9月19日），「前原大

臣の現地視察に対して，抗議文を手渡し，対話拒否」（9月23日），「八ッ場ダム建設事業の継続を求める意見書」を吾妻郡の7町村議会が相次いで可決（同一文言の意見書，9月中旬～下旬），「6都県の知事現地視察，白紙撤回をもとめ共同声明を発表」(10月21日)，「八ッ場ダム推進吾妻住民協議会」が，観光客を含めた約5万人の「八ッ場ダム推進」の署名を国土交通省に提出（11月27日），などの動きが見られた。

　こうした動きはどのように解釈すべきであろうか。まず，基本的にいってIで検討したように，1960年代後半から1985年の段階まで，多数の地元住民はダム建設に反対し，反対闘争に疲れてやむを得ず建設に同意したのであって（もちろん，前述のように当初から実質的に建設推進派の人々も存在したのであるが），すでに多くの住民が転出してしまい，残存する人々はダム建設を前提に今後の人生設計・生活再建（現在までの所，住居再建にとどまっているが）を考えているのであって，建設中止によって住民にもたらされるであろう混乱・当惑は一定程度共感できるものである。その意味で，社会・経済的に大きな犠牲を払う八ッ場ダム建設を強引に推し進めてきた歴代政府の責任は極めて大きいといわざるを得ないであろう。

　その点は前提として，上記のようなある種政治的な反発をどう評価すべきであろうか。例えば，ダム建設推進派の地元の代表的存在であり，「当初から条件付きで賛成派であった」と自ら述べられる萩原昭朗氏は，「ダム建設地の住民は生活をかけて，また地元のことだけではなく利根川流域の治水・利水を考えて，建設を受け入れた。」のであるから，「ダム建設を中止することなく，一刻も早く完成させること。そして生活再建を目指す人々の不安や動揺をなくすよう対応すること」（「毎日新聞」2009年10月2日）と，文字通り理解すれば，我々も同意できる見解を示す。また，高山欣也長野原町長（同氏自身川原湯出身で1974年から2004年まで旅館を経営，現在代替地に住宅建設済み）も，「補償金と代替地だけで終わったと思われ，そのまま放り出されるのではないかと考えてしまう」，「私どもにも闘ってきたメンツがあります」（「週刊朝日」2009年10月16日）と述べている。

　残存する地域住民の生活再建策は当然必要とされるし（居住者の減少，高

齢化などによってその担い手の存在が危惧されるが），国有地の増大による固定資産税の減少やすでに一部施工済みの「高度処理の下水道や農業集落排水の管理」など，今後の町財政の負担増大・財政破綻への危惧も理解できるところである。しかしながら，あまりに政治的な運動はダム促進のための「官製運動」とか「自民党のダム」など揶揄を招きかねないし，ましてやダム建設工事の継続が，群馬県内を中心とする建設工事業者の立場から要請されることはあってはならないであろう（前述のように，1960年代から1970年代の八ッ場ダム建設反対運動が自由民主党に期待を懸けざるを得なかったのに対して，今度は逆に建設中止反対にも自由民主党に依拠するというのは余りに歴史の皮肉であるし，戦後ほとんど政権政党の地位にあった自由民主党が，今日「地元住民の意思を尊重すべきである」などと主張するのも，いかがなものであろうか）。

2　八ッ場ダム建設中止をめぐる地域住民の意識

次に，ダム建設中止問題について，残存する地域住民はどのように考えているのであろうか。この点について，「朝日新聞」の実施したアンケート調査（ダム関連5地区において記者が訪問する形での調査で，185世帯・215人から回答を得ている）と我々の聞き取り調査（2008年9月と2009年11月）から，若干の検討を行ってみることとする。上記の「朝日新聞」の調査では，「『ダム推進』か大勢を占める中で，『どちらでもない』を選んだ人が2割。『中止に賛成』は1割いた」（「朝日新聞」2009年10月12日）とされているが，正確には（表4-3）のような結果が示されている。

表4-3　八ッ場ダム建設中止に関する地元住民の意見

地　区	反対	賛成	どちらでもない	合計
川原湯	22	2	5	29
川原畑	17	1	4	22
林	44	6	21	71
横壁	15	2	6	23
長野原	46	4	20	70
合計	144	15	56	215
（構成比）	67.0%	7.0%	26.0%	100%

出所：「朝日新聞・群馬版」09年10月22日〜26日による。

全地区合計で,「建設中止に反対」の住民が67.0%,「どちらでもない」が26.0%,「建設中止に賛成」が7.0%ということになっている。「どちらでもない」として, 現段階では賛成・反対への決定を保留している人々の多さが我々の予想外であった。この点全体として, 2・3世代前からの長期にわたって地域住民を疲労困憊させ, 地域社会を半崩壊状況に追い込んできたダム建設の中止を (しかも地域住民がやっと妥協して受け入れを決めた1985年から既に24年間も経過した今日), 心情的に受け入れ難いというのが大方の地域住民の共通認識であろう。しかしながら, 住民が居住している地区の現状や個々人の条件 (例えば, ほとんど全水没の地域なのか否か, 既に家屋・土地等の売却が終了して代替地に移転済みであるのか否か, もしくは, 移転前であっても個別補償契約が締結済みであるのか否か, 或いは地域外に勤務先があり, 必ずしも地域内で収入の路を確保する必要がないのか否かなど) の相違によって, 建設中止問題にかんする見解も大きく異なると考えられる。したがって, 地域住民各層は以下の様に区分出来よう。

① 川原湯地区の大土地所有者を中心として, 新温泉街での営業を希望し既に代替地の位置指定までされ (一部, 自己所有地を含む), 長年に亘って設備投資を控えてきた旅館経営者 (現在7軒にまで減少) や新温泉街での事業を前提としている自営業者の人々は建設中止に強い反対の意向をもっている。その構想を長年に亘って検討してきた経緯から, 当然のことといえる。

② ダムの完成を前提として, 生活基盤を確保しようとする人々も, 当然反対の意向である。例えば, 農業で生活再建を図ろうとする人々 (林地区中心) や構想されている新事業などでの新規雇用を期待する人々 (各地区に点在) である。この点については,「自分は農地を売却せざるをえなかったが, 国がその際に約束していた代替農地すらできていない」(「朝日新聞・群馬版」2009年10月23日) とか,「ダム湖を生かした生活再建ができなくなる。代替案も示されておらず, 商売が手につかない」(「朝日新聞・群馬版」2009年10月22日) とかの声も報告されている。農地を買収されて, 代替地を望む住民にはその補償が当然のことであるし,

ダム建設が無かったならば営業が可能であったであろう自営業者には生活再建策が必要とされよう。
③　水没予定地や道路・鉄道等で家屋・土地を所有していたが既に移転済みの人々や，関連5地区でも自己の家屋・土地が買収対象にならない人々，さらには現に地域外で収入を得ている人々は，社会資本整備がなされるならば，中止に強く反対することにはならず，「どちらでもない」ということになるのであろう。この点は，「どちらでもない」という回答が，家屋の水没が少ない林地区・長野原地区で多い事からも，理解できよう。
④　ダム建設中止に賛成の人々も，その濃淡の差はあれ，各地区に少数ではあるが存在している。それらの人々は，1970～1980年代からダム建設に反対し，今日でもその意思を持ち続けている人が多い。例えば，自営業のTさんは，「本当にダム建設に反対の人は出て行ってしまった。何とか生活しようとする人々が残っている」，「長い間各地の有力者の意見が通ってきたので，皆発想の転換が出来ない。中止後の生活を早く考えた方がよい」（地域住民に対する我々の聞き取り調査による）と述べている。

以上のように，八ッ場ダム建設中止をめぐる長野原町の地域住民の意識は，中止反対（建設促進）の人々が多いものの，それは報道を賑す様な「一枚岩」のものでは決してなく，その内実は複雑多様なものである。したがって，ダム建設中止か否かは別問題としても，現在の政治的・経済的条件を前提として地域住民はどのような今後の生活再建を考えており，何が可能なのかを冷静に考えてゆく事が求められているといえよう。

八ッ場ダム問題の今後──結びに代えて

2010年2月現在，地域住民を2・3世代に亘って蹂躙してきた八ッ場ダム建設事業は未だ最終的決着までに多くの時間を要する状況にある。前原国土交通大臣と「地元住民」の意見交換会が実施されたが（2010年1月24日），

「地元住民」の理解を得られるのかどうか不明であるし，国が2010年度予算において本体工事の予算化を見送ったのに対して，下流都県では本体工事費用も予算計上するなど混迷した政治状況にある。もし，ダム本体工事が継続されるとしたら，住宅・農地は再建され，社会資本整備も一定程度実現されるであろう。しかしながら，ダム建設を前提とした国・県による直轄新事業が実施されないかぎり，住民の継続的な雇用確保は困難であろうし，生活再建の路は厳しいものが予測される。なぜなら，新温泉街の帰趨は未知数であるし，地域は今後を担う人材が圧倒的に不足するまでに，既に衰退させられてしまったからである。逆に，ダム建設が中止されるとしたら，ダム建設推進以上の混乱と最終決着までの更に多くの時間を必要とすることになろう。問題の根源は，国道・JRが走り，温泉街も存在するこの街を水没させて，八ッ場ダム建設を強行しようとしてきた国家政策の根本的誤りにあるのであって，財政的に許される範囲で早急に地域住民の生活再建を図る義務が国家・県には存在するであろうし，現に残留を決めた地域住民も自らが主体となって地域再建に取り組む姿勢が求められているものと思われる。

(1) しかしながら，当時の群馬県の対応は，陳情に対する県知事の回答として，「その内に計画が送付されて来るでしょうが，その時こそ充分意見を述べるが知事として今から反対するわけには参りません。知事は全県民のものですから」(「長野原町報」，21号，1953年4月15日) と，住民にとっては頼りないものであった。

(2) 『八ッ場ダム30年史』(建設省関東地方建設局，1998年) によれば，条件付賛成派の「川原湯対策委員会」と「反対期成同盟」とが，共に1965年12月に結成されている。

(3) 当日の様子については「大衆団交では，樋田富治郎反対期成同盟3地区委員長，篠原文雄第8消防分団長 (川原湯)，竹田博栄川原湯区長，豊田香議員らが代表して町長の辞職を迫り，川原湯，林両地区の消防団員全員 (50人) の退職届け，区長ら町会役員10人の委託5業務拒否通知書を町長に手渡し」町長を激しく糾弾したが，町長は「抗議を突っぱねる」とされている (「上毛新聞」69年3月21日)。

(4) 豊田 [1996] 69頁。この自由民主党への集団入党の目的について，当時の新聞は「党内で反対運動を」，"シシ身中の虫"作戦」と伝えている (「朝日新聞」69年2月17日) と伝えている。

(5) 竹田 [1996] 19頁。また，1968年9月23日に長野原町で開かれた「ダム反対支援総決起大会」では，当時の学生運動の動向を反映して，「代々木系と反代々木系両派全学連が小ぜり合いを起こした」(「朝日新聞」1968年10月3日) という程度

の外部勢力の支援もみられている。
(6) 例えば，当時大蔵大臣であった福田赳夫氏の立場は，「ダムは（昭和）42年度頃には着工し，44年頃には完成させたい。地元の皆さんの協力をぜひお願いしたい。僕が悪いようにはしないから。」であったという（豊田［1996］62頁）。
(7) この点については，「上毛新聞」1968年8月13日を参照のこと。
(8) この樋田富治郎氏の町長当選について，当時の報道は「住民が（八ッ場）ダム拒否を表明」，「八ッ場ダム建設は実質的に建設不可能になったという観測が強まっており，建設省の打撃は大きいようだ」（「上毛新聞」1974年4月25日）としているが，今日から振り返れば，住民多数の意思は建設省によって全く無視されたといえるであろう。
(9) この長野原町長を5期20年にわたって勤めた桜井武氏は，「1年間に269日出張，このうち東京出張が220日で出張旅費を約82万円請求している。同町長は東京に自宅があるため議会招集日など欠かせない場合だけ長野原町役場に通勤しているという疑惑が持たれている」（「上毛新聞」1969年3月20日）とされているが，もし事実だとすれば，山深い小さな町でなぜそのような事が許されたのであろうか。
(10) この点について，当時の署名などから分析して「反対派699人（川原湯279人，川原畑94人，林305人，横壁21人），条件派が443人（川原湯143人，川原畑172人，横壁128人）」としている（「上毛新聞」2009年9月28日）。この数字については，林地区に条件派（当初から賛成の人々も含む）が存在しなかったのか否か不明であるが，地区によって著しい相違が見られているのである。
(11) ちなみに，ここで1998年3月に結成された「川原湯借地人組合」について触れておくこととする。この組織は借地人が対地主交渉のため48戸で組織したものであるが，地主側との統一交渉にならず実質的に効果を発揮しないまま，2008年現在で残存するのは13戸にまで減少している。「反対期成同盟」には，当初借地・借家人が90人程加盟してそれなりの活動をしていたとのことであるが，地主層との利害関係の相反もあって，多くの人々は転出してしまった。なお，借地人が補償金から受ける借地権としての割合は地主によってことなり，0％〜30％といわれている。
(12) 八ッ場ダム計画の公表後，いわゆる「補償金目当てに形式的に移住した」人々が，4地区合計で41戸存在したといわれる（鈴木［2004］147頁）。
(13)〜(17) 地域住民に対する我々の聞き取り調査による。なお，当時の横壁地区の状況については，「住民の大半はダム反対だったが，一部有力者の意向に沿うように地域全体が賛成に転じた」とも伝えられている（「朝日新聞・群馬版」2009年10月25日）。
(18) この点については，「県から予算を貰うつごうもあり，県の言うことも少しは聞かなくてはならない事情があった」（竹田［1996］35頁）とか，「正面に立たされた県は以後反対派を懐柔するためにさまざまな手段を町を通して講じるようになる」（豊田［1996］104頁）と記録されているが，具体的な事実は不明である。
(19) なお，我々は聞き取り調査の過程で，当事者であった樋田富治郎氏本人からの

聴取を試みたが，種々の事情により実現しなかった。また，樋田氏は2010年5月13日86歳にて逝去された。厚く御冥福を祈るものである。
(20) 当時の地域住民の分裂や苦悩については，「仲の良かった近所や親せきが口を聞かなくなったこともあるほどだったという。住民たちは，立場や考えの違いによる人間関係の悪化に苦しみ，先の見えない闘いに疲弊していった」(「上毛新聞」2009年9月23日)とか，「水没予定者は，反対，条件付賛成，中立の各派に分かれて対立し，温泉の芸者までも他派の旅館には顔を出さないほど」(「朝日新聞」1969年2月17日)であったと伝えられている。
(21) また，本文でみたように，川原湯地区においては住民構成は複雑・多様なものとなっており，住民組織も当時約200世帯でありながら，「八ッ場ダム建設反対川原湯期成同盟」，「八ッ場ダム水没者生活再建組合」，「川原湯地区再建対策委員会」，「八ッ場ダム川原湯対策委員会」の4グループに分かれ，「水没住民の代表機関，『川原湯地区八ッ場ダム対策委員会』の委員長を選出できない状態が続いてい(た)」(「朝日新聞」1992年3月3日)のであった。
(22) この7町村には八ッ場ダムとはほとんど無関係と思われる高山村，草津町，嬬恋村も含まれており，政治的意図がうかがえる。

第5章　八ッ場ダムをめぐる住民運動と市民運動

問題の所在

　民主党政権の成立以来，マニュフェストに記載された「八ッ場ダム・川辺川ダム建設中止」の方針が，にわかに全国的な政治の争点として浮上してきた。特に八ッ場ダムの場合，これまでの無関心ぶりとは対照的に，マスメディア各社が地域に乗り込み大量の情報を発信するようになったが，その多くは一方的かつ断片的な報道と言わざるを得ないものであった。テレビで繰り返し報道された映像は，ダムにより水没する地域の住民が「工事継続」を叫ぶという，一見奇妙な光景であり，2009年9月，初めて現地を訪問した前原国交相が住民との対話を拒否された後，長野原町役場には一晩で4000件のメールが殺到し，その8割は「対話拒否はおかしい」「民意に背くのか」といった地元に批判的な内容だったという（「朝日新聞」2009年9月26日朝刊, 39頁）。当初見られた地元住民に同情的な報道は影をひそめ，今や「地元住民＝受益者」という構図が定着し，住民が国交省や建設業者と共犯関係にあるかのような印象が形成されつつあるように思われる。

　しかし事態はそう単純なものではない。本稿は八ッ場ダム建設事業をめぐる複雑な社会過程を，社会学の見地から再検討し，地元住民における「事業継続の論理」を解明しようという試みである。

　巨大公共事業や地域開発は，戦後日本社会学の実証研究において極めて重要な主題となってきたが，ダム建設事業を主題にしたものは意外に少ない。日本人文科学会による一連の共同調査（『佐久間ダム』[1958]，『ダム建設の社会的影響』[1959]，『北上川』[1960]）以降は，著名なダム関連の調査はほとんど法学者，行政学者，農業経済学者，実務家等によって行われてきた[1]。し

かし，近年環境社会学や社会運動論の観点から，再びダム建設事業に関する注目すべき研究が発表されるようになってきた。特に本稿において重要な先行研究として参照されるのは，帯谷博明氏の労作『ダム建設をめぐる環境運動と地域再生』である（帯谷博明［2004］）。[2]

帯谷氏の著書は「第1部　日本の河川政策と環境運動の展開」「第2部　宮城県・新月ダム建設計画をめぐるコンフリクト過程」「第3部　環境運動の『成功』と地域再生への隘路」の3部構成をとっている。このうち八ッ場ダムとの関連で最も示唆に富むのは第2部とりわけ第3章「ダム建設計画をめぐる対立の構図とその変容——運動・ネットワークの形成と受益・受苦の変化」である。ここでは，日本の環境社会学・社会運動研究が生んだ最も優れた成果とされる「受益圏・受苦圏」論が，ダム建設中止に至る過程の分析のために駆使され，興味深い結論が導き出されている。本稿ではまず予備的考察として，「受益圏・受苦圏」論の再検討から始めることにしよう。

I　受益圏・受苦圏の理論

1　基本的構図

「受益圏・受苦圏」理論は，元来，舩橋晴俊氏らによる，『新幹線公害』（舩橋・長谷川他［1985］）に関する研究から導出され，メンバーの一人である梶田孝道氏の『テクノクラシーと社会運動』（梶田［1988］）において精緻化されたものである。

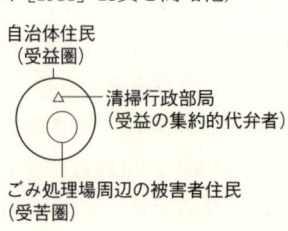

図5-1　「ごみ処理工場」問題における受益圏・受苦圏
　　　　（梶田［1988］13頁を簡略化）

自治体住民
（受益圏）

清掃行政部局
（受益の集約的代弁者）

ごみ処理場周辺の被害者住民
（受苦圏）

図5-2 「新幹線公害」における受益圏・受苦圏
（梶田［1988］14頁を簡略化）

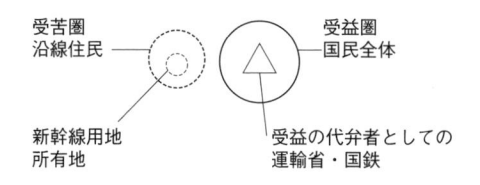

受苦圏
沿線住民

新幹線用地
所有地

受益圏
国民全体

受益の代弁者としての
運輸省・国鉄

　この理論では受益圏と受苦圏が空間的に分離しているか否かが問題とされる。例えば，梶田氏の例に従えば，ある自治体で，その自治体で出るごみの処分場を建設する場合，受益圏の内部に受苦圏が存在することになる。
　このような場合，ごみ処理と周辺の環境保全という二つの機能要件の葛藤は，住民一人一人が考えなければならない問題として理解されやすく，合意形成も比較的容易であるとされる（梶田［1988］14頁）。
　ところが，新幹線公害のように受益圏と受苦圏が空間的に分離している場合，受益圏は極めて希釈化された形で全国に広がり，受益者は新幹線の建設や利用が沿線住民にいかなる被害を与えているかを想像しにくい。その結果，受苦圏を形成する一部沿線住民に被害は集中することになる。
　梶田氏は「大規模開発問題」では受益圏と受苦圏が空間的に分離し，受益圏が当該地域から離れた広範囲な地域へと希薄化された形で拡大する一方，受苦圏は局地的な一地域に集中する傾向（「受益圏の拡大と受苦圏の局地化」）を指摘し，両圏域の分離のもとで発生する紛争を「分離型紛争」と呼んだ（梶田［1988］13-16頁，35-36頁）。分離型紛争の場合，受益（加害）側は受苦（被害側）にいかなる犠牲を強いているかに鈍感になりやすく，一部の人々に過大な犠牲が押し付けられる結果になりやすい（同15頁）。
　ダム建設の場合，水没地域は「受苦圏」，治水なり利水の恩恵を受ける下流地域は「受益圏」であり，分離型紛争の典型的事例と見なされてきた。したがって受益圏と受苦圏の「合意形成はきわめて困難になり，問題解決も容易ではない」（帯谷［2004］90頁）とされてきたのである。

2　疑似受益圏の形成

　梶田氏らの「受益圏・受苦圏」理論はあくまで抽象度の高いモデルであり，現実の大規模開発問題に適用される過程で修正が加えられている。そのなかでも重要な論点は，砂田一郎氏が和歌山県の原発建設に関する調査から提起した，「疑似受益圏」の問題である。

　砂田氏は，原発用地周辺住民の中に原発建設を自己の生活上有益と判断して行動する人々がいることに注目し，かれらを「受苦圏のなかの受益圏」即ち「疑似受益圏」と指摘した。原発建設をめぐる紛争は，マクロレベルでの受益圏対受苦圏の対立に加えて，受苦圏内部（ミクロレベル）での「疑似受益圏」対「純受苦圏」の対立という二重構造をなしており，両者の妥協と紛争解決を著しく困難にしているというのである（砂田一郎［1980］）。

　狭小な地域社会であっても住民間の利害は決して一枚岩でないこと，開発に伴いそれまで潜在的であった対立が顕在化することは70年代までの開発研究，住民運動研究が指摘してきたことであり，むしろ常識に属する事柄といってよい。しかしながら，「疑似受益圏」概念の導入によって「受益圏・受苦圏」理論が現実の紛争を説明するだけのリアリティを獲得したことはやはり評価すべきであろう。梶田氏はこの概念を用いて以下の諸点を指摘している（梶田［1988］46-47頁）。

① 受苦圏が極めて狭い範囲気に局地化される場合には，開発主体はその受苦圏の一部を補償等の手段によって『疑似受益圏』化し，『純受苦圏』を少数派化し無力化することが可能となる」こと。
② 地域住民や地元自治体の圧力団体化」即ち，「何らかの形で受苦圏に編入されている地域が，その見返りとして別の種類の受益圏を開発主体に対して要求」する動きが発生する（「見返り的地域開発」）。しかしこの動きは，本来のマクロな受益圏・受苦圏の対立構造を解消したり変更したりするものではない。
③ 似受益圏の形成要求は政治家の介入を招く。かれらは地元とテクノクラートとを媒介し，テクノクラートの政策実現に協力する見返りとして自己の票田への優先的な財政支出を実現する。

これらの点は，原発，国際空港等の事例で典型的に見られたことであるが，ダム建設においては，「蜂の巣城」（下筌ダム）等での激しい抵抗の反省から生まれたといわれる水特法がまさに「疑似受益圏」形成の手段として利用されることになる。

3 受益と受苦の錯綜

だが，受益と受苦の関係は近年ますます複雑な様相を示すに至っている。帯谷博明氏は宮城県の新月ダム建設計画をめぐる紛争を分析し，受益と受苦が重層化し「圏域」をなさなくなっていく過程を明らかにした。この研究は八ッ場ダムの現状を理解するうえでも極めて示唆に富むものである。

帯谷氏によれば，新月ダムの場合も，当初は単純な上下流の対立図式が存在した。しかし上流域では，一部地権者がダム建設を地域活性化の好機ととらえ，ダム建設推進を表明して行政と協力するようになる。水没予定地の地権者と周辺部の住民の意識の相違，水没地における「絶対反対派」と「条件闘争派」の分裂など，「ダム計画に対する住民の意味づけが多様化したため，ライフチャンスをめぐって地域内で新たな利害対立が生じ，受益・受苦の認識は重層化」（帯谷［2004］105頁）し，もはや「圏域」としてとらえることが困難になったという。

一方，下流域においてはダム建設による「生態系リスク」を認識した漁業者グループとダムによる外来型開発に疑問を持つ「まちづくりグループ」が連携して，反対運動に合流し，「下流」＝「受益圏」という図式も成立しなくなったのである（帯谷［2004］98-101頁）。

II 八ッ場ダム建設をめぐる社会過程

これまで検討してきた受益圏・受苦圏理論は，八ッ場ダム建設をめぐる社会過程を理解するうえでも一定の有効性を有している。以下，第3章でなされた時期区分を参照して受益と受苦の観点からダム建設をめぐる社会過程を再考してみよう。

1 分離型闘争期（1952～53年）

 第3章で詳述されたように，1952年に八ッ場ダム建設計画が提示されると，翌年に欠けて激しい全町的な反対運動が展開された。この時点では下流域におけるダム建設の効果に関する疑問は提起されておらず，水没によって生活の根拠を失う上流（受苦圏）＝地元住民と治水・利水両面で利益をうける下流（受益圏）という明確な対立図式が存在していたといえ，典型的な「分離型」紛争の様相を呈していた。

 そして吾妻川の水質問題からダム建設は棚上げされ，反対運動も一時沈静化することになり，10年余りにわたってダム問題は表面的には館小康状態を迎えることになる。しかしこの間，高度経済成長の開始による首都圏の水需要の急増，農工間の不均等発展と過疎問題の発生といった事態が進展し，ダム建設事業の公共性を主張する勢力にとって有利な状況が生まれつつあった。そして国・県は吾妻川の水質改善事業を進めながら，ダム建設事業再開の機会をうかがっていたのである。

2 反対運動の分裂と疑似受益圏の形成（1965～70年代前半）

 1965年に再びダム建設案が提示されると，地元に動揺が生じ始める。5月30日に設立された「八ッ場ダム連合対策委員会」は反対・賛成が入り乱れて成果なく分裂・解散したが，早くも6月30日には少数とはいえ条件付き賛成派が結集して「八ッ場ダム研究会」を結成した。その後絶対反対を掲げる「反対期成同盟」が結成され，水没地住民間の分裂が決定的となった。

 さらに1966年7月には地元の有力な旅館経営者である荻原好夫氏が中心となって条件付き賛成派というべき「八ッ場ダム総合対策連盟」が結成された（荻原［1996］47頁）。

 このように，ダム建設問題が再燃した1960年代後半の時点で，既に住民間にかなりの利害の相違と意見対立が存在し，反対派住民は建設省だけでなく町内の賛成派とも激しく対立することになったのである。しかし長野原町の水没地域における社会関係は権威主義的な性格が強く，少数派は声をあげにくい状況があり，特に温泉街である川原湯地区では地主層が借地・借家人に

対して強い影響力を持ち，反対運動は少数の有力者によって指導される傾向があったのである（萩原好夫［1996］41-45頁及び本書第3章吉田論文参照）。

この時期の反対運動の特徴として，激しい抗議活動とともに注目されるのが政治家に対する陳情活動である。当時群馬県では，福田赳夫と中曽根康弘が自民党同士で激しく争い，県議会でも両派が対立していた。八ッ場ダム建設を推進したのは福田陣営であり，中曽根はダム建設に慎重な姿勢を見せていた。そのため住民の中に中曽根や福田の政敵田中角栄への陳情によって事態を打開しようという動きが生まれ，ついには自民党（中曽根派）への集団入党運動にまで発展したのである。また革新勢力との共闘も見られたが，十分な展開を見せずに終わっている（詳細は本書吉田論文参照）。

一方条件付き賛成派の萩原好夫氏は，東工大の学者グループに委託し生活再建案の作成を試みたが，建設省と萩原氏の関係が悪化し挫折，さらに建築家磯崎新氏に依頼して川原湯温泉移転計画を作成するなど独自の動きを見せていた（萩原［1996］第2章）。このように，この時期の運動は完全に外部に対して閉ざされていたわけではない。しかし反対運動全体としては外部勢力との提携に消極的であり，萩原氏の行動は地域内の実態から遊離したものになっていったようである。

この時期には，建設省による現地活動拠点の確保・整備がなされたことにも注目すべきであろう。1967年に賛成派町民の自宅に間借りする形で建設省の現地出先機関が開設され，11月には調査出張所となった。翌年出張所は長野原駅前に移転し調査事務所に昇格，さらに1970年には工事事務所となった。また1969年には川原湯駅前に生活再建相談書が開設されている。1952-1953年には町内に事務所を置けず，民家を借り上げて調査の拠点とする有様だったことを考えると，正式の事務所を設置し所長以下建設官僚が常駐する体制が整った意味は大きい。以後今日に至るまで八ッ場ダム工事事務所は地元対策の前線基地として，地域住民のリーダー層と頻繁に接触し，「疑似受益圏」を地元に形成するうえで大きな役割を果たしていくことになる。さらに1973年には水特法が公布され，地元に対する利益誘導の財源が確保され，ダム工事推進側の態勢は着々と強化されていった。

1974年，条件付き賛成派の桜井武町長が病に倒れると，反対派のリーダーであった樋田富次郎氏が町長に当選し，ダム反対運動は最高潮に達したかに見えたが，既に外堀は埋められつつあった。萩原好夫氏は，行政の責任者となったことで樋田氏自身がかつてのような強硬な立場を貫けなくなり，かえって建設省側からみれば「民衆と直接戦うための戦略の困難性に比較して，より近づきやすい窓口が開かれたことになった」（萩原［1996］44頁）と述べているが，この指摘は真実をついていると思われる。

　このように，この時期は地元社会の利害対立が表面化したのに乗じて，建設省による切り崩しがある程度功を奏し，社会運動論でいう疑似受益圏の形成が行われたのであるが，なお絶対反対派の勢力は強く住民の多数派を形成していた。しかしその運動の内実は前近代的・権威主義的な側面を有し，かつ地域の将来像に対する明確なプランを提示し得ないという弱点を抱えていたのである。

3　県の介入と生活再建策の受け入れ（1970年代後半～1990年代末）

　1976年，八ッ場ダム建設に消極的であると県議会福田派に批判された神田知事は辞任に追い込まれ，清水知事が就任した。新知事のもとで県はダム問題への関与を強め，樋田町政は孤立化し妥協を余儀なくされていく。樋田町政に対する国・県の「締め付け」や切り崩しの具体的な様相は，これまでの調査では具体的に明らかにしえていない。しかし，1980年の県による「生活再建案」の提示が重要な転換点となり，地元地域社会はダム受容へと転換していく。なお，1980年の生活再建案の提示から1985年の町長・県知事間の覚書締結を経て，1990年の地域居住計画作成に至る過程で大きな役割を果たしたのが，後に県知事となる小寺弘之氏（自治省出身，78-82年総務部長，82-91年副知事）だったことは銘記しておくべきであろう。

　県の生活再建案の検討は藤田論文（第3章）に譲るが，その後の展開上重要な意味を持ったのが，「現地ずり上がり」方式による代替地造成，集団移転という手法である。徳山ダム，川辺川ダムに関する研究では，いずれも集団移転によるむらの解体が住民に大きな不安を与えたことが報告されている

(浜本［2001］,植田［2004］)。その点,集落を解体させずそのままスライドさせるという構想は,コミュニティがダム建設後も維持されるという幻想を住民に与え,ダム建設を受け入れ易くするうえで一定の有効性を持ったと思われる。

この時期になると住民側の疲弊が目立ち始め,交渉は県・国のペースで進行する。中曽根や田中も八ッ場ダムをめぐって福田と対立するようなことはなくなり,むしろ中曽根政権時代に着々と法的手続きが進められていったのである。

住民が疲弊しダム受け入れに傾き始めたこの時期こそ,外部からの支援が必要な時期であったろう。しかし,萩原好夫氏によるまちづくり運動が試みられたものの(萩原［1996］第3章),ダム反対運動は全体としては孤立したまま条件闘争へと傾斜していくことになる。1992年,ついに反対期成同盟は「反対」の旗をおろし「八ッ場ダム対策期成同盟」と改称,地元における組織的な反対運動は事実上終息し,なおもダム反対を主張する住民は絶対的少数派となったのである。

だが,住民はダム問題から解放されたわけではない。1986年以降いよいよダム建設計画が具体化する中で,住民は生活再建案の審議や用地補償問題への対応に忙殺されることになり,際限なく繰り返される会議と交渉でさらに疲労の度を深めていくことになる。

4　下流域における反対運動の展開(1990年代末以降)

1990年代後半になると,長良川・吉野川の河口堰問題等,従来社会学ではダム事業の受益圏に属するとみなされてきた下流域住民を中心とするダム反対運動が発生し,短期間に組織化されて活発に活動するようになった。こうした情勢を背景に,八ッ場ダムでも下流住民による反対運動が発生する。

専門家の見地からのダム反対闘争指導者として著名な嶋津暉之氏が長野原町を訪れ,事業の無謀さを痛感したのは1960年代のことである(八ッ場ダムを考える会［2005］45頁)が,その後長い間下流サイドの反対運動が組織化されることはなかった。1998年,当時鬼石町町長だった関口茂樹氏の「上毛

新聞」への投稿がきっかけとなり，翌年7月に群馬大学の教員を中心とする「八ッ場ダムを考える会」が発足する。しかし運動は現地住民との連携を模索するが成功せず，停滞気味であった。

八ッ場ダム反対運動が一気に活性化するのは，2003年11月に八ッ場ダム建設計画が見直され，事業費が当初の2110億円から一気に4600億円へと変更されて以後である。かねてから国・自治体の不正支出や無駄な公共事業を問題にしてきた全国市民オンブズマンが，八ッ場ダムを無駄な公共事業の典型としてとりあげ，「八ッ場ダムをストップさせる市民連絡会」を組織した。

これ以後下流側の反対運動は急速に展開する。2004年9月の一都五県への監査請求に続いて，11月には各都県の「ストップさせる会」が八ッ場ダムへの支出差し止めを求めて住民訴訟を起こしたのである。訴訟闘争では，吾妻渓谷の貴重な自然の保護も重要な論点の一つではあるが，あくまでも行政訴訟として，八ッ場ダムが利水・治水の両面において不要なだけでなく，地滑り・水質汚染などのリスクを伴うことを立証し，不要かつ危険なダム建設事業に対する自治体負担金の支出を差し止めることが目的となっている。

このように，短期間で反対運動が活性化し組織化されたのはなぜか。反対運動のリーダーへのインタビューからもうかがえることであるが，反対運動への参加者の多くはすでに何らかの市民運動や自然保護運動を経験しており，それまでの運動経験で形成された人脈を通じて短期間のうちにネットワーク状に組織を拡大していくことができたと思われる。

下流域における法廷闘争は，弁護士を中心とする市民オンブズマンの得意とする戦術であったが，嶋津暉之氏ら専門家の参加を得て八ッ場ダム建設計画の問題点を解明することを通じて，利根川・荒川流域一都五県の住民がむしろ事業の被害者――もしくは潜在的被害者というべきか――であることを論証する試みであった。いいかえれば，自明のものとされてきたダム建設の受益圏・受苦圏を問い直し，再定義する試みであったといえよう。すでに東京，千葉で住民側敗訴の一審判決が出ているが，八ッ場ダム計画の抱える問題点が次々と明らかにされたという点では，高く評価されるべきであろう。

さて，「考える会」のメンバーの一部は「ストップさせる会」に参加した

が，裁判闘争とは距離をとり，独自の活動を模索するメンバーもいた。これらの人々が2006年に加藤登紀子氏らが参加するイベントを企画したことが契機となって，2007年「八ッ場あしたの会」が発足する。「あしたの会」はその活動目的として次の3点を掲げている（「八ッ場あしたの会」HPより引用）。

(1) 2006年10月のコンサート「八ッ場いのちの輝き」を主催した「八ッ場といのちの共生を考える実行委員会」の活動を継承し，八ッ場ダム計画の見直しを視野に入れて，ダム事業の現状と課題を一人でも多くの人に知らせ，「八ッ場の良きあした」を考える人々の輪を広げる。
(2) 半世紀前より水没予定地とされてきた「八ッ場」と周辺地域の苦悩に深く共感し，地元を尊重しながら八ッ場に持続可能な暮らしを取り戻す支援活動を粘り強くすすめる。
(3) 「八ッ場」同様，巨大開発によって疲弊と破壊と絶望のなかにある日本全国の地域が活気を取り戻すための多様な知恵を集める。

　地元への共感・尊重と持続可能な地域振興をうたった理念自体は高く評価されるべきであろう。しかし実際には，水没地域，特に現地ずり上がり方式による生活再建を選択した人々と，下流住民による反対運動は，何度か行われた対話の試みにもかかわらず，相互理解に失敗して感情的な対立が生じたまま今日にいたっている。
　水没地住民の多くは，長年ダム問題に多大の時間と労力を費やし，疲弊してやむなく生活再建案を受け入れたのであり，最も苦しい時期に支援してくれなかった都会の活動家が，代替地の造成が進み，移転のめどが立った時期ににわかに活気づき，地元の意向を無視して訴訟戦術に出たことにぬぐいがたい不安と不信感を抱いている。
　もちろん，下流側の運動体も，現地における生活再建の重要性は認識しており，これまでいくつかの提言を行ってきた。また，民主党にダム中止後の生活支援法案の提出を働きかけ，大河原雅子参院議員を中心に法案が準備されている。しかしこれらの試みは，現在まで地元住民の信頼を得ることに成

功していない。こうした状況の下で、民主党政権が誕生し、前原国交相が建設中止を明言するという事態になり、地元の不安と混乱は今やピークに達している。

5　受益と受苦の錯綜

これまで見てきたように、八ッ場ダムでも帯谷氏が分析した新月ダムの事例と同様、住民間の利害分化と受益・受苦認識の重層化が顕著になり、「水没地域」＝「受苦圏」という図式が単純には成立しなくなっている。だが、八ッ場の場合、受益・受苦圏の重層化はより複雑な形態をとり、しかも地元住民と下流反対派市民の対立という事態が生じている。

現在水没地域で最も深刻な被害を受けているのは、代替地を取得し「現地ずり上がり方式」での生活再建を選択した人々である。彼らの多くは長年の交渉の末、物質的にも精神的にも疲れ果て、条件付受け入れ派に転じた人々である。新たに造成された代替地は周辺市町村と比較しても高額であり、所有地を売却して得た資金はほとんど残らない。金銭面からいえば、代替地への移転は甚だ利益の乏しい選択であり、いわゆる「ゴネ得」批判は実態に無知な中傷である。しかも移転後の生活、とりわけ温泉街の将来像はまったく不透明である。むしろ代替地への移住は、町外移住以上にリスクの大きい選択だといえるのである。

また長期にわたる紛争のなかで町内での生活展望を見出せず、町外に移住していった人々の多くも「受苦」的存在といえよう[3]。しかし一部とはいえ、高額の補償金を得て近隣市町村に比較的安価な住宅を取得したり、都会で事業を開始したりした人々がおり、純粋に金銭的な面からみれば、彼らはやはり受益者に他ならないのである。水没地域には受苦・受益者が入り乱れ、受益と受苦を明確な空間的圏域として捉えることはもはや困難になっている。

一方、下流域の情勢はどうか。八ッ場ダム計画の著しい特徴は、国土交通省が想定するいわば公式の「受益圏」が、利根川・荒川流域一都五県という極めて広大な地域に広がっていることである。しかしこれまでの訴訟を通じて、治水・利水の両面において八ッ場ダムの必要性に関する疑問が提起され

てきた。われわれは国土交通省の職員からもヒアリングを行ったが，計画当初とは全く状況が変化した今日，あえて八ッ場ダム建設を継続する積極的な理由を見出すことはできなかった。あえて言えば，八ッ場ダム建設によって確実に利益を得ることができるのは，直接工事を受注する建設会社と，国土交通省の官僚，特に技官集団に限られるのではないか。つまり，公式にはマックスに想定されている受益圏が，実際はミニマムにしか存在しないという奇妙な状況が存在するのである。

このように，八ッ場ダム建設問題における受益・受苦の関係は，極めて錯綜したものになっている。かつて帯谷氏が指摘した通り，新たな視点からの組み換えが必要になっていることは明らかである。帯谷氏のように，構築主義的視点からのフレーム分析(4)を導入することも有意義であろうが，現在の筆者の力量では不可能であり，後日を期すことにしたい。次節では，上流下流それぞれの運動のリーダー層の階級的性格に注目し，上下流の対立の深層と地元住民における「事業継続の論理」について考察していくことにする。

III 住民運動と市民運動──上下流住民の「すれ違い」

帯谷氏の研究を始め，これまでの大規模開発研究は，運動の成否を決める重要な条件として現地と地域外の運動の連携，とりわけ外部からの「よそ者の視点」による現地の運動の活性化を重視してきた（帯谷［2004］105頁，171-173頁）。まさにこの点で八ッ場の場合，反対運動は行き詰まりを見せていたのである。

1 運動の質的相違

かつての水没地における反対運動と，現在の下流域の運動はその性格が全く異なっている。表5-3は，帯谷氏が日本におけるダム建設に関わる環境運動の時期区分と類型化を行ったものである（帯谷［2004］75頁）。

表 5-1 ダム建設に関わる環境運動の

	運動の類型	担い手
第1期 (昭和初期〜1950年代)	生活保全運動 (作為要求型)	立地点の住民や自治体
	自然保護運動	都市部の研究者や文化人，行政関係者
第2期 (60年代〜80年代半ば)	地域完結型 (作為阻止型と作為要求型の混在)	立地点の住民（運動によっては地区労など労組や革新系政党，研究者，弁護士
第3期 (80年代後半〜)	ネットワーク型，流域連携型 (多用な運動の合流)	立地点の住民（運動が衰退・消滅した地域もある），都市部や下流部など他地域のアクター
第4期 (90年代後半〜)	オルターナティブ志向型（地域環境やコミュニティの再生・創造）	(環境NPO，研究者・専門家，文化人，一般市民など)

出所：帯谷［2004］75頁。

　この表に沿って，八ッ場ダムの場合を再検討してみよう。水没地での反対運動は，帯谷氏の類型でいうと「地域完結型」の典型をなすものだったといえよう。運動は主として立地点の住民によって担われ，労組や革新政党の関わりは弱いものであった。かつては荻原好夫氏による試みはあったものの，スタンドプレー的な面も強く，「振り回されただけ」といった否定的な意見が聞かれた。むしろ「成田のようにしたくない」といった意見が強く，町外の運動家や研究者と積極的な関係を模索することはなかったのである。

　一方，下流域の反対運動はネットワーク型から地元の生活再建を視野に入れたオルターナティブ型に移行しつつある。しかし，下流域で運動が組織化されたときには，水没地住民の大多数は生活保全型の運動に転じており，上流・下流の連携の時期を逸してしまった。

　現地住民の多くは，自分たちが必死の抵抗を続けている時期に無関心であった人々が，地元が泣く泣くダムを受け入れ生活再建を進めているときに，行政訴訟によってそれを妨害していると考え，反対運動に対して強い反感を抱いているのである。

の時期区分，類型と特徴

志向性（争点）	フレーミング	代表例
補償の充実	生活再建のための十分な補償を	佐久間ダム，花山ダムなど
学術的に貴重な自然環境の保存	比類なき自然景観	尾瀬保存期成同盟
計画の妥当性や公共性への疑義，権利防衛	先祖伝来の土地を守れ 基本的人権・地方自治の尊重 ダムができる村は滅びる	下筌ダム，矢田ダムなど多数 苫田ダム
補償の充実	ダム建設は銭次第	
計画の科学的妥当性とリスク，自然環境の保護，多様なメディアを通じた市民的公共圏の形成	無駄な公共工事ダムはムダ ダム建設の時代は終わった 最後の清流を守れ	最良川河口堰 川辺川ダム
オルタナティブの掲示と実践（治水・利水の代替案作成，植林活動，公共事業に頼らないむらづくりなど），自己決定	森は海の恋人 緑のダム 大事なことはみんなで決める	新月ダム 細川内ダム 吉野川第十堰

2 住民運動と市民運動の相克

　上下流の運動形態の相違は，住民運動と市民運動の相違であるということもできる。表5-2は，長谷川公一氏による住民運動と市民運動の基本的性格の対照表である（長谷川［1998］250頁）。八ッ場ダムの場合，水没地の運動はまさに住民運動であり，下流域の運動は市民運動としての特質を備えていることがわかる。

　もちろん，住民運動と市民運動は常に対立しあうわけではない。帯谷氏の著作を含むこれまでの多くの調査研究は，住民運動と市民運動（「よそ者」の運動）が連携しあうとき，初めて実質的な成果を獲得しうることを教えている。しかし八ッ場ダムの場合，上下流の住民は空間的に分離しており，社会的にもきわめて異質な存在であった。「あしたの会」メンバーが地元住民と接触した時点から，既に不幸な行き違いが生じていたようである。

　感情的な対立の一例をあげれば，「あしたの会」に名を連ねた著名人や活動家が，「今まで八ッ場の問題を知らなかった」などと悪びれずに語ることに不快感を持った住民もいたようである。また下流域の運動団体が当初，訴

表5-2　住民運動と市民運動の基本的性格

	住民運動	市民運動
行為主体 　a）性格 　b）階層的基礎	利害当事者としての住民 一般市民，農漁民層，自営業層，公務サービス層，女性層，高齢者層	良心的構成員としての市民 専門職層，高学歴層
イッシュー特性	生活（生産）拠点にかかわる直接的利害の防衛（実現）	普遍主義的な価値の防衛（実現）
価値志向性	個別主義，限定性	普遍主義，自立性
行為様式 　a）紐帯の契機 　b）行為特性 　c）関与の特性	居住地の近接性 手段的合理性 既存の地域集団との連続性	理念の共同性 価値志向性 支援者的関与

出所：長谷川［1998］250頁。

訟戦術をとることを明らかにしていなかったことは，住民側の不信感を増幅する結果になった。一都五県の負担金支出差し止めは，水没地住民の生活再建の資金の出所を断つことになり，地元としては到底受け入れ難いことだったのである。

　筆者は水没地と下流域（東京都・群馬県）の運動のリーダーにそれぞれインタビューを実施したが，どちらの側も，きわめて誠実な善意の人々であることに疑いの余地はない。なぜ互いの立場を理解しあい，協力することができないのであろうか。

　逆説的な表現ではあるが，筆者は双方が誠実で善良であるがゆえに，歩み寄ることができないのだと推論している。つまり，どちらのリーダー層も誠実で善良であるが，両者は背負っているものが違う。水没地のリーダー層にとって，人生の半ば以上はダム問題への対処に費やされてきたといってよい。彼らの切実な願いは，安定した将来展望のある生活である。ダム問題への対処を誤ることは自身と家族の生活基盤を失うことにもなりかねず，当然熟慮のうえ慎重にことを運ばねばならない。その場合，彼らの行為が現実的・実利的な性格を帯びることはむしろ当然であろう。

　他方，下流の反対運動の担い手についてはどうか。リーダー層の多くは，環境問題・自然保護等の市民運動の経験者であり，彼らにとって八ッ場ダムは数限りない環境破壊や無駄な公共事業の最悪のケースであっても，全生活

の基盤をかけた問題とはなりえない。八ッ場ダムができても,彼らは住み慣れた土地で生活できなくなるわけでもなく,ダム建設によって被る直接的な被害については具体的には想定しにくい。それだけに彼らは自らの価値観に忠実に,損得抜きで,ヴェーバー流にいえば「価値合理的」に行動しうるのである。下流の活動家の純粋な善意の活動は,極めて限定された条件のもとで選択を強いられている水没地の住民にとって,多くの不満を残しながらもようやく見えてきた家族と地域の将来展望を脅かす「リスク要因」として認識され,警戒されることになるのではないだろうか。

　八ッ場の場合,地元住民と下流の運動家との関係は既に修復困難な状況に至っている。しかし,両者の相互理解なくしては生活再建も自然保護も実現しえない以上,困難な課題にあえて挑むしか残された途はない。

　地元住民の側は,自らを60年近く苦しめてきたものは自民党政権と官僚機構であることを再認識し,今もなお残る自らの閉鎖的な体質を打破していく必要があるだろう。下流の運動団体の側は,まずこれまでの地元への接し方について反省すべきではないか。率直に言って市民運動の側には「上から」の視線で地元住民を見る傾向があったのではないだろうか。

3　事業継続の論理

　このような地元住民と市民運動家の対立は,徳山ダムや川辺川ダムに関する研究でも報告されている。浜本篤史氏の徳山ダムに関する研究はすでに移転を終えた人々に関する調査であるが,そのほとんどがダムの早期建設を望みダム見直し論に否定的であった。移転者が事業継続をもとめるのは「それまでの辛苦を否定されないためであり,すなわち,自己存在証明を求めてのものである」(浜本［2001］183頁)。

　一方植田今日子氏の研究は川辺川ダムに関するものである。そこでは住民組織が早期着工を求める論理として次の2点が指摘されている。

① 　個人補償の絶対的確保。「公共事業では途中で事業が中止した場合が想定されていないため,現段階で中止となった場合の補償について事業主に法的に責任を問うことができない」(植田［2004］44頁)ためである。

②　早期着工が「むらづくり」のスタートをきることになるという認識。川辺川ダムでは代替地が既存のむらと無関係に編成されることになり，将来のむらの成員が確定し得ない状況が続き，従来のむらは機能不全に陥っていた（植田［2004］42-43頁，45-46頁）

　これらの研究成果は八ッ場の事例を理解するうえで示唆的である。特に浜本氏の解釈と植田氏の①については，われわれのインタビューでもしばしば同様の意見が住民によって表明されていた。植田氏の②については，現地ずり上がりで既存のむらの存続を図った八ッ場のケースとは事情が異なる。ただし，特に旅館経営者の間では，現在の旅館の老朽化といった事情から，ダム湖畔の代替地に新築した旅館で新たなスタートを切りたいという願望が強く見られるように思われる。

　結局，事業継続を求める地元住民の論理は
①　浜本氏のいう「自己存在証明」の要求
　　ダム事業を「ムダ」な公共事業として否定することは，それへの対処に数十年を費やしてきた自己の人生の意味を否定されるに等しい。
②　将来への不安
　　補償事業と代替地への移転を前提にして計画してきた将来計画が水泡に帰すことへの怖れ
③　新生活への欲求
　　ダムに翻弄され身動きがとれぬ現状から一刻も早く抜け出し，新たな生活のスタートを切りたいという欲求

の3点に集約できるのではないだろうか。住民の要求を真摯に理解しそれに応えていく姿勢が，行政は勿論，市民運動の側にも求められているのである。

IV　「受益」の構造

　これまで，ダム建設を推進してきた国土交通省，自民党政権，群馬県等の動向についてはほとんどふれてこなかった。本来ダム建設に限らず，巨大公共事業に関する研究においては，それを推進する主体の研究が欠かせない。

本件の場合，とりわけ旧建設省＝現国土交通省河川局の技官層に関する分析が重要である。近年技官を主題とする書籍は何冊か出版されている（新藤宗幸［2002］，西川伸一［2002］）が，特定の公共事業の推進過程における国交省技官の役割を実証的に明らかにすることは困難であり，今後の課題とするほかない。しかしながら，幾つかの間接的な証拠からも，いわゆる政・官・業のトライアングルによる利権の構図がダム建設に典型的に現れていることは十分に推定可能であり，すでにジャーナリストによっていくつかの資料が公表されている[5]。

　公共事業の成否に大きな影響力をもつ県政の動向はどうか。長良川や吉野川の河口堰問題，田中康夫前長野県知事の「脱ダム宣言」等を経て，公共事業，とりわけダム建設への国民の関心と批判が高まり，今日，嘉田滋賀県知事や蒲島熊本県知事の政治決断によるダム事業見直しの動きが加速している。しかし群馬県政において八ッ場ダム建設中止を主張する勢力は少数派にとどまっている。

　一つの要因は，2007年7月の県知事選挙で小寺氏が落選し，大沢正明県知事が誕生したことである。小寺氏は県総務部長，副知事時代から八ッ場ダム問題に深くかかわってきた人物であるが，八ッ場ダム計画の抱える不合理性はよく認識しており，国との関係上事業を推進してきたといわれている[6]。しかし小寺氏は多選を重ねてワンマンぶりが目立つようになり，副知事選任問題を契機に議会自民党と激しく対立し，県知事選では異例の自民党公認候補となった大沢正明氏（当時県会議長）に敗北した。大沢氏の生家は太田市の建設会社で，建設業界と密接な関係を有する人物であり，選挙参謀は親子二代にわたって八ッ場ダム建設を主導してきた福田康夫氏であった[7]。

　もう一つの要因は，群馬県の公共事業担当部署（土木部→県土整備部）のトップが長期にわたって国交省からの出向者に独占されており，「中央直結」的な関係が形成されてきたことである。表5-3は，総務省が2001年度以降公表している「国と地方の人事交流状況」調査によって判明した，中央省庁から群馬県に出向している部長級以上の職員のポストの一覧である（各年8月15日現在）。2007年だけ出向者がいないが，これは前述した県知事選挙

表 5-3 中央省庁から群馬県への出

出身省庁	2001年	2002年	2003年	2004年
総務省	商工労働部長	出納長	出納長	出納長
国土交通省	土木部長	土木部長	土木部長	土木部長
警察庁	警備部長	警備部長	警備部長	

注:「国と地方の人事交流状況」(総務省HPにて公表) 各年版により著者作成。

で現職の小寺知事が落選した直後,高木副知事らとともに後藤知事室長(総務省出身),川西県土整備担当理事(国交省出身)が辞任したためである。[8]

このように土木関連ポストのトップが国交省からの出向者によって独占されている状況は,別に群馬県に限ったものではない。同調査によると,2009年8月15日現在で,都道府県及び市町村への部長級以上の出向者は132名。そのうち都道府県のみポストを示すと,

- 副知事―長崎県
- 県土整備部長―青森県,群馬県,千葉県,山梨県,和歌山県,徳島県,福岡県
- 土木部長―山形県,石川県,奈良県,岡山県,広島県(局長),高知県,長崎県,鹿児島県
- 建設部長―長野県,静岡県,愛知県
- 都市建築部長―岐阜県
- 土木建築部長―山口県
- 航空港湾部長―広島県
- 東京都―建設局三環状道路整備推進部長,建設局用地部長,港湾局計画調整担当部長,都市整備局住宅政策担当部長の4ポスト
- 建設交通部理事―京都府
- 土木部建設交通局長―宮城県
- 土木部都市局長―茨城県
- 建設部港湾局長―静岡県
- 県土整備部まちづくり局長―兵庫県

向者のポスト（各年8月15日現在）

2005年	2006年	2007年	2008年	2009年
出納長	総務局知事室長		副知事	副知事
土木部長	県土整備担当理事		県土整備部長	県土整備部長
警備部長	警備部長			

・県土整備部港湾空港振興局長―和歌山県
・企画部地域づくり支援局長―鳥取県
・企画・地域振興部理事兼空港対策局長―福岡県
・交通政策局副局長―新潟県
・技監（幹）系ポスト―秋田県，福井県，滋賀県，京都府
・その他（理事等）―京都府，兵庫県，広島県

となっている。

　紙幅の関係上全データを示すことはできないが，国土交通省に限らず特定のポストが継続的に中央からの出向者によって占められている自治体はきわめて多い。たとえ人が入れ替わっても，地元の業界や政治家との関係は継続し，「土建国家」的な利益誘導政治が地方レベルで再生産されてきたのである。

V　漂流する巨大公共事業――結びに代えて

　大規模公共事業がある地域の犠牲のもとに強行された事例はこれまで枚挙に暇がない。しかし，80年代まではダム建設にしろ原発や国際空港建設等にしろ，国家レベルのエネルギー政策や国際化の潮流等による正当化の論理が（たとえ疑わしいものであっても）一応は官僚たちによって準備されていた。少なくとも，日本資本主義の発展のためには有用といえる事業がかなりの部分を占めていたように思われる。
　しかし90年代に入ると，長良川・吉野川河口堰や諫早湾干拓事業など，官

僚側がその必要性を立証できず，また日本資本主義全体の成長に寄与するとも思えない事業が強行される事態が顕著になってきた。八ッ場ダムや川辺川ダムにしても，計画当初とは全く異なる諸条件のもとで，必要性が再検討されることなく事業が継続されてきた。つまり，公共性を喪失した公共事業という極めて矛盾したプロジェクトが，一部の特権的な利害関係者のために遂行されるようになったのである。大量の技官を含む官僚機構と，大手ゼネコンから過疎地の零細企業に至る建設業界，そして「族議員」を典型とする政治家たちによって巨大公共事業は半ば私物化されつつあったといえよう。

したがって，民主党政権がこれまでの公共事業を再検討し，不要な事業，不合理な事業を中止しようとしていること自体は正当である。しかし，民主党の実際の対応は地元に混乱と不信を引き起こしている。工事中止後の住民の生活再建策が何ら具体的に示されていないことも問題であるが，それ以前に，選挙に勝利したから「マニュフェスト」に書いたとおり中止するというのでは，地域住民の納得を得られるはずはない。「地域主権」を標榜する以上，選挙戦以前から地元住民と頻繁に意見交換を行ったうえで，民主党の候補者を小選挙区に立てて信を問うべきではなかったか。建設省＝国交省はおよそ40年間，現地に拠点をおいて活動してきた。民主党が地元住民の信頼を回復しようと望むのであれば，責任ある立場の者が現地に住んで，持続的に住民と接触しともに生活再建の在り方について考えていく必要があるだろう。

2008年の夏，われわれはある水没地域の住民組織のリーダーから印象的なたとえ話を聞いた。氏は八ッ場ダム事業を漂流する巨船に例え，大略次のようなことを話してくれたのである。

　何十年も漂流してようやく港が見えてきたというのに，急に船を止めろとか行き先を変えろとか言われても困る。たとえエンジンを切っても船は急には止まれず，しばらく惰性で進んでいかざるを得ない。これ以上行く先の見えないままの漂流にはもう耐えられない。

2010年1月の前原大臣と地元住民の対話集会によっても具体的な進展はなく，10年4月にはダム推進派の高山町長が無投票で当選したが，ダム問題の漂流は続いている。さらにかつてダム問題に深く関与していた小寺前知事が民主党から参院比例区に出馬し落選するなど，群馬県の政治情勢は流動化しつつある。今後参院選の結果次第では大規模な政界再編が起こる可能性もあり，八ッ場ダム問題の将来はさらに不透明なものになりつつある。

　今日地元住民の意志の及ばぬところで，八ッ場ダムは政権の行方を左右しかねない問題となり，またもや政争の具と化そうとしている。住民は実に50年以上にわたってダム問題に忙殺されてきた。これ以上外部の思惑で住民の生活を翻弄することは許されない。政府による生活再建策の提示，工事中止に伴う諸問題への対応策の提示が早急に求められるのはもちろんであるが，県および町も，ダム本体工事を前提としない地域振興策を責任を持って示すべきである。

（1）代表的な研究として華山謙［1969］，下筌・松原ダム問題研究会［1972］などがある。
（2）帯谷氏の著作以外の主要な研究には，浜本篤史［2001］，植田今日子［2004］の他，佐久間ダム建設と地域社会のその後に関する歴史社会学的研究として，町村敬志氏らによる共同研究がある（町村編［2006］）。
（3）立ち退き移転者について，受益者ではなく精神的な面も含めた被害者として考察する視点は，浜本篤史氏によって既に強調されている（浜本［2001］175-176頁）。
（4）フレーム分析の意義と問題点については（帯谷［2004］8-9頁）を参照されたい。
（5）一例として（宮原田綾香［2010］72-73頁）を参照されたい。
（6）関口茂樹県議（前鬼石町長）へのインタビューによる。
（7）福田の動向については「上毛新聞」2007年7月24日記事《政権交代　知事戦の軌跡(1)》潮目変えた"福田効果"逆転のシナリオ」参照。
（8）「上毛新聞」2007年7月26日記事「川西理事が国交省に復帰　県人事」および同27日記事「副知事ら4人退職　県人事」参照。
（9）群馬五区に民主党は候補者をたてず，社民党の候補が出馬して自民党の小渕優子に敗北した。10年4月の長野原町長選挙でも民主党は候補者を立てず「不戦敗」を選択している。7月11日の参院選では，ダム本体工事再開を主張する自民党の中曽根弘文が民主党の富岡由起夫に大勝した。

第6章　ポスト開発主義の時代における河川マネジメント

問題の所在

　現在わが国では，「開発主義」の時代が終わりを迎えようとしている。ここでいう開発主義とは，国家が中央集権的な財政と国土計画をもちいて各種公共事業を行い，経済成長を実現していく体制のことである。わが国における開発主義体制は，戦時体制の時期にその基盤が形成され，戦後復興および高度成長の時代をへて完成されたものであるが，この体制は，バブル経済の進行から崩壊に至る1980年代，国土計画としては第四次全国総合開発計画(1987)をもって，実質的にはほぼ命脈が尽きたといってよい。その根底には，経済の構造変化と成熟化によって，もはやかつてのような経済成長を継続することができなくなったという事情がある。低成長時代への移行と平成不況は公共事業の継続を困難にし，国土計画の遂行能力が著しく低下した。一方，この間，社会資本整備の硬直的な予算配分や，費用便益の観点から疑問のある事業の増大，また公共事業をめぐる政官業の癒着など，開発主義体制のあり方に厳しい批判の目が向けられてきた。

　2009年8月の衆議院選挙による政権交代の実現と民主党鳩山政権の成立は，こうした「開発の時代」に政治的な終止符を打つものである。鳩山政権は「国民の生活が第一」「官僚主導から政治主導へ」さらには「コンクリートから人へ」といった一連のスローガンをもって，従来的な景気対策の見直しと公共事業の改革を掲げてきた。河川行政ないし治水事業の分野においても，前原誠司国交省が就任直後に八ッ場ダムの中止を宣言し，さらに今後，国交省の所管する全国143のダム事業の必要性を精査することを明らかにしている。

国内にはいまだ経済成長を追い求める意識が根強く存在し，またアジア新興国には，巨大な開発とインフラ需要の機会がある。世界は新しい「開発の時代」を迎えつつあるようにもみえる。しかし，わが国において，経済成長に至上の価値をおく「開発の時代」の終焉という大きな流れが，今後くつがえることはないであろう。本稿の目的は，これから日本において本格的に始まろうとしている「ポスト開発主義」の時代における河川マネジメントのあり方について，若干の論点を整理し，今後の方向性について考察することである。本稿では，以下にみるように，開発を主としてコモンズ論的な観点から批判的にとらえ，「アメニティ」をポスト開発主義の中心的な概念にすえようと試みている。以下まず第１節では，河川マネジメントのあり方を考察するためのフレームワークを提示し，ポスト開発主義の時代におけるアメニティ概念の重要性について論ずる。次に第２節では，日本における河川行政の性格を，主に河川財政の類型化を通じて整理し，河川マネジメント改革の方向性をさぐる。第３節では，利根川における河川マネジメントの課題を，主に淀川との比較において考察し，さらに「開発主義」の時代から「ポスト開発主義」の時代への転換の狭間にある八ッ場ダム問題の特質について論じる。以上を通じて，ポスト開発時代における河川マネジメントのあり方について，若干の方向性を示すことにしたい。

I ポスト開発主義の戦略的目標としてのアメニティ再生

1 河川マネジメント分析のフレームワーク

図６-１は，河川マネジメントのあり方を考察するためのフレームワークとして，いくつかの指標を図式化したものである。図に示されているように，本稿では，河川マネジメントのあり方を，目的・対象・手法・主体の４つの観点から，その相互の連関を含めて考察したいと考えている。このうち，河川マネジメントの手法については次節で取り上げるので，本節ではまず，目的・対象・主体について，日本の現状を例にとりながら，その内容をみることにする。

図6-1　河川マネジメントのフレームワーク

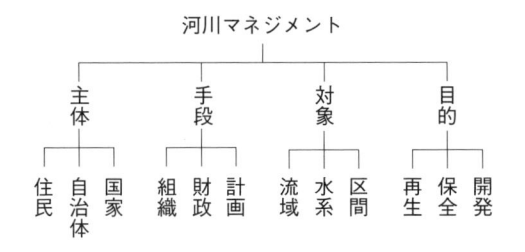

```
                河川マネジメント
        ┌──────────┼──────────┐
       主体       手段       対象       目的
     ┌─┼─┐   ┌─┼─┐   ┌─┼─┐   ┌─┼─┐
    住 自 国  組 財 計  流 水 区  再 保 開
    民 治 家  織 政 画  域 系 間  生 全 発
       体
```

(1) 河川マネジメントの目的

河川は農業用水・工業用水・上水道の利用，洪水対策，水質汚染の防止，船舶の航行，レクリエーションなど，さまざまな目的をもって管理される。日本の河川行政の基本となる河川法においては，その目的が旧河川法 (1896) では治水，新河川法 (1964) では治水＋利水，改正河川法 (1997) では治水＋利水＋環境，という形で発展をとげてきた。現行河川法では，法律の目的が，「河川について，洪水，高潮等による災害の発生が防止され，河川が適正に利用され，洪水の正常な機能が維持され，及び河川環境の整備と保全がされるようにこれを総合的に管理することにより，国土の保全と開発に寄与し，もって公共の安全を保持し，かつ，公共の福祉を増進することを目的とする」（第1条）と記されている。

図ではこのうち，治水と利水をあわせて「開発」と規定する一方，「環境」のうち，水質の悪化など「汚染」問題にかかわる領域を「保全」とし，レクリエーションなど河川環境の「アメニティの保全」にかかわる課題を「再生」として区別している。目的をこのように分ける理由は，河川マネジメントのあり方を主として開発主義との関連において考察するためである。河川マネジメントにおける開発主義を象徴するダム建設は，治水と利水の両者の目的をあわせもつ多目的ダムとして行われる場合が多く，また一般に公共事業による河川開発は，汚染問題よりも，ダム建設による自然環境の破壊や，従来的な河川工学にもとづく河川環境の改変とそれによる親水空間の喪失など，アメニティの破壊をもたらすことが多いからである。

(2) 河川マネジメントの対象と主体

　河川マネジメントの対象はいうまでもなく河川という自然資源であるが，その場合，河川をどのような地理的区分において考えるかによって，マネジメントのあり方が異なってくる。旧河川法におけるマネジメントは，いわゆる「区間主義」にもとづくものであった。これは，河川マネジメントの主体＝河川管理者を原則として都道府県とし，必要に応じて特定の区間（「河川法適用区間」）を国が直轄管理するという体制である。これに対して，新河川法では，管理対象としての河川について，「水系」を基本単位とし，「水系一貫の原則」にもとづき管理を行う「水系主義」をとっている。河川法では，水系はその重要度に応じて一級水系と二級水系に分かれ，一級水系に属する河川は一級河川，二級水系に属する河川は二級河川に区分される。平成20年4月現在における全国水系数は2822水系であり，うち一級河川が109水系14044河川，二級河川が2713水系7069河川となっている。

　水系主義の特徴は，河川管理を原則として国家が行うということである。国土交通省の説明では，河川管理は災害から国民の生命・財産や社会経済活動を守るものであり，「最終的に国が責任を持つべき事務」であるが，実際の管理については，国と地方がそれぞれ管理責任者として役割を分担するものとされている。表6-1は，河川の管理区分を整理したものである。この表に示されているように，国が直接管理する直轄管理区間は河川総延長の7％に過ぎず，残りの93％については，都道府県ないし市町村が管理していることになる。しかし，一級河川の指定区間や二級河川が都道府県の管理であるといっても，それは国の「法定受託事務」として位置づけられており，地方公共団体が本来的に行う自治事務とされているのは，市町村が管理する準用河川のみである。

　なお，対象のうち「流域」は，水系に依存する集水域，利水域，排水域，氾濫域を含めたさらに広い領域をさす概念であり，その含意については後述する。

　こうした河川マネジメントの対象・主体の変化は，戦前の治水中心の分権的な河川マネジメントが[1]，戦後になって治水と利水の両者を重視した多目的

表6-1 河川の種類

法河川の種類	指定者	管理者	総延長に占める割合
一級河川（直轄管理区間）	国土交通大臣	国土交通大臣	7%
一級河川（指定区間）	国土交通大臣	都道府県（法定受託事務）	54%
二級河川	都道府県	都道府県（法定受託事務）	14%
準用河川	市町村	市町村（自治事務）	25%

出所：国土交通省資料。

ダムの建設に移行するにしたがって生じたものである。河川法は本来的には開発を目的とする法律ではないが、実際には開発体制として構成されており、河川マネジメントの目的・対象・主体における「開発・水系・国家」の三位一体が、新河川法の柱をなすものであるといえる。

2 河川アメニティ再生の重要性

前項では河川マネジメント分析の基本的なフレームワークを提示し、河川法の開発主義的性格をみてきたが、ポスト開発主義の時代における河川マネジメントは、その目的を「開発」から「保全」さらには「再生」へと転換していかなければならない。[2]もともと開発とは、コモンズ論の観点からすれば、地域に存在していた住民と自然環境の形成する「環境コモンズ」(environmental commons) を解体することによって遂行されるものであり、地域の人間を自然から引き離す行為であるということができる。「再生」とは、こうして引き離された自然を人々が自らの手に取り戻し、「環境コモンズ」を再構成する試みとしてとらえることができる。再生をそうした観点から考えるとき重要になってくるのは、「アメニティ」(amenity) という概念である。

宮本憲一の定義によれば、アメニティとは「市場価格では評価できえないものをふくむ生活環境」をさし、自然、歴史的文化財、街並み、風景、地域文化、コミュニティの連帯、人情、教育・医療・福祉・犯罪防止などの地域的公共サービス、交通の便利さなど、「住み心地のよさ」あるいは「快適な居住環境」を構成する「複合的な要因を総称」したものである。宮本はこうしたアメニティ概念を、環境問題の基底にすえようとした。彼によれば、人

間の健康と直接に関連する「公害」と，環境の質を表わす「アメニティの悪化」という問題は，環境問題として連続している。たとえば公害問題において患者救済を行っても，地域の経済・社会や文化の再生，つまりアメニティの復元なくしては，最終的な公害問題の解決はありえない（宮本［1989］99-101頁，121頁）。こうした宮本の指摘は，公害のみならず，国家主導型の開発主義によってもたらされる自然破壊についてもあてはまるであろう。自然破壊からの「再生」は，たんに破壊された自然そのものを再生することにとどまるものではない。それまで形成されていた，自然に根ざした地域社会と文化の再生，人間と自然の関係の再生をまって，はじめて真の再生といえるのである。このように，汚染制御・自然保護・アメニティ保全という環境問題の3つの主要領域の中で，アメニティこそが中心的・根本的な位置におかれるべきことを，宮本は主張したのである。

アメニティ概念の有する「脱開発」的性格は明らかである。宮本は，アメニティの経済学的な特徴を①地域固有財，②歴史的ストック，③公共財の3点に求めているが（宮本［1989］122-123頁），①や③の性格は環境の商品化・市場化に一定の歯止めをかけるものであり，また②の性格からも明らかなように，アメニティは自然的・歴史的ストックの「保存」に大きな価値をおく。またアメニティは，そのもともとの語義が示すように，地域住民が自らをとりまく環境に対して抱く「愛情」や「愛着」にもとづくものであり，その意味で国家による環境支配にも批判的である。それゆえアメニティは，脱開発の戦略と実践にとって，まさに中心に置かれなければならない概念なのである。

しかし，アメニティは日本における環境保全の実践にとって，弱点の1つでもあった。それは，アメニティがすぐれて地域的・文化的概念であることと関係している。アメニティの意味内容を説明する際には，イギリスのシビック・アメニティ法の「しかるべきものがしかるべきところにある」(the right thing in the right place) という言葉がよく引用されるが，日本人にとって，そうした「しかるべき」環境のイメージの共有が，アメニティの「本場」であるヨーロッパと違って，極めて希薄なのである。この弱点が最も顕

著に現れてきたのはまちづくりと都市景観の分野であって，ヨーロッパ諸都市とは異なり求めるべき都市美の地域的・文化的文脈を有していない，あるいは失ってしまった日本のまちづくりでは，まずあるべき「美」のイメージから模索していかなければならなかったのである。[3]

　このように，アメニティ保全の運動がそこに住む人々の「アメニティ感覚」によって導かれるものであるとするならば，日本にとって，そうしたアメニティ感覚のよりどころをどこに求めればいいのであろうか。私はここに，脱開発・ポスト開発主義の戦略において，河川が重要な位置を占める理由があると考えている。というのは，河川は，日本に住む人々が，豊かなアメニティ感覚を有している代表的領域の一つであると思われるからである。

3　アメニティとしての流域概念

　日本の「アメニティ感覚」にとって河川が重要であることを示す一例は，図6-1で河川マネジメントの「対象」の1つに挙げている「流域」という概念が，日本の河川行政の中で有している位置である。

　欧米において「流域」(river basin) という言葉が開発政治の前面に躍り出てきたのは，ニューディール期のアメリカである。そこでは，水資源開発・管理のための機能的概念として「流域」概念が次第に形成され，プランナーやエンジニアによって熱狂的に受け入れられていった。TVAは一連のダム建設によって流域を完全に支配し，流域は洪水制御，水力，農業用水，土壌保護，植林，肥料生産，教育，保健などあらゆる目的に奉仕させられるようになった。アメリカにおいて「流域」は，権力と意思決定，経済的利害の発生とその分配，さまざまなイメージを通じた開発の意味づけと正当化などが行われる政治的概念であり，開発主義を推進するための政治空間として構成されていったのである。たとえば米大統領府付属水資源委員会は，1950年に次のように述べている。「連邦局によるさらなる水資源開発の計画化の単位は，流域 (river basin) でなければならない……より小さな小流域 (watershed) は，一般に流域全体のサブユニットとして計画化されるべきである」。また，国連の『統合的流域開発』(1958) では，「流域開発は，経済

開発の本質的な特徴の1つとして理解されている……統合的 (integrated) とは，人間の福祉の促進へ向けた多目的利用のために，流域の水資源を規則正しく配列することである」と，記されている (Molle [2006] pp.1-14)。このように，「流域」は，開発主義と計画思想を実現する中心的・具体的な場として存在していたのである[(4)]。

　一方，日本における「流域」概念のもつ意味合いは，これとはかなり異なっている。日本の戦後国土計画の歴史において「流域」概念が初めて出現したのは，第三次全国総合開発計画 (1977) であるが[(5)]，そこでは，「定住圏構想」の一環として，「流域定住圏」という考え方が示されている。定住圏構想の特徴は，第1に，「歴史的，伝統的文化に根ざし，自然環境，生活環境，生産環境の調和のとれた人間居住の総合的環境の形成」を図るとあるように，従来型の開発よりも当該地域の地域的・文化的文脈を重視していることである。その中で流域定住圏は，河川流域を一つの定住圏としてとらえ，その特色に合う調和のとれた地域開発を行う単位として位置づけられている。第2に，定住圏の整備方式として，「既存の広域生活圏の施策等を基礎とし，新たに流域圏等に配慮しつつ，地方公共団体が住民の意向をしんしゃくして定めるものとする」とあるように，開発の主体を，従来の国主導から，地域住民の意を酌んだ地方公共団体にあると定めていることである。

　そもそも三全総は，列島改造ブームによる地価高騰や狂乱物価など，それまでの開発路線を反省する中から生まれた国土計画であり，そこにおいて「流域」が重要な概念として位置づけられていることは興味深い。その後，「流域」概念は四全総では一度姿を消すが，1998年の五全総では「流域圏」として再び現れている。五全総では，「21世紀において，国土の持続的な利用と健全な水循環系の回復を可能とするため，流域及び関連する水利用地域や氾濫原を流域圏としてとらえ，その歴史的な風土性を認識し，河川，森林，農用地等の国土管理上の各々の役割に留意しつつ，総合的に施策を展開する」と，流域圏に着目した国土の総合的な整備の必要性をうたっている。また1997年の改正河川法において河川管理の目的に「環境」が付け加えられ，また住民参加・地域参加が制度的に位置づけられたのも，同様の趣旨に沿う

ものといえる。このように，1970年代後半に「脱開発」の文脈の中で打ち出された「流域」概念は，1980年代のバブル経済と民活路線による中断を経て[6]，20年後の1990年代後半にようやくその本格的な展開を開始したということができよう。開発を目的とし国家が主導する「水系主義」から，アメニティを目的とし自治体や地域住民が主導する「流域主義」への転換が始まったのである。

II 河川マネジメントの手法と改革の方向性

1 日本における河川の計画——財政システムの形成過程

前節で述べたように，日本における戦後の河川マネジメントは，開発を目的とする国家主導型の水系管理システムとして発展していった。本節ではまずこのシステムを，表6-1に示した河川マネジメントの手法とくに「計画」と「財政」の2つの側面から，「計画—財政システム」としてとらえ[7]，その構造を分析する。

表6-2の年表は，日本全国，そして利根川水系における戦後河川開発の歴史をまとめたものである。日本における河川の計画—財政システムは非常に複雑であるが，大まかに河川計画—財政システムの形成期（昭和20年代）・確立期（昭和30年代）・補完期（昭和40年代）の3つの時期に区分することができると思われる。

(1) 計画—財政システムの形成期（昭和20年代）

終戦からの10年間は日本経済の復興期にあたるが，この時期に河川の計画—財政システムもその骨格が作られることになる。形成期における重要な動きは，まず第1に，河川の「総合的開発」とそれに基づく多目的ダムの建設が開始されたことである。すでに戦前期「河水統制事業」として展開されていた多目的ダム建設は，戦争の激化とともに一時中断されるが[8]，戦後復興において「河川総合開発事業」として受け継がれた。その法的な基礎になったのが1950年（昭和25年）の「国土総合開発法」である。この法律にもとづき，

翌1951年には全国22箇所が「特定地域総合開発計画」に指定された。同計画によって，戦後の大水害の頻発を受けて策定された1949年の「河川改定改修計画」を取り込みつつ，治水ならびに戦後復興の柱である電源開発を中心とする「河川総合開発事業」が強力に推し進められたのである。

形成期の制度形成として第2に指摘すべきは，国による地方自治体への補助金システムが導入されたことである。国土総合開発法は多目的ダムの建設

表6-2 戦後河川開発の歴史

	全国	利根川	運動・その他
1945			終戦
1946			
1947			カスリン台風
1948			
1949	河川審議会，河川改定改修計画を発表	利根川改訂改修計画（S24）	尾瀬保存期成同盟
1950	国土総合開発法		
1951	特定地域総合開発計画	利根特定地域総合開発計画	
	河水統制事業費補助制度		
1952	電源開発促進法		
1953			
1954			
1955			
1956	工業用水法		
1957	特定多目的ダム法　水道法		蜂の巣城闘争
1958	水質保全二法		
1959			
1960	治山治水緊急措置法		
	治水特別会計法		
1961	水資源開発促進法		
	水資源開発公団発足		
1962	全国総合開発計画	利根川水系指定	
		（Ⅰ次フルプラン）	
1963			
1964	新河川法		東京砂漠
1965	公害防止事業団発足		
1966			
1967			
1968			加治川水害訴訟
1969	第二次全国総合開発計画		
1970	公害国会　水質汚濁防止法	Ⅱ次フルプラン	
1971	環境庁発足		
1972			

年			
1973	水源地域対策特別措置法		
1974		荒川が水資源開発指定水系に	
1975			
1976	水源地域対策基金	利根川・荒川水源地域対策基金　Ⅲ次フルプラン	
1977	第三次全国総合開発計画		
1978			
1979			
1980		利根川新改修改訂計画（S55）	
1981			
1982			
1983			
1984			大東水害訴訟最高裁判決
1985			
1986			
1987	第四次全国総合開発計画		多摩川水害訴訟高裁判決
1988			「森は海の恋人」運動
1989			
1990		Ⅳ次フルプラン	
1991			
1992			
1993			
1994			
1995	建設省ダム等事業審議委員会		長良川円卓会議
1996			道志村水源基金
1997	河川法改正　環境影響評価法		
1998	21世紀の国土のグランドデザイン（五全総）		
1999			
2000			吉野川住民投票
2001			脱ダム宣言　淀川水系流域委員会
2002			
2003			高知県森林環境税
2004			
2005			
2006			
2007			
2008	地方分権改革推進要綱（第1次）		
2009			

出所：各種資料より筆者作成。

を推進するものであったが，地方自治体が単独で新規ダム建設を行うのは財政的に困難であったため，1951年（昭和26年）に事業費の4分の1を国庫補助する制度が導入された。それが「河水統制事業費補助制度」である。同制度の導入によって，全国各地の河川で都道府県が事業主体となる河川総合開発事業が急増することになる。

(2) 計画―財政システムの確立期（昭和30年代）

その後河川の計画―財政システムは，高度成長のさなかに完成を迎える。確立期の特徴の第1は，河川財政が一般予算から特別会計へと移されたことである。特定多目的ダムの建設経費は，国費，都道府県の負担金，ダム使用権設定予定者の負担金など多岐にわたるため，1957年（昭和32年）の「特定多目的ダム法」制定時に，「特定多目的ダム建設工事特別会計法」が制定され，「特定多目的ダム建設工事特別会計」が設置されることになった。その後，1960年（昭和35年）に，治水事業および多目的ダム建設工事に関する政府の経理を明確にする目的で，「治水特別会計法」が制定され，「治水特別会計」（治水特会）が設置された。その際，特定多目的ダム建設工事特別会計は，治水特会の中で，「特定多目的ダム建設工事勘定」として整理されることになり，治水特会は同勘定と「治水勘定」の2つの勘定からなる特別会計として形成された。一方，同年に制定された「治山治水緊急措置法」では，国土交通大臣が「治水事業五箇年計画」を作成し，閣議がこれを決定することを定めている。治水特会は，この治水事業計画にもとづいて運営される。

確立期の特徴の第2は，河川開発における利水目的の取組みを強化するため，新たな利水供給体制を形成したことである。高度成長に突入し，急激な都市化と工業化が進む中で，飲料水と工業用水の不足に悩む地域が増加した。この問題に対処するために制定されたのが，1961年（昭和36年）の「水資源開発促進法」である。この法律では，産業の開発および都市人口の増加に伴い用水を必要とする地域において，広域的な用水対策を緊急に実施する必要がある場合に，その地域に対する用水の供給を確保するために必要な水系を「水資源開発水系」（以下「指定水系」）として指定し，当該地域において「水

資源開発計画」(いわゆる「フルプラン」)を定めることとしている。指定水系は，国土交通大臣が厚生労働大臣，農林水産大臣，経済産業大臣その他関係行政機関の長に協議し，かつ，関係都道府県知事および国土審議会の意見を聴いて，閣議の決定を経て指定される。また，フルプランについても，同様の手続きにより決定・変更される。現在，指定水系は利根川水系，荒川水系，豊川水系，木曽川水系，淀川水系，吉野川水系，筑後川水系の7水系であり，利根川と荒川の2水系は1計画として，合計6つのフルプランが策定されている。さらに，同事業を進めるための組織として，同年に「水資源開発公団法」が制定，翌年に「水資源開発公団」が発足することとなった(のち，2003年に同公団は「独立行政法人水資源機構」に改組される)。

(3) 計画—財政システムの補完期（昭和40年代）

上述の2つの制度の形成をもって，国家主導型の計画—財政システムは確立することになるが，高度成長末期になると，開発のさまざまな弊害が顕在化し，それに対処するための補完的な制度形成が行われた。

それらのうちの重要なものとして，第1に，1973年（昭和48年）の「水源地域対策特別措置法」(水特法)を挙げることができる。これはダムの建設にともない水没などの不利益を被る水源地域を支援するために制定された法律である。同法律は，移転などの不利益を被る水源地域住民に対する生活再建や，住民の移転により過疎などの問題が発生する地域に対する産業基盤整備などを行なうことにより，水源地域の不利益や負担を軽減することを目的としている。手続きとしては，国土交通大臣が，都道府県知事の申出にもとづき，ダム建設により「その基礎的条件が著しく変化すると認められる地域」を「水源地域」として指定する。「水源地域」の指定・公示後に，都道府県知事は「水源地域整備計画」の案を作成し，国土交通大臣に提出する。そして，国土交通大臣がその案にもとづいて計画を決定する，という流れになっている。水源地域整備計画は，国庫補助および下流受益地（自治体・水道事業者・電力会社等）の負担により実施される。また，1976年（昭和51年）からは，「水源地域対策基金」の制度が導入された。これは水没者の代替地

取得における利子補給や生活道路整備，上下流交流事業などを行なうために水源地域・下流受益地の自治体が基金を設立するものである。1976年の「利根川・荒川水源地域対策基金」の設立が最初で，以後1980年代末までに木曽三川，淀川，筑後川，吉野川，豊川，紀の川，矢作川の7つの基金が設立されている。

　第2に，これは河川行政のみに当てはまるものではないが，1965年（昭和40年）における公害防止事業団の発足を挙げておきたい。これは河川行政が「利水」のみならず水質の「保全」にも対処しなければならなくなったことを示すもので，1970年（昭和45年）のいわゆる「公害国会」において従来の水質保全二法から「水質汚濁防止法」が成立し，水質保全行政が確立することになる。

2　河川財政の類型化と日本の河川財政の特徴

　以上が日本における河川マネジメントの「計画―財政システム」の形成過程である。次に，このシステムの特徴を考察するに際して，まず河川財政一般を以下のように類型化する。第1に，「国家財政―流域財政」という類型化である。これは河川財政をどの行政レベルに設置するかという点からみた類型化であり，国家財政は集権的財政，流域財政は分権的財政としての性格を有している。第2は，「開発財政―環境財政」という類型化である。これは河川マネジメントの目的に関わる類型化であり，開発財政は治水・利水，ダム建設など水の「利用」を，環境財政は水質浄化やアメニティの再生など水の「保全」を目的とすることになる。これらをまとめると，河川財政に関して〈国家―開発〉財政，〈国家―環境〉財政，〈流域―開発〉財政，〈流域―環境〉財政，という4つの河川財政の類型ができることになる。

　以上の枠組みにしたがって，主要な河川財政制度を類型化したものが図6-2である。この図には，日本における河川財政の特徴が明確に現れている。

　第1に，日本における河川財政が，基本的に〈国家―開発〉財政として生成・発展してきたことである。その典型が治水特会や水資源開発公団であり，特別会計制度や特殊法人を用いた集権的開発財政の形成は，道路や空港など

他の社会資本整備にも共通する集権的行政システムとしての日本の国家構造を反映するものといえる。

　第2に，本来は「流域財政」として形成されるべき財政制度が国家財政として形成されており，その意味で河川財政の「国家化」が顕著である点が指摘できる。代表的な例は汚染対策財政である。比較のために欧州の汚染対策財政をみると，たとえばフランスでは，国土を6つの大流域に分割し，それぞれの流域に「河川流域委員会」と「水管理庁」を設置している。流域委員会は流域における水管理の基本的方向性を確定し，水管理庁は水域からの取水と排水に課徴金を課し，これを原資として水資源の保全および水質汚濁防止に対する経済的支援を行っている。またドイツの流域管理は，排水課徴金と水組合からなる。州政府が工場その他の排水に対して排水課徴金を徴収し，その資金を水の管理・保全に使用している。また，水組合は地方自治体，取水者，工場その他からなる組織で，貯水池や下水処理場などを管理している（藤木［2008］を参照）。このように，欧州では汚染問題に対処するために分権的な組織と財政による流域管理が発達している。それは汚染源のピンポイントな管理を必要とする汚染制御の性格に由来するものであろう。しかし日

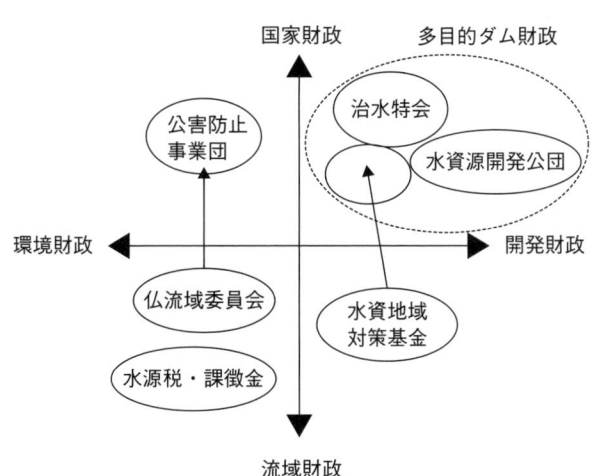

図6-2　河川財政の諸類型

本においては，公害防止事業団のように，汚染対策財政も国家的性格が強いものとなっている。

第3に，「計画・財政・組織」のうち，「計画」の占める位置が非常に大きく，計画主導型の河川マネジメントが行われている点である。たとえば上流水源地域と下流受益地との利害調整を図るための水源地域対策基金は，形式的には純然たる流域財政であるが，実際には集権的に策定される「治水事業計画」や「水資源開発計画」を補完するものとして機能しており，それが同基金に国家的な性格を付与している。また，治水行政の柱をなす治水事業計画と治水特会の関係においても，「計画」優位の傾向が見られる。治水事業の分析で上村［2001］が指摘しているように，治水事業計画は，第4次計画（1972～1976年度）までは具体的な数値目標が掲げられていなかった。それが，第5次計画（1977～1981年度）からは大河川については戦後最大洪水の防止，中小河川については時間当り50mmの降雨に対する氾濫防御などが数値目標として掲げられるようになった。さらに第8次計画（1992～1996年度）からは，大河川についても中小河川と同様に時間当り50mmの降雨に対する氾濫防御などが数値目標として掲げられるようになり，その結果，1992年度以降，治水特会の財務状況が急速に悪化するに至っている（上村［2001］3-6頁）。これは，「計画」が「財政」の負担能力を上回る治水投資を主導していることを示している。[9]

3 改革の方向性――総合性と参加

それでは，こうした計画主導型の集権的な河川マネジメントをどのように改革していくべきか。その際の重要なキーワードと思われるのが，「総合性」と「参加」である。

まず前者の「総合性」であるが，近年，水資源管理のあるべき姿を示す概念として「総合的水資源管理」（Integrated Water Resource Management, IWRM）という概念が世界的に注目されている。たとえば，国土交通省が毎年発行している『日本の水資源』では，平成20年度版の巻頭特集が「総合的水資源マネジメントへの転換」，また平成21年度版の巻頭特集が「総合水資

源管理の推進」と，2年連続して水資源の「総合的管理」を打ち出している。平成21年度版の特集では，「総合水資源管理」を「水量と水質，地表水と地下水など，自然界での水循環における水のあらゆる形態，段階を総合的に考慮する視点，水資源のより効率的な使用のため，上下水道，農業用水，工業用水，環境のための水など水に関連する様々な部門を総合的に考慮する視点，中央政府，地方政府，民間，NGO，住民などあらゆるレベルでの関与を図る視点で水資源管理を行っていくこと」と定義し，日本はこれまで河川法にもとづく低水管理や水利権制度，また特定多目的ダム法や水資源開発促進法といった水資源開発に関する制度などにより水資源管理を行ってきたが，「このような枠組みは，世界的に見てIWRMの要素を満たしている」と述べた上で，今後は現在の気候変動リスクなども考慮した「IWRMの更なる充実」が必要であると論じている（国土交通省土地・水資源局水資源部編［2009］5頁）。

　ここには，開発・環境のどちらの目的で行われる河川マネジメントも「総合性」でくくることができてしまうIWRM概念の問題点が現れているように思われる。IWRMが開発主義とポスト開発主義とを区別できない理由は，その「総合性」概念が計画思想の延長線上にあるからである。上述の定義にもあるように，IWRMは水資源の様態，水利用部門，水資源管理の参加者といった河川マネジメントで考慮すべきあらゆる要素を取り入れて，「計画」をより完全なものにしようとする志向性を有している。しかし，たんなる計画の合理性・完全性の徹底化の方向では，これからの河川マネジメントには限界があることは，すでにみたとおりである。むしろ，これまでのマネジメント概念につきまとっていた計画思想をいかに乗り越えるのかが問題なのである。

　そこで重要になるのが，「参加」というもう一つのキーワードである。河川マネジメント改革において現在模索されている「参加」の方向性について，「計画・財政・組織」という手法の区分を念頭におきながら現状を整理するならば，少なくとも以下の3つを挙げることができるように思われる。

　第1に，「計画」そのものの国から地方自治体への分権化である。最近の

わが国における河川行政分権化の動きとして、地方分権改革推進委員会が2008年5月に行った第1次勧告では、直轄国道とともに一級河川の直轄区間の都道府県の移管が勧告されている。これを受け、同年6月には、政府の地方分権改革推進本部が「地方分権改革推進要綱（第1次）」を決定し、移管は政府方針となった。その後国土交通省と都道府県は具体的な協議を続けているが、分権委が一級河川109水系のうち少なくとも65水系を移管候補に挙げていたのに対して、2008年12月の段階では、移管する方向でまとまったのは菊川（静岡県）や小丸川（宮崎県）など6水系にとどまっている（2008年12月3日付日本経済新聞）。これは、国交省が権限委譲に消極的であり、また地方側も財源面の不安から引き受けに消極的な自治体が多いためである。河川行政の分権化のために不可欠な、財源や人員の地方移転が進むかどうかが今後の焦点となる。

　第2の方向性は、「組織」による「計画」「財政」の制御である。その代表的な事例は、改正河川法の下で組織されている「流域委員会」の試みである。改正河川法では、それまでの河川法の目的に新たに「河川環境の整備と保全」が付け加えられたわけであるが、この新しい目的を達成するために、河川の計画作成を「河川整備基本方針」および「河川整備計画」の2段階で行い、後者の作成においては学識経験者や関係住民の意見を反映させなければならないとされた。そのための場として形成されたのが流域委員会である。流域委員会は、計画段階からの市民参加をめざした制度として非常に重要なものであるが、その代表例とされる「淀川水系流域委員会」の討議過程をみても、ダム建設の見直しなど開発の是非をめぐって河川官僚との厳しい攻防が繰り広げられている。[10]

　日本において、こうした流域委員会方式の先駆的な試みとして有名なのは、「矢作川方式」として知られ三全総のモデルにもなった矢作川における流域連携の取り組みである。これは、1960年代の急激な都市化の中で深刻化した矢作川の水質汚染問題を克服するため、1969年に設立された矢作川沿岸水質保全対策協議会（矢水協）他が中心となり、地域の合意形成を図りながら流域管理を行うために構築された独自の管理システムである。中でも、矢作川

流域において大規模開発事業を行う企業が矢水協の合意を求めなければならないという愛知県と矢水協の不文律が,「矢作川方式」の最大の特徴であるとされている（伊藤［2003］を参照）。

このように，流域委員会方式は，これまで主として「開発の政治的管理」すなわち無秩序な開発を抑制する手法としてその機能を発揮してきている。ただし，それが「開発の政治的管理」という役割を越えて，「流域主義」の目的である「アメニティの保全・再生」を実現する主体となりうるかどうかは，いまだ未知数である。[11]

第3の方向性は，流域における新しい「財政」の形成である。その代表事例としては，現在多くの自治体によって導入されている森林環境税や水源環境税などの地方環境税が挙げられる。全国に先駆けて2003年に森林環境税を導入した高知県では，この税制を「県民参加による森林保全」を支える「参加型税制」と特徴づけている。森林環境税導入の議論は，負担者である県民自身の参加意識を向上させ，また参加型税制の実を担保するために森林環境税の税収を財源とする「森林環境保全基金」を設立して使途の公開に努め，また「森林環境保全基金運営委員会」を設置することによりその運用に際しても県民の参加を求めている。このように，高知県の森林環境税は，全体として税制の創設から運用まで県民の参加を求める制度となっている（藤田［2007］124頁）。森林環境税に代表される環境税制は，下流から徴収し上流に支出するという「金の流れ」についてはこれまでの開発税制と同様であるが，計画によって主導されるハードな枠組みを有する開発税制とは異なり，財政を中心としながら計画と組織が形成されるという，より柔軟な仕組みをめざしている点が興味深い。ただし，総じてこうした税制の一番の問題は税収の使途にあり，水源地の土地所有者も巻き込みながら，既存の制度とは異なる上流・下流関係をいかに作っていくかが課題であるといえる。

このように，「参加」を通じた改革の動きは，「開発の政治的管理」から「上流・下流連携」と「アメニティ創出」へ向けた脱皮の過程にある。またそこでは，従来の「計画」優位のマネジメント手法に代わって，「組織」や「財政」を軸にすえたよりソフトなマネジメントのあり方が模索されている。

今後，ポスト開発主義における「流域主義」としての河川マネジメントは，こうした上流・下流および人間・自然の「関係性の回復」を重視する方向へと発展していかなければならないと思われる。

III 利根川と八ッ場ダムの直面する課題

1 利根川における河川マネジメントの課題——淀川との比較

　本節では利根川における河川マネジメントの課題について考察するが，ここではまず，河川マネジメントを考える上で念頭におくべき利根川の特徴を，淀川との比較において考えてみたい。というのは，利根川が自然的規模や流域の経済活動に関して東北日本を代表する河川であるとすれば，西南日本を代表する河川としては言うまでもなく淀川がまず挙げられるからである。また，前節で触れた淀川水系流域委員会のように，淀川は現在「流域主義」の実践において日本をリードしており，利根川の分析にとって淀川との比較はそうした意味でも示唆的であろう。そこで，両河川を比較するならば，重要な相違点として以下を指摘できると思われる（以下の記述は，主に小出［1975］，大熊［2007］による）。

　第1に，流域の規模に関する違いである。表6-3は利根川と淀川の水系の規模を比較したものである。表をみると，流域人口にはそれほど大きな違いがないが，利根川は幹線流路延長で淀川の4.3倍，流域面積でおよそ2倍の規模があることがわかる。一般に日本では，利根川のほか信濃川，石狩川，北上川など東北日本に大河川が多く，流域面積順では上位10河川のうち首位の利根川をはじめ8河川が東北日本に属しており，西南日本の河川は木曽川（5位，長良川と揖斐川を含む）と淀川（7位）の二河川にすぎない。東北日本に大河川が多い理由は，それらが東北日本の脊梁山脈である奥羽山系に沿って南北に流れているという地質構造上の特性によるものである。[12]こうした流域規模の違いは，「流域主義」の展開においても，流域住民の参加の難易の問題として，利根川をはじめとする東北日本諸水系の流域委員会の形成に大きな影響を与えることが予想される。

表6-3 利根川水系と淀川水系の比較

	利根川	淀川
幹線流路延長	322km	75km
流域面積	16840km^2	8240km^2
流域人口	1214万人	1179万人
流域関係自治体	東京,埼玉,千葉,栃木,茨城,群馬	大阪,京都,奈良,兵庫,滋賀,三重
土地利用	山地69%,農地25%,市街地6%	山林49%,農地24%,宅地19%,その他8%

出所：各種資料より筆者作成。

　第2に，上流―下流関係における社会経済構造の違いである。琵琶湖を水源にもつ淀川は，琵琶湖のある近江盆地の他，亀山盆地，伊賀盆地，京都盆地など，各支川の流域に大きな盆地が発達しているという，他の流域に見られない特徴がある。淀川において，大阪を中心とする下流地域は，琵琶湖を洪水調節および利水のための貯水池として利用し，琵琶湖にできる限り長く水を遊ばせることによって利水効果を高め，また洪水の氾濫を防ごうとしてきたのに対して，近江盆地では，水害を防ぐために一刻も早く水を下流に流して琵琶湖の水位を下げることに深い関心をもってきた（小出［1975］186-187頁）。このように，琵琶湖の水位をめぐる近江盆地と大阪平野の対立が，江戸時代から現代に至る淀川における治水問題の基本構造であり，下流のみならず上流地域も経済的開発が進んだ地域であるという点が，淀川の上流―下流関係における大きな特徴となっている。表6-3の土地利用の項で，淀川が利根川に比べて山林の占める割合が少なく，逆に宅地の占める割合が多いのも，そうした事情によるものであろう。これに対して利根川は，上流と下流の開発の度合いに大きな差があるのみならず，もともとは東京湾に注いでいた利根川を数次の付け替え工事によって常陸川に合流させ，銚子から太平洋へ注ぐようにしたいわゆる「利根川の東遷」事業に表れているように，「下流」の定義自体も歴史的に揺れ動いてきた。

　以上の相違点は，利根川が流域主義を展開する上で，淀川に比べより難しい自然的・経済的条件を有していることを示している[13]。現時点では，利根川には正式な流域委員会は設置されていないが，流域連携を作る上でのこうし

た一般的な困難性は，利根川における流域主義の実践にとって大きな課題の一つであるといえる。

2 利根川治水計画の問題点

次に，利根川治水計画の内容と問題点をみることにする。1896年の河川法制定以来，利根川水系ではこれまで6次の改修計画を策定してきているが，その内容をまとめたものが表6-4である。この表のうち最後の2006年における改修計画が，改正河川法下の「河川整備基本方針」で示されている内容である。利根川治水計画の問題点として，以下の3点を指摘することができる。[14]

第1に，鹿島灘・太平洋へと注ぐ利根川下流と，東京湾へと注ぐ江戸川の洪水分流の問題である。表に示されているように，1900年（明治33年）の改修計画策定以来，洪水の流路としては利根川下流が主要な流路として想定されてきており，いわば「利根川東遷」が基本方針であったということができる。明治期においてこの「利根川東遷」の方針がとられた最大の理由が，足尾鉱毒問題である。1877年（明治10年）の古河市兵衛による足尾銅山の払い下げ以降，銅の産出が本格化するが，明治20年代には，洪水による下流域の農作物被害が深刻化し，1900年には上京陳情隊と警官隊が衝突する川俣事件が発生，翌1901年（明治34年）には田中正造が天皇へ直訴する。このように，当時足尾鉱毒問題は大きな社会問題となっていたが，政府にとって，人口の集中する東京地区への鉱毒氾濫は絶対に避けなければならないことであった。そこで，江戸川流頭の棒出しを狭隘化させ，江戸川への洪水流入をできるかぎり防ぎ，洪水流を利根川下流から太平洋に流す方針がとられたのである。その後，1941年の増補計画において，大洪水を受け入れざるをえなくなった利根川下流の救済策ないし補償措置のために，利根川放水路の建設構想が取り入れられた。しかし，この計画は結局着手されることなく，2006年計画では最終的に放棄されている。さらに現状では，利根川・江戸川の右岸堤防だけを強化する首都圏氾濫区域堤防強化対策事業が進められようとしており，利根川下流の治水対策は後回しにされている。このように，治水上の

第6章 ポスト開発主義の時代における河川マネジメント　167

表6-4　利根川治水計画の変遷

年	計画名	基準地点	基本高水流量 (m³/s)	上流ダム洪水調節流量 (m³/s)	河道への配分流量 (m³/s)	下流の放水 (m³/s)
1900年(明治33)	利根川改修計画	栗橋	3750		3750	鹿島灘 3750 江戸川 970
1911年(明治44)	利根川改修計画改訂	栗橋	5570		5570	鹿島灘 4310 江戸川 2230
1941年(昭和16)	利根川増補計画	八斗島	10000		10000	鹿島灘 4300 江戸川利 3000 根川放水路 2300
1949年(昭和24)	利根川改修改訂計画	八斗島	17000	3000	14000	鹿島灘 5500 江戸川 5000 利根運河 500 利根川放水路 3000
1980年(昭和55)	新利根川改修改訂計画	八斗島	22000	6000	16000	鹿島灘 8000 江戸川 6000 派川利根川 500 利根川放水路 3000
2006年(平成18)	改訂利根川治水計画	八斗島	22000	5500	16500	鹿島灘 9500 江戸川 7000 放水路 1000

出所：各種資料より筆者作成。

「利根川東遷」によって，利根川下流が犠牲となっていることが，利根川治水計画の第1の問題点である。

第2に，治水対象の洪水量が明治33年改修計画の3750m³/sから昭和55年の新改修改訂計画以降は22000m³/sへと極端に増大しており，しかも1947年カスリン台風の降雨を前提としても八斗島付近の最大流量は17000 m³/s を越えないと見込まれることから，計画の想定する22000m³/sという数字の実現可能性に疑問があることである。

もともと，利根川における初期の治水計画に定められた対象洪水流量の規模は，他の水系と比べても際立って低く設定されていた。明治期の改修計画では，集水域では利根川の2分の1から5分の1にすぎない淀川，筑後川，木曽川，吉野川，高梁川などにおいて，当初から利根川をはるかにしのぐ対象洪水流量が設定されている（宮村［1985］136-137頁）。それが最終的には6倍もの対象洪水流量を有する計画になったのであり，このような河川は他

にはない。初期の利根川治水計画において対象洪水流量が低く設定されていた理由は，当時の洪水調節が，基準点である栗橋の上流にある遊水地「中条堤」を中心に行われていたからである。中条堤は17世紀前半に関東代官の伊奈一族による利根川治水構想にもとづき作られたもので，それは大規模な洪水は上利根の中条堤で「氾濫処理」することによって下流を洪水から守るという治水方式であった。ところが，上流域の農村開発が進むにつれて上下流の住民の対立が激しくなり，明治43年の大洪水後には中条堤地元民の大規模な騒乱が発生し，埼玉県政を大混乱に陥れた。そのため政府は，中条堤の有する洪水調節機能に依拠した治水方式を維持することが困難となったのである。昭和16年の利根川増補計画は，この治水方式が最終的に放棄されたことを示している。というのは，この計画では基準点が栗橋から中条堤を越えてさらに上流にある八斗島に移されているが，それはもはや治水計画が中条堤の遊水機能に依拠しなくなったことを示しているからである。以後，利根川治水計画は，「利根川東遷」の強化つまり利根川下流への放水増加と，上流のダム建設によって行われるようになった。

　利根川治水計画の第3の問題点は，現計画が想定している上流ダム群による5500m^3/sの調節が，完成のめどがたたないことである。表にあるように，明確な形でダムによる治水方式が採用されたのは1949年の計画からであるが，1980年には，上流ダム群による洪水処理量が6000m^3/sと倍増し，その後現計画ではそれが5500m^3/sへと若干引き下げられた。しかし，それでも現在におけるダムの調整量は，既存の6つのダムに八ッ場ダムを加えても1600m^3/s程度の調整能力しかなく，今後の経済状況や財政事情を考えれば，計画の実現は明らかに不可能である。

　以上から明らかなように，現在の利根川治水計画は様々な問題を抱えており，計画は事実上破たんしているといっても過言ではない。治水計画の現状は，計画思想にもとづく近代的な治水事業へのアプローチが，もはや限界にきていることを示しているといえる。

3　八ッ場ダム問題の歴史的位相

　八ッ場ダムは，1949年「利根川改修改定計画」の一環として計画されたものであり，1952年に調査が開始されたが，吾妻川が強酸性の河川であったことから計画は一時中断され，その後，吾妻川の水質改善を行なう「吾妻川総合開発事業」を経て，1967年に八ッ場ダムの建設が決定されることとなる。

　表6-5は，利根川水系のダム施設を着手年度順に示したものである（『ダム年鑑2009』による。なお，着手年度未表示のものは省略）。図表から利根川水系のダム建設を目的別にみると，第1期：1910年代〜30年代までの発電中心の時代，第2期：1940年代〜50年代の発電＋治水の時代，第3期：1960年代の発電＋治水＋利水の時代，そして第4期：1970年代以降の治水＋利水中心の時代とおおまかに区分することができる。八ッ場ダムは，当初は総貯水量7310万トンのダムとして計画されていたが，水質問題による計画延期を経て，首都圏の水需要拡大により，新たに利水を目的に加えた1億トンを超えるダムとして計画されることになり，1976年には八ッ場ダム計画を含む利根川・荒川水系水資源開発基本計画（フルプラン）が閣議決定された。次に，1986年には，水特法に基づくダムに指定，翌1987年には，利根川・荒川水源地域対策基金が八ッ場ダムを基金対象ダムに指定する。表6-6は，利根川水系で水特法に指定されたダムの一覧である（霞ヶ浦水源地域整備計画を除く）。図表に示されているように，利根川水系の水特法指定ダムは八ッ場ダムを含めそのほとんどが1960年代末から1970年代初めにかけて着手されたものであり，その中で八ッ場ダムは，指定ダム総事業費の7割近くを占めている。また八ッ場ダムの水源地域整備事業費は，全国の水特法指定ダムの中でもとびぬけて大きいものである。こうして八ッ場ダムは，1967年の新規計画策定以来20年を経て，開発主義の「計画―財政システム」に組み込まれることとなった。

　八ッ場ダムの抱えている矛盾は，歴史的な観点からすれば，現在の河川マネジメントが開発主義からポスト開発主義の歴史的な過渡期にあることから生じているといえる。第1に，現在における上流地元住民と下流住民の対立である。最終的にダム建設計画を受け入れた地元住民に対して，下流住民か

表6-5 利根

河川名	ダム名	県名	目的
鬼怒川	黒部	栃木	P
逆川	逆川	栃木	P
鬼怒川	中岩	栃木	P
利根川	真壁	群馬	P
吾妻川	鹿沢	群馬	P
吾妻川	大津	群馬	P
鍛冶屋沢川	鍛冶屋沢	群馬	P
片品川	丸沼	群馬	P
間瀬川	間瀬湖	埼玉	A
三名川	三名川	群馬	A
白砂川	白砂	群馬	P
丹生川	丹生	群馬	A
男鹿川	五十里	栃木	FNP
榛名白川導水群用補給	鳴沢	群馬	A
鮎川	牛秣	群馬	A
利根川	藤原	群馬	FNP
中木川	中木	群馬	W
利根川	須田貝	群馬	P
赤谷川	相俣	群馬	FNP
鬼怒川	小網	栃木	P
大谷川	中禅寺(元)	栃木	FNP
高田川	白石	千葉	W
利根川	小森	群馬	P
鬼怒川	川俣	栃木	FNP
赤谷川	赤三調整池	群馬	P
片品川	薗原	群馬	FNP
利根川	矢木沢	群馬	FNAWP
神流川	下久保	群馬・埼玉	FNWIP
白石川	西古屋	栃木	P
土呂部川	土呂部	栃木	P
吾妻川	品木(元)	群馬	NP
利根川	利根川河口堰	茨城・千葉	FAWI
赤川	赤川	栃木	A
渡良瀬川	草木	群馬	FNAWIP
十文字川	東金	千葉	W
吾妻川	八ッ場	群馬	FNWI
霧積川	霧積	群馬	FN
鬼怒川	川治	栃木	FNAWI

第 6 章 ポスト開発主義の時代における河川マネジメント　171

川ダム施設現況

総貯水量 (千m^3)	事業費 (百万円)	ダム事業者名	着手年度	竣工年度
2,366		東京電力（株）	1911	1912
92		東京電力（株）	1911	1912
1,488		東京電力（株）	1922	1924
1,143		東京電力（株）	1922	1928
5,628		東京電力（株）	1926	1927
108		東京電力（株）	1926	1927
257		東京電力（株）	1927	1929
13,600		東京電力（株）	1928	1931
530	1	埼玉県	1928	1936
1,426	1	群馬県	1929	1933
630		東京電力（株）	1935	1940
1,447	47	群馬県	1936	1952
55,000	4,812	関東地方建設局	1941	1956
1,283	16	群馬県	1947	1949
900	198	群馬県	1951	1955
52,490	4,098	関東地方建設局	1951	1958
1,600	522	群馬県	1951	1959
28,500	1,965	東京電力（株）	1952	1955
25,000	1,827	関東地方建設局	1952	1959
627	241	栃木県	1953	1958
25,100	77	栃木県	1953	1959
800	58	銚子市	1954	1958
855	288	東京電力（株）	1956	1958
87,600	7,781	関東地方建設局	1957	1966
19		東京発電（株）	1958	1961
20,310	5,134	関東地方建設局	1958	1965
204,300	11,891	関東地建→水公団一工	1959	1967
130,000	20,229	関東地建→水公団一工	1959	1968
547	151	東京電力（株）	1961	1963
225	59	東京電力（株）	1961	1963
1,668	901	関東地方建設局	1961	1965
90,000	12,522	水資源開発公団一工	1962	1970
327	191	栃木県	1965	1970
60,500	49,628	水資源開発公団一工	1965	1976
2,300	140,444	水資源開発公団二工	1965	1995
107,500	460,000	関東地方整備局	1967	2015
2,500	3,465	群馬県	1968	1975
83,000	7,530	関東地方建設局	1968	1983

霞ヶ浦	霞ヶ浦開発	茨城	FAWI
思川	南摩	栃木	FNW
茂沢川	茂沢	群馬	F
桐生川	桐生川	群馬	FNWP
中川	権現堂調整池	埼玉	FNWI
発知川	玉原	群馬	P
楢俣川	奈良俣	群馬	FNAWIP
渡良瀬川	渡良瀬遊水地（一期）	栃木・群馬	FNW
庚申川	庚申	栃木	P
松本川	大郷戸	栃木	A
砥川	今市	栃木	P
ネベ沢川	栗山	栃木	P
道平川	道平川	群馬	FNW
相沢川	相沢川取水	群馬	FNW
屋敷川	屋敷川取水	群馬	FNW
市野萱川	市野萱川取水	群馬	FNW
四万川	四万川	群馬	FNWP
松田川	松田川	栃木	FNW
霞ヶ浦	南椎尾調整池	茨城	A
塩沢川	塩沢	群馬	FNW
三河沢川	三河沢	栃木	FNW
烏川	倉渕	群馬	FNW
大谷川	中禅寺（再）	栃木	FNP
増田川	増田川	群馬	FNW
湯西川	湯西	栃木	FNAWI
吾妻川	品木（再）	群馬	NP
神流川	上野	群馬	P
鬼怒川・男鹿川	鬼怒川上流ダム群連携	栃木	N
利根川	利根川上流ダム群再編		F

注：ダムの目的の略字は次の通り。F：洪水調節・農地防災，N：不特定用水，河川維持
　　P：発電。
出所：『ダム年鑑2009』より筆者作成。

表6-6　利根川水系に

ダムの名称	事業主体	水没地区所在市町村	水没地面積（ha）
川治	国土交通省	日光市	192
湯西川	国土交通省	日光市	286
南摩	水資源機構	鹿沼市	375
桐生川	群馬県	桐生市	62
八ッ場	国土交通省	長野原町	316

出所：『ダム年鑑2009』より筆者作成。

1,253,000	286,431	関東地建→水公団→工	1968	1995
51,000	18,500	水資源機構ダム事業部	1969	2010
173	789	群馬県	1971	1977
12,200	22,760	群馬県	1972	1982
4,113	30,000	埼玉県	1972	1991
14,800	23,955	東京電力(株)	1973	1981
90,000	135,260	水資源開発公団→工	1973	1990
26,400	93,000	関東地方整備局	1973	2002
195	1,143	栃木県	1975	1985
289	1,088	栃木県	1976	1986
9,100		東京電力(株)	1978	1991
7,070		東京電力(株)	1978	1991
5,100	36,200	群馬県	1978	1992
		群馬県	1978	1992
		群馬県	1978	1992
		群馬県	1978	1992
9,200	41,980	群馬県	1980	1999
1,900	13,500	栃木県	1981	1995
560	5,950	関東農政局	1983	1991
303	8,970	群馬県	1984	1995
899	12,300	栃木県	1984	2003
11,600	40,000	群馬県	1984	2009
25,100	2,300	栃木県	1991	1998
5,800	37,800	群馬県	1991	2013
75,000	18,400	関東地方整備局	1992	2011
	84,700	関東地方整備局	1992	
18,400		東京電力(株)	1995	2005
	19,500	関東地方整備局	1995	2005
	80,000	関東地方整備局	2002	

用水,A:かんがい,特定(新規)かんがい用水,W:上水道用水,I:工業用水道用水,

おける水特法指定ダム

水没戸数(戸)	総事業費(百万円)	整備計画の決定年
75	4,449	1975
85	25,699	1998
76	14,255	2005
59	1,670	1979
340	99,721	1995

ら八ッ場ダム事業の有効性に対する疑義が提起され，訴訟にまで発展しており，こうした下流住民の行動に対して，上流地元民からは，「われわれが反対していた時には沈黙していたのに，われわれがやむを得ず建設を受け入れた今になってなぜ反対するのか」という反発の声があがっている。この問題を考える際に有効であると思われるのは，環境社会学における「受益圏・受苦圏」の理論である。帯谷［2004］が指摘するように，高度経済成長時にはダムによって水没する上流部の農山村が「受苦圏」として，また治水事業と水資源開発によって恩恵を得る下流部の都市が「受益圏」として対立の構図が構成されるのに対して，高成長から低成長に移行しダム建設の投資効果が低下するにつれて，住民の受益・受苦認識が変化し，それによって「受益圏・受苦圏」の構図自体が変容し，複雑化・重層化していく。八ッ場ダムをめぐる上流・下流住民のいわば「ねじれた」関係は，社会学的にいえば，ダム建設の「受益圏・受苦圏」をめぐる歴史的な転換がもたらしたものといえる。

第2に，ダム建設および中止にともなう地元住民の生活再建についてである。周知のように，八ッ場ダムの生活再建策には，ダムによって形成されるダム湖の湖畔に代替地を造成し，集落ごとに移転させる「現地ずり上がり方式」と呼ばれる特異な方式がとられてきた。それがどのように進められ，どのような問題に直面しているのかは本書で詳細に分析されているが，ここで問題にしたいのは，この「現地ずり上がり方式」が有している歴史的な意味についてである。

佐久間ダムの建設過程を詳細に分析した町村編［2006］が指摘しているように，戦後日本の復興から高度成長の歴史において，「開発」とはたんなる金儲けのための手段ではなかった。それは「昔の閉鎖的な生活の打破」をめざす進歩的な行為であり，「近代化をめざすひとつの啓蒙的な実践」（町村編［2006］16頁）だったのである。そして，開発主義の時代におけるダム建設は，まさにそうした「啓蒙としての開発」を体現するものとして人々に迎え入れられたのであり，ダムによって水没する地域の住民は，そうした近代化のプロセスの一環として，全く離れた地域への移転を受け入れていった。創成期

のダムは，伝統社会を否定し近代化の夢を与える生命力にあふれていたのである。

しかし，開発主義の衰退・終焉とともに，それまでダムが有していた生命力がその力を失い，コミュニティを否定する力が弱まっていく。伝統的・従来的なコミュニティを維持したままダムの建設を行おうとする「現地ずり上がり方式」とは，そうしたダムのコミュニティ否定力の衰退の表れであり，その意味で開発主義とポスト開発主義の妥協的な性格を有している。しかしそれはまた，ダムによって水没する地域の住民が，ダム完成後も「ダムの風景」を自らの生活環境として受け入れ，共存していかなければならないことを意味していた。八ッ場ダム建設の中止が仮に確定したとしても，人々は開発の余波のなかで，変容したコミュニティ，そして破壊されたアメニティを再生しなければならないのである。

このように，「八ッ場」が直面している困難とは，「上流・下流連携」と「アメニティ創出」という「流域主義」の課題が，開発主義からポスト開発主義への過渡期において，ダム着工の強行のために，矛盾し転倒した問題として現れたものであるということができる。すなわち，もともとダム建設に反対の声が強かった上流と，近年になってダムに対する批判意識を強めた下流という，本来手を携えて進むことのできる上下流関係がダム建設の強行により対立の立場におかれてしまったこと，そして本来「脱ダム」として行なわれるべきアメニティの創出が，「ダムとの共存」として行われなければならないという矛盾である。ここに，開発主義の転換期におけるダム建設の強行が「八ッ場」にもたらした悲劇がある。したがって，アメニティの再生をめざす流域主義は，さまざまな運動やネットワークの構築を通じて，こうした複雑な利害の交錯をときほぐし，同じ河川という「環境コモンズ」の上に立つ「共生の構図」を作り上げていかなければならない。ポスト開発主義への転換期における流域主義には，そうした難しい課題をいかに解決していくかが問われているのである。

（1）大熊［2007］は，水害対応の段階として，①個人的・私的に対応する段階，②地域住民が協力して対応する段階，③為政者ないし計画者が対応する段階，の3つの段階を指摘し，②を「水防」，③を「治水」と呼んでいる（大熊［2007］17-19頁）。したがって「治水」は本来的に国家的・集権的な意味合いをもつ言葉であるが，旧河川法では水害対応の基本はいまだ「水防」であり，「治水」は例外的に位置づけられていたといってよい。

（2）「再生」概念の有するポスト開発主義的性格について，たとえばザックスは「開発」がもたらす「単一の世界」像と対比させながら次のように述べている。『『再生』は，共通の方向をさし示す進歩の規範が見あたらなくなった以上，開発の王道も消滅したということを前提とし，代わりに各文化のなかに存在する固有の『良き社会』像を現実化しようとするものである」（ザックス編［1996］164頁）。つまり，「再生」とは，極めて地域的・文化的な文脈の中でとらえられなければならない概念なのである。

（3）実際，宮本も，本文中のシビック・アメニティ法の規定について，「戦後の日本の大都市住民にはしかるべき住居，生活環境やコミュニティをもったことのないものが多いので，これはわかりにくい定義となってしまう」（宮本［1989］121頁）と，その問題点を認めている。

（4）一般に，アメリカの河川開発の文脈では，「水系」（river system）と「流域」（river basin）の2つの概念が，開発論の観点からはそれほど区別されていないようにみえる。こうした流域概念の有する開発主義的性格は，のちに触れる「総合水資源管理」のあり方にも影響を与えているように思われる。

（5）この指摘は，伊藤［2003］に負っている。

（6）リゾート開発時代，および小泉改革時代の河川行政における流域主義の後退は，市場原理主義が，河川の計画主義および国家による河川支配に，本質的に無関心であることを示している。それはおそらく，流域主義の有する「反開発主義」としての性格によるものであろう。

（7）河川マネジメントの手法を計画・財政・組織に分ける図式化は，藤木［2008］から着想を得ている。藤木はその中で，流域管理としては計画または規制，財政，組織の順に柔らかな統治形態であると指摘している（藤木［2008］12頁）。

（8）わが国における総合河川開発と多目的ダム建設をはじめて提唱したのは，内務省土木試験所長の物部長穂であるとされている。彼は1926年（大正15年）に「我国に於ける河川水量の調節並貯水事業に就て」という論文を発表し，多目的ダムの建設を主張した。これが「河水統制事業」の実施につながることになる。

（9）このように「計画」が過大な数値目標を設定しがちな理由には，社会資本整備の景気対策への従属や，硬直的な予算配分，さらには政官業の癒着といった日本の開発体制全般にみられる弊害が指摘できると思われるが，河川分野に特有の事情もある。それは，水害に対する「国家責任」の問題である。日本の河川行政における集権的計画―財政システムと〈国家―開発〉財政の形成すなわち国家権限の強化は，災害の被害に対する国家責任の強化と結びついている。それゆえ，と

くに昭和40年代以降，発生した水害に対して行政の責任を問う「水害訴訟」が頻発するようになった。本格的な水害訴訟は，1968年の加治川水害訴訟に始まるとされるが，これら水害訴訟の中で他の訴訟にも大きな影響を与えた重要な判決が，1984年1月の大東水害訴訟最高裁判決である。この判決は，治水事業はその財政的・技術的・社会的制約から「絶対的安全性」を確保することは不可能であるため，未改修河川または改修の不十分な河川の安全性としては，治水事業による河川の改修，整備の過程に対応する「過渡的な安全性」をもって足りるとし，原告の訴えを退けたものである。これは裏返せば，ある河川において治水事業が完成し「絶対的安全性」が確保されたならば，そこでもし水害が発生した場合には国家が全面的に行政責任を負わなければならないことを意味している。逆に，治水計画が未達成ならば「過渡的な安全性」の論理で国家責任を回避できることになる。おそらくこうした国家責任の問題が，過大な「計画」と計画主導型の制度運営を生み出す大きな要因の1つになっていると思われる。

(10) 淀川水系流域委員会の現状に関しては，たとえば古谷［2009a］［2009b］［2009c］を参照。

(11) 伊藤［2003］によれば，矢作川方式も，水質保全をさらに発展させて，上流・下流の関係構築や河川環境の整備など，より広いテーマでの地域づくりを行っていくことが今後の課題だとされている。

(12) 東北日本の大河川は，河床勾配が緩く水深が深いため，近世までは舟運の大動脈として機能する一方，農業用水や水力発電の利用は困難であった。

(13) その他，両河川の相違として，河川流域の開発を歴史的に担ってきた主体の問題がある。江戸が基本的に幕府の庇護の下に開発されてきたのに対して，大阪の街づくりは主に町人の手によって行われたとされている。江戸時代のとくに前期における利根川の開発は，1635年（寛永12年）の参勤交代制の確立にともなう諸藩の江戸廻米の本格化による舟運の確保を主要な目的としていた。幕府は江戸城および城下町の建設と並行して，東海道・中山道・奥羽道などを幕府直轄の街道として整備し，全国的な交通運輸網の確立をはかったが，利根川舟運も，そうした幕府による交通網整備の一環として取り組まれたのである。これに対して大阪は，全国の米や商品作物の集散地として，また油絞・銅精錬・酒造・造船など様々な都市手工業を抱える経済都市として発展をとげた。こうした中にあって，河村瑞賢による淀川改修や，新田開発に熱心な大阪商人らによる大和川付け替えなどは，大阪を商業都市として発展させる上で大きな役割を果たした。このように，いわば「中央政府主導」で開発が進められた利根川と，「民間主導」で開発が進められた淀川では，河川マネジメントをめぐる政治的風土にもおのずと違いが生ずる可能性がある。

(14) 以下の記述は，主に大熊［2007］のほか，同じ筆者が2008年に八ッ場ダム裁判に提出した意見書（www.yamba.sakura.ne.jp/shiryo/ikensho/ikensho_ookuma.pdf）を参考にしている。

第7章　アメリカ西部における水資源開発の歴史的推移
―― 開墾局の活動を中心として ――

問題の所在

　2009年，日本では民主党が政権についたことにより財政再建のための公共事業見直しが行われ，その一環として八ッ場ダム建設の中止が発表された。それは政権交代を象徴するものとして世間の注目するところとなった。アメリカでは1994年，西部おける連邦の水資源開発を担ってきた内務省開墾局（Bureau of Reclamation）の局長が，ダム建設の時代が終わったことを宣言したが，実質的には，レーガン政権期の1980年代に，国によるダム建設の時代は終わりを迎えていた。日本におけるダム建設中止はそれよりも四半世紀以上も後のことであった。

　1980年代といえば，日本においても中曽根自民党政権が規制緩和や行財政改革を掲げて，レーガン政権と同様，「小さな政府」を志向し始めたときである。しかし，政権内でダム建設を止めようとする動きは見られず，八ッ場ダムも建設に向けた手続きが推し進められていたのである。もちろん，水資源開発には地域経済・社会の事情，財界・官僚・政治家の権益，そして国の経済・財政状況などが複雑に絡み合うため，日米のダム建設をめぐる動きが同時性を持たなかったとしても不思議ではない。しかし，両国における公共事業としての水資源開発がいかなる社会・経済状況の下，どのような目的と意義をもって行われてきたのかを検証してみることで，ダム建設をめぐるその国固有の問題を浮き彫りにできるのではないだろうか。本章ではこのような問題意識から，20世紀初頭からのアメリカ西部における水資源開発の歴史的推移を内務省開墾局の活動を軸に跡付け，なぜ1980年代に連邦によるダム

建設が終わりを迎えたのか考えてみたい。

　そこで，アメリカの水資源開発を歴史を考察するにあたって，以下のような視点や留意点を提示しておくことが有用であろう。まず第1に，連邦による西部の水資源開の理念や目的がいかなる歴史的経緯の中から生まれ，それに基づく活動が時代状況の中でどのように変容していったかである。開墾局は1902年に制定された開墾法（Reclamation Act）により設置されものであるが，その活動は歴史の大きなうねりの中で必ずしも開墾法の趣旨に沿うものとはならなかった。それぞれに時代において開墾局の活動がどのような意義を持っていたのかをみてみたい。

　第2は，連邦権力と州権力との関係である。連邦制をとるアメリカでは，建国以来，州政府の権限が強く，経済開発の促進は主に州政府の役割であり，重要な資源である水の利用法もその地域の事情を反映して州ごとに定められてきた。したがって，こうした州の管轄に連邦の利水事業が関与していくことに抵抗もみられた。水資源開発という公共事業の分野で，連邦と州との関係がどのように変化していくのか留意しておく必要があろう。

　それと関連して，第3は，水資源開発の推進力が，連邦権力を代表する大統領から，次第に自州の権益を代弁する場である連邦議会へと移っていったことである。開墾法制定当初は，連邦事業を推進するため，大統領が議会を説得しなければならなかった。しかし，連邦による水資源開発が大規模公共事業としての性格を帯びてくるとともに，それを取り巻く利権構造（ポーク・バレル・システム）が生まれていった。連邦議会により推進されるようになった水資源開発がその目的と効用を見失っていくことに注目したい。

　第4は，水資源開発を抑制しようとする動きについてである。開墾法はもともとアメリカにおける自然保護運動とともに生まれたが，大規模化した水資源開発は自然保護と相反するものになっていった。また，大規模ダムはかつては国民経済成長の象徴であったが，戦後アメリカ経済を苦しめるようになったインフレの進展と財政赤字の拡大の中で，その意義が問われるようになっていった。さらに水資源開発が，開墾法の理念とは異なり，特定の集団の利益になっていることが明らかになるにつれて，納税者の反発も強まって

いった。こうした運動や戦後の経済構造の変化が折り重なって，ダム建設の終焉へとつながっていく過程を追ってみたい。

そして最後に，アメリカの政治・経済体制の大きな変化に留意しておきたい。すなわち，開墾局の事業がニューディール期に大規模化していき，1980年代にダム建設終焉へといたる過程は，1920年代までの「小さな政府」からニューディール政策を経て「大きな政府」に転換し，そしてまたレーガン政権を機に「小さな政府」へと再転換していく過程と軌を一にしていた。日本でも1980年代以降，「小さな政府」が志向されるようになったが，自民党政権下では財政赤字がレーガン政権期のそれをはるかにしのぐ大きさになっても，相変わらず大規模ダムの建設が進められてきた。これらのことは，日本の水資源開発がいかなる特質を持って行われてきたのかを考える際の示唆を与えてくれるものと考える。

I　ニューディール以前の開墾事業

1　開墾法制定の背景とその理念

南北戦争後，アメリカ経済は急速な発展を遂げ，19世紀末には独占資本主義の時代を迎えたが，独占の形成やそれに伴う富の不平等な分配，密集した都市生活と貧困，さらに天然資源の過剰利用など，経済発展至上主義による弊害も広く国民に認識されるようになっていた。そしてアメリカ人の中に自然に対する新たな価値観が生まれ国立公園の設立・整備をはじめ，自然保護の運動が起こってきた。行き過ぎた産業化に歯止めをかけ自然環境を保全するために連邦政府への期待が高まっていったのである（Kline［2007］pp.52-53）。自然保護運動の高まりは森林資源の保全を求めるようになったが，西部乾燥地帯では森林保護だけでは水の管理や保全に十分とはいえず，貯水ダムの建設やそれに伴う水利権の州間の調整，運河建設など多目的な水資源開発が必要であり，それらは民間企業はもちろん州政府の事業規模をも超えた連邦政府の役割と考えられるようになった。

また，「20世紀の開幕とともに，アメリカの農業はその歴史上，以前とは

すっかり違った新時代にはいった。すぐに耕作できる土地の大部分は，1900年までにすでに占有されていたから，耕作可能な土地の拡大は，乾燥地農法，灌漑や排水，もしくは森林その他，農場の未改良の土地の活用によっておこなわれ」るようになった（フォークナー［1971］501頁）。「耕作可能な土地」を拡大するために水需要は増大し，川の分水や貯水池の建設が必要となっていったが，農業による経済発展を求める西部諸州の議員の中からは連邦政府による灌漑事業への投資を求める声も聞かれるようになった。

　こうした状況の中，環境問題に強い関心を持っていたセオドア・ローズベルト政権の下で，森林や水資源の保護と西部における灌漑とを政策的に結び付けるべく開墾法が制定され，開墾局が設置されることになったのである（Rowley［2006］pp.94-98）——なお開墾局となったのは1923年のことで，当初は合衆国地質調査局内の開墾部（Reclamation Survice）として設置され，2007年に内務省に移管された（Rowley［2006］p.104; Bureau of Reclamation［2000］pp.3-4）——。開墾局は第2次大戦後のダム建設ブームの時期，連邦機関のなかで陸軍工兵隊とともにその担い手として活躍することになるが，発足当初から大規模公共事業の担い手として設置されたものではなかった。開墾法は元々，家族農場の創出を目的としており，したがって，1農場あたりの面積も，1862年に制定された自営農地法の理念を受け継ぎ160エーカーに制限されていた。楠井によれば，開墾法の目的は，「自営農地法の制定以来，19世紀後半期を通じて継続されてきた『西部』の乱開発に歯止めをおき，連邦政府の手で水資源の保全・管理政策をなし遂げて，建国以来理想とされてきた独立自営農民を基礎においた豊かな社会の建設と維持を持続させてゆく」ことだった（楠井［2005］267-68頁）。したがって開墾局の主たる任務は，この家族農場のための灌漑施設を建設することだったのである。

2　開墾局の活動とその政治的・経済的背景

　開墾法が制定されるとローズベルト政権時代の1909年までに24事業が開始され，灌漑事業に伴うダムや導水路の建設，そして水力発電施設を伴う事業が進められた。しかしそのうちの3事業は途中で放棄され，その後承認さ

れた事業も，1911年に1事業，1917年に2事業，1926年に2事業と低迷していった（Rowley［2006］pp.129-30; Pisani［2008］p.611）。1920年代は自動車や電力，石油化学産業などの新興産業が興隆し，「繁栄の時代」と呼ばれたが，第1次大戦期の農業ブームの反動で1920年代に農業は慢性的な不況に陥ったため，開墾局が西部開発において再び重要な連邦機関としての役割を果たすには1930年代まで待たねばならなかった。しかし，開墾事業が低迷した要因はそれだけではなかった。

　その理由として第1にあげられるのは，同法に対する政治的支持基盤の弱さであった。開墾法制定のため設置された上下両院合同委員会は17の西部の州ならびに準州（ノース・ダコタ，サウス・ダコタ，ネブラスカ，カンザス，オクラホマ，テキサス，モンタナ，ワイオミング，コロラド，ニューメキシコ，アイダホ，ユタ，アリゾナ，ワシントン，オレゴン，ネヴァダ，カリフォルニア）の議員からなっていたが，それぞれが多様な利害と自州の利益を代弁したため開墾事業に対する合意点を見出すことは困難であった。主要な対立点は開墾事業推進の際，州あるいは地域主体の灌漑地区を基礎とした分権的手法を取るか，それとも連邦機関主導による中央集権的手法をとるかにあった。後者を代表したのは同法の推進者であるネバダ州選出の民主党議員フランシス・G・ニューランズで，結局，ニューランズ派の法案が議会に提出されることになった（Rowley［2006］pp.99-100）。

　しかし，中央集権的手法は西部の人々の反発を招くことになった。開墾法制定の背景に自然保護運動があったことはすでに述べたが，当時主流を占めたのは，ジョン・ミューアらに代表される自然をありのままに残そうとする自然保護（preservationist）の運動ではなく，ローズベルトにより森林管理部長に任命されたギフォード・ピンショーに代表される資源保護（conservationist）の考え方であった。それは林学や水文学などの新たな科学的知見や技術を結合し，資源の無秩序な開発を抑え，経済発展にあわせて資源を合理的・計画的に管理・利用していこうとするもので，専門家による官僚的計画や政府機関の機能・権限の拡大を伴うものであった（Pisani［2008］p.613）。しかしこうした連邦機能の拡大は国民全体に受け入れられていたわ

けではなかった。すなわち，「ほとんどの西部人にとって，保護管理（彼らはそれをしばしば『ピンショーティズム』と呼ぶ）は，西部の必要や要求に理解のない俗物的な東部の官僚の勝手な非アメリカ的な政策であった。まだ残存しているフロンティアに近づいてみれば，無尽蔵という神話はまだ生きており，西部の資源利用者にとって森林などの公共保留とか限定というものはすべて，原料をしまい込んで，個人の経済活動を制限することを意味した」（Kline［2007］p.58）のである。水資源の開発を望む西部諸州においてさえ，開墾法に対する支持は強固なものではなかったのである。

　このような政治状況の下，ローズベルトはその支持基盤を拡大すべく同法が成立した2週間後，突然事業計画の変更を内務省に提案した。すなわち彼は，「少数の大規模事業を行うよりもできる限り公平にそれぞれの州に事業を分配することが最良である」と考え，小規模事業を対象諸州に割り振ったのである。西部諸州における共和党支持勢力の一層の拡大を目論んだのだった。こうしてローズベルトが政権を去る1909年までに24のプロジェクトが開始され，開墾法対象のすべての州ならびに準州に少なくともひとつの事業が割り当てられたが，その在任中に完成したものは一つもなく，幾つかの事業は田園をスラムのようにさえしてしまったのである（Pisani［2008］p.611, 614；Rowley［2006］p.94）。

　開墾事業が上記のように上手くいかなかった第2の理由は，開墾部による事業計画の見通しの甘さにあった。開墾部の技師たちは全ての荒野は肥沃な土地であると考え，実際に事業が開始されるまで土壌検査も行わなかった。またほとんどの荒野は年に1エーカーフィートの水があれば灌漑に十分であると考えていたが，実際にはその3〜5倍の水が必要であり，多くの事業で農民たちは水不足を訴えた。そのため多くの土地が放棄されることになり，入植した農民にとっても国家にとっても大きな痛手となった。資源は連邦機関の科学的・効率的・計画的管理のもとで開発されるはずだったが，灌漑事業においてはその科学的知見が十分に活用されることはなかったといえよう。

　しかし，開墾部はそれを自らの責任とは考えていなかった。その背景には部長のフレデリック・H・ニューウェルの思想があった。彼は開墾部による

中央集権的事業を主張したひとりであるが，ピンショーのような科学的知見に基づく価値観や効率性といった考え方を共有してはいなかった。連邦の開墾事業への最初の入植者の75％以上が入植後数年で消え去り，ほとんどの者が10年以内に失敗したことに対して，ニューウェルは，そのことをむしろ彼らの経験不足と甘い見通しのせいに帰した。すなわち，「現今の入植者の特徴はかつて開拓時代にコミュニティーを構成した人々とは多くの点で全く異なります。ここにはかつての開拓者たちを支配していた協同の精神がありません」と。さらに彼は，灌漑農地への入植者たちが「成功するか失敗するかは気候，土壌，市場などによるのではなく，むしろ土地所有者の特性，すなわち経験や耐久力や健康状態，そしてなにより開拓者たちを特徴付ける資質である『打ち勝とうとする意思』をもつかどうかにある」と考えていた（Pisani［2008］pp.615-16）。連邦政府による公共事業といえども，それが成功するか否かの責任は開墾農民自身にあるという考えだったのである。

灌漑事業が順調に進展しなかった第3の理由は，水利権などを定めている州＝州権限との整合性を見極めながら開墾部（局）の事業＝連邦権限を行使しなければならなかったことである。開墾法は内務長官に対し，事業の選択や農場規模の決定など大きな権限を与えていたが，T・ローズベルト政権時代には重要な決定は内務長官に代わって大統領自身か開墾部によってなされていた。しかし，そのローズベルトといえども州の権限に関連する事案については慎重にならざるを得なかった。ローズベルトは議会へのメッセージで，複雑に入り組んだ西部諸州の水利法や水利権に配慮して，水の分配は州法に従って入植者自身に委ねるべき事を述べたうえで，「州および準州における灌漑事業を支援するための政策は，地域コミュニティーを構成する人たちが自らの利益になるような方法で，そして州法ならびに灌漑事業に適用される諸規則の必要な改正を促す仕方で行われるべき」ことを強調しなければならなかった（Rowley［2006］p.99）。

また開墾法は事業基金として公有地売却代金があてられることになっていたが，それぞれの州ならびに準州で売却された公有地代金の少なくとも51％はその州・準州の事業に充当しなければならなかったため，売却可能な公有

地を十分に保有する州とそうでない州とでは事業費に格差が生じることになった。そこで1904年，ニューランズらはカリフォルニア州で採用されている「灌漑地区」の活用を提案した。灌漑地区とは州によって認可された組織で，地区内の土地に対する課税権や水力施設のための債券発行が認められていた。彼らは州が管理する灌漑地区のこうした資金を利用することにより，事業を促進しようとしたのである。しかしながら開墾法はこのような連邦と州による混合事業を認めていなかったし，多くの西部人は連邦の灌漑事業に組み込まれることは彼らの水が連邦の統制下に入ることを意味するものであると反対した。そして，開墾法そのものに懸念を持っていた東部や中西部の議員も同法の適用が一層拡大されるとしてその提案を無視した（Pisani [2008] p.617）。さらに農業不況下にあった1920年代，開墾部（局）は西部諸州に対して灌漑事業での一層の役割分担を求めたが，州の政治家たちは，「灌漑農地を供給することは国の責任である，もうこれ以上灌漑農地に対する需要はない，混合事業は水利権に対する州の管理を脅かすことになる」などと言って拒否した（Pisani [2008] pp.616-18）。このように連邦主導の灌漑事業に対して州からの積極的な支援や協力は得られなかったのである。

　最後に，開墾事業低迷の要因として，開墾法が規定する事業費返済手続きについて問題があった。灌漑事業の水を利用できるのは160エーカー以下の土地所有者に限られ，事業に投じられた連邦資金はその便益を受けた水利用者が事業開始後10年以内に返済すべきことが定められていたが，この返済期限は入植者にとって非常に大きな負担となり，先に述べたようにほとんどの入植者が去っていくことになった。この面積制限と事業費返済の規定は開墾事業推進の桎梏となり，次第に事業費充当のための措置と返済規定の緩和が講じられていくことになった。まず，1906年に開墾事業で建設されたダムによる発電事業の中から余剰電力の販売収入を事業費の返済に充てることが認可された。1911年には開墾事業対象外の土地所有者に対しても余剰水の販売を認めることになった。さらに，1914年の開墾拡大法では返済期限が20年に延長され，さらに1926年には，農産物価格に連動して返済能力に応じた返済額が設定され期限も最長40年にまで延長されることになった（Rowley [2006] pp.112, 226, 258, 266)。しかしこうした措置のもかかわらず、20年代には開墾事業が進展することはなかった。連邦による灌漑事業の推進は未だ広く受け入れられる状況にはなく、またその条件も整っていなかったのである。

　このように、ニューディール以前、「小さな政府」による自由放任主義の考えが根強く残る中で、連邦権力・機能の拡大につながる開墾局の活動は、広く国民に受け入れらるものではなかった。アメリカ特有のセクショナリズムの影響もあり、西部開発に対する東部議員や中西部の農民組織の反対、さらには農務省の反発が見られた（Pisani [2008] p.612）。さらに西部の人々の間でも連邦の統制拡大を懸念する傾向があった。このような政治・経済状況の下で、開墾事業の推進力となったのは大統領であった。この時代、連邦による公共事業を推し進めていくためには、議会と国民を説得する大統領の強いリーダーシップを必要としていたのである。しかし、それは時に州権との摩擦を生むことにもなった。連邦による開墾事業は州権限と連邦権限の対立と調整の政治過程でもあった。さらに、開墾局は、19世紀までの経済開発至上主義的思想の反省から自然保護運動が興隆する中で生まれたが、自然保護運動自体に2つの思想的潮流があったことや、開墾局指導部や開墾法そのものが19世紀来の考えや理念を継承するものであったため、その活動は必ずしも自然保護運動と整合性をもつものとはならなかった。このように建国以来のアメリカ的価値観が色濃く残る中で停滞していた開墾局の活動は、ニューディール政策の中で大きな転機を迎えることになった。しかしそれは同時に、開墾法の趣旨から乖離していく過程でもあった。

II　ニューディール政策と開墾局事業の変容

1　ニューディール政策の始まりと開墾局

　ニューディール政策のはじまりは、開墾局をとりまく政治的・経済的状況も大きく変えた。大恐慌による景気の急激な悪化と、それまでにない社会不安が増大していくなかで、関与の仕方に様々な議論があったにせよ連邦政府が経済復興のため何らか形で積極的な役割を担うべきだとする認識は実業界、

労働界，知識人をはじめ多くの国民により共有されつつあった。そして連邦権力拡大の容認は，開墾局のような連邦機関の活動にも新たな役割を与えることになった。

　緊急事態に対処するための政府支出の拡大は，それまで事業資金の枯渇に脅かされ組織の生き残りに喘いでいた開墾局に事業拡大の機会を与えることになった。こうした動きの契機になったのが，1931年から建設が始められた当時世界最大のダム，ボルダー・ダム（1947年にフーバー・ダムに改名）であった。それは景気回復ばかりでなく将来の経済成長基盤となる水力発電事業を伴い，さらに失業救済のための大量の雇用を提供するものであった。1933年6月に成立した全国産業復興法は公共事業について規定し，公共事業局に認められた33億ドルの予算のうち1億300万ドルが開墾局に割り当てられることになった（Rowley [2006] p.312）。

　これにより開墾局の中心組織でありプロジェクトの立案や設計を行うコロラド州デンバー事務所の職員は200人から750人に増員され，その活動領域は急速に拡大していくことになった。新たな事業拡大の中心はダム建設であり，34年はじめまでに大小合わせて15のダム建設に着手した（Rowley [2006] p.351, p.363）。こうして開墾局は，西部における灌漑事業だけではなく，農村や都市への利水，さらには発電，治水，水運整備など多目的な水資源開発を行う機関として登場することになったのであるが，その事業領域の拡大は，家族農場の創出を目的とした開墾法の理念・趣旨と次第に齟齬をきたすようになり，その役割を変質させていくことになった。以下，ニューディール期の主要な事業を取り上げ，その過程をみていくことにしたい。

2　コロンビア川流域事業——大規模公共事業の展開
(1)　グランド・クーリー・ダムの建設

　コロンビア川流域事業（Columbia Basin Project）の中核としてワシントン州中部，コロンビア川流域最大の峡谷に建設されたグランド・クーリー・ダム（1942年完成）は，高さ168メートルを誇り，フーバー・ダムやシャスタ・ダムとともに1930年代に開墾局が建設に携わった大規模ダムの中でも最大の

ものであった。このコロンビア川流域事業において開墾局の活動が多目的大規模公共事業へと展開していく一方で，灌漑事業については時代が要請する状況にそぐわないものになっていく姿を見ることができる。

コロンビア川流域の灌漑については，早くも1902年の開墾部の最初の報告書で触れられ，2008年には陸軍工兵隊がグランド・クーリーにおける水運や灌漑，発電についての調査を開始しているが（Billington & others［2005］p.192），実際にダムを建設しようとする動きは1920年代になってからのことであった。1925年，連邦議会は工兵隊に全国の主要河川について，治水，灌漑，発電，水運などを統合した多目的利用と開発の可能性を調査するよう命じた。その際，ワシントン州の上院議員ウェズリー・L・ジョーンズがコロンビア川にも特別の注意を払うよう求めた。同州では乾燥したコロンビア高原の灌漑について議論されていたからである（Rowley［2006］p.328；ライスナー［1999］175頁）。ここでは，その後の大規模ダム建設でも問題となる，発電の事業主体をめぐる2つのプランが争点となっていた。

ひとつは，ワシントン州中部の小さな町ウィナッチの新聞編集者や法律家らのグループが唱えていたプランである。グランド・クーリーと呼ばれる幅およそ1,300メートル，深さ180メートルの谷にダムを建設し，その貯水池からさらにポンプで水を汲み上げて天然の貯水池に水を送り，グランド・クーリーの段丘地を灌漑しようとするもので，そのために大きな発電能力を持つ大規模ダムの必要性を主張した。彼らは州や連邦などの公的機関による発電事業を唱え，それは同州の産業界にも広く支持されていた。新たに灌漑された広大なコロンビア高原とともに低廉な電力が工業化を促進し，経済発展を刺激すると考えたからである。もう一つはワシントン州東部のスポーカン商業会議所とワシントン電力電灯会社によって提唱されたプランで，幾つかの小規模ダムと導水管を用いてアイダホ州のポンダレイ川の水をスポーカン川に分水しコロンビア高原に送ろうとするものであった。彼らが公的資金による大規模ダムの建設に反対したのは，それが，未だ工業化が進まず，あまり電力市場のない太平洋岸北西部地域において余剰電力を生み出し，電力価格の低下をもたらすと懸念したからである（Rowley［2006］pp.329-30；

Billington & others [2005] p.206)。

　発電の公営か民営かを軸としてその規模も議論となったこの論争に終止符を打ったのは大恐慌であった。1931年，開墾局長のエルウッド・ミードは大規模ダムに関心を寄せていることを表明し，翌32年，大統領候補だったローズベルトも太平洋岸北西部を遊説したとき大規模ダムによる発電を支持した。さらに陸軍工兵隊によるコロンビア川流域の調査報告書も，揚水能力を備えたグランド・クーリー・ダムの建設を答申した（Billington & others [2005] p.204, p.208; Rowley [2006] p.331)。

　1933年，連邦議会はグランド・クーリー・ダムや同じくコロンビア川で工兵隊が建設を担うことになった大規模なボンネヴィル・ダムの建設を認可した。これによりコロンビア川流域事業は，ミズーリ川やテネシー渓谷の開発と並ぶ大規模公共事業となっていく。しかし，グランド・クーリーでは最初から大規模ダムの建設が進められたわけではなかった。ローズベルトの勝利に貢献したワシントン州の上院議員クラレンス・ディルが示したグランド・クーリー・ダム関連の事業費は，パナマ運河よりも高額な4億5000万ドルにも達し，とても議会の承認を得られそうになかった。そこでローズベルトは議会には低いダムの建設を提案し，1933年7月，そのための予算として，とりあえず6300万ドルの支出が承認された。1934年3月，開墾局はダム建設のための入札を行い，3社からなる企業連合MWAKが2934万ドルで落札，8月から早速工事が始められた（Billington & others [2005] p.208; Rowley [2006] pp.332-34; ライスナー [1999] 177-78頁)。

　しかし，開墾局は低いダムなど作るつもりはなかった。グランド・クーリー・ダムの高さは建設途中から550フィートへと大幅に高いものに変更されることになった。1934年12月4日，ミードは開墾局の幹部技師と協議し，高いダムの建設とコロンビア川流域灌漑事業の早期開始を内容とする報告書をまとめた。その見積り額は，ダム建設費1億1400万ドル，発電施設6700万ドル，その他1500万ドルと灌漑事業費2億900万ドルの総計4億500万ドルに達するものだった。ミードは12月27日，その内容をハロルド・イッキス内務長官に送付し，計画変更とできるだけ早い高いダムの建設開始を公式に要請し

た (Billington & others [2005] pp.213-14)。

　だが、この問題は議論を呼んだ。『エンジニアリング・ニュース・レコード』誌は「より多くの金がこの危ない投資に注ぎ込まれる前に、低いダムによる発電計画を放棄して高いダムを建設し、この大失策を正すべきである」と論じた。しかし、多くの者は灌漑や発電そして雇用のためにも多目的ダムが有益であることは容認しつつも、高いダムの発電能力に見合う電力市場がないことも認めざるを得なかった。こうした懸念に対し、ワシントン大学電気工学教授のカール・E・マーグヌソンは灌漑事業が州の人口を増加させ、新たな電力市場を生むとして高いダムの必要性を訴えた (Billington & others [2005] pp.214-15)。

　1935年はじめ、MWAKは一時的に水を締め出すための締切の工事を開始し、4月には最後の土止め板を打ち込むなど、工事は進展していた。7月7日、イッキスは高いダムへの建設変更を承認し、MWAKの業務は低いダムの建設から高いダムのための基礎工事へと変更された。10日後、公共事業局はそのために2300万ドルを割り当てた。そして8月下旬、連邦議会は河川ならびに港湾法を通過させ、ついにグランド・クーリー・ダムを完全な多目的構造物として建設する認可を下したのである。高さ550フィート、幅5673フィートの世界最大のコンクリート構造物の建設である。ダムの基礎作りを含めたMWAKの工事は38年初めには完了したが、そのための費用は入札価格よりもおよそ1000万ドル多い3900万ドルに達していた。一方、開墾局は1937年11月に高いダムのための最終プランを提示し、12月10日そのための入札を開始した。その前日、ボルダー・ダム建設ですでに実績を上げ、最初の入札でも競合関係にあった6社連合のヘンリー・カイザーはMWAKのガイ・アトキンソンと会談し、両者は合同で入札することで合意した。そして新たに組織された合弁事業、統合建設業者会社が3440万ドルで落札した (Billington & others [2005] pp.215-19)。

　ダム本体の工事は1938年3月に始められ、7月下旬にはコンクリートが流し込まれ始めた。「高くなる壁、ほとばしる水、鋼鉄の構脚が見せる全体の情景は壮観であり、世界最大のコンクリート構造物が立ち上がろうとする原

野に何千もの訪問者を引き寄せた」(Billington & others [2005] p.219)。1940年9月にはコンクリートの流し込みはほぼ完了し，1941年2月，最初の発電タービンの組み立てが始まり，10万8000キロワットの発電機6基と7万5000キロワットの発電機2基が据え付けられることになった。1942年6月1日にはグランド・クーリー・ダムにより誕生したフランクリン・D・ローズベルト湖は満水となり余水路から水が流れ落ち始めた。実際の事業費は4140万ドルに上昇したが，グランド・クーリー・ダム関連の総事業費は，政府が割り当てた1億7950万ドルを下回る1億6260万ドルであった (Rowley [2006] pp.333-34 ; Billington & others [2005] pp.221-22)。ニューディール期には都市ばかりでなく地方や農村の電化も政策課題として浮上し，それは電力生産の公営化と民間電力会社の規制を伴うものであったため，大きな政治的争点となったが (シュレジンガー [1966] 320-24頁)，ローズベルト政権の電力政策とともに，開墾局の事業も大規模化していったのである。

(2) 灌漑事業の低迷

しかし，開墾局の中には，同局の本来の任務である灌漑事業が発電事業よりも下位におかれることに抵抗感を抱く者もあった。コロンビア川流域事業の技師，フランク・A・バンクスは，水力発電事業の収益が事業資金の返済を容易なものにすることは認めつつも，1936年のワシントン州立大学での農業関係者への講演で，同事業は「本質的には灌漑のための事業であり，副産物として発電事業と水運開発のための流水調整を伴ったものである」と主張した。彼はグランド・クーリー・ダムによってできた貯水池により，乾燥した大地が20万の人々の生活を潤すようになることを構想していたのである。バンクスは同事業が灌漑農業の発展を促しそこに限界農地からの多くの農民が更生のため再定住する事を期待し，そのための補助金も必要であると考えていた (Rowley [2006] p.336, p.350)。

コロンビア川流域事業に農民の再定住を推し進めようとする動きは農務省内にもみられた。1933年11月，イッキス内務長官が限界農地農民の再定住を促進するため公共事業局内に自給農場部を設置したとき，その部長に任命し

たのがM・L・ウィルソンであった。モンタナ州立大学教授，農務省農業調整局小麦課長を歴任し，その後農務次官まで務めた人物である。そのウィルソンによれば，貧窮した農民は開墾局の灌漑事業に参画できるような状況にはなかった。20年代末の大旱魃（ダスト・ボウル）と大恐慌によって疲弊していた大平原からの移住民に，コロンビア川流域事業に入植するために必要な自己資金2000ドルを準備することなどできなかった。また，乾燥地農法を行ってきた彼らのほとんどは「灌漑農業や特定の農産物栽培の経験を持っておらず，彼らが成功の機会をつかむためには彼らの訓練と管理が必要であった」からである（Rowley［2006］pp.357-58）。

そこでウィルソンは，コロンビア川流域事業に特別な関心を払い，ホワイト・ハウスに対して，開墾事業に関する次のような提案を試みた。①必要資金2000ドル規定の廃止，②灌漑農業と特定農産物栽培のための十分な教育，③農場の生産性に応じた水利用分担金の算定，④過剰生産によって利益を損なわないような農産物の植え付けを指導するための市場調査，そして⑤グランド・クーリーにおける発電，水運，洪水管理，灌漑などの各種事業間での事業費の割り振り，などである。最後の事業費については灌漑事業以外への割当てを多くして，農民たちの分担額が，彼らに利益がもたらされるよう十分に低いものとなるよう求めた。しかし，こうしたウィルソンの提案に対して，関連する連邦機関の対応は冷淡なもので，内務省も開墾局も，「ホームレスの再定住者に利用可能な土地はほとんどない」と答えるのみであった。同事業は最終的に4万3000家族分の土地が用意されるはずであったが，5年以内に定住できたのは1万3000家族に過ぎなかった（Rowley［2006］pp.358-59）。

グランド・クーリー・ダムは大戦中の軍需を満たすための豊富な電力を供給し，太平洋岸北西部のアルミニウム，航空機，造船などの諸産業の発展に寄与し，その後の大規模ダム建設を確かなものにしたが，開墾局本来の任務である新たな家族農場を創出するための灌漑事業は所定の成果をあげることができなかったのである。

3 カリフォルニア・セントラル・ヴァレー事業——大規模農場利害の貫徹

(1) 州から連邦への事業主体の変化

続いて，カリフォルニア州のセントラル・ヴァレー事業（Central Valley Project）についてみてみよう（楠井［2005］286-93頁参照）。ここでは水資源開発の主体が州から連邦へと変化していった過程をみてとることができる。

セントラル・ヴァレーは太平洋岸の低い海岸山脈とシエラネヴァダ山脈に挟まれた地域で農業に適していたが，その北部は30インチ以上の豊富な雨が降る地域である一方，南部は年間平均降雨量が5インチにも満たない乾燥地帯であった。カリフォルニアではゴールド・ラッシュの頃から金採掘に大量の水が必要だったため水の流れをせき止めたり，迂回させたりしていたが，そうした利水が農業にも応用できるとみた人の中に，セントラル・ヴァレーの灌漑を構想する者が現れてきた。1873年には工兵隊が調査に乗り出し技術的な実現可能性を示したが，その事業費はとても利水者が賄えるものではなかった。20世紀に入るとセントラル・ヴァレーの灌漑事業が再び議論されるようになり，1915年には州による利水事業の検討が始められたが，その実施には至らなかった（Rowley［2006］pp.339-42）。ここでの利水事業は個人や州が主体となって行うには限界があったのである。

1920年代になって，サクラメント川ケネットでの大規模ダム建設が計画されたが，ここでも莫大な事業費が障害となった。しかし1929年，フーバー大統領が，開墾局が州や地方自治体と協力し，最終的には州が事業を管理する道もあるとの見解を示すと，事業の低迷にあえいでいた開墾局のミードは，これをまたとない機会と捉えセントラル・ヴァレーに関心を持っている事を表明した。開墾局の計画にはサクラメント川のケネット・ダム（後のシャスタ・ダム）やサンウォーキン川のフライアント・ダムの建設，そしてセントラル・ヴァレー両端の大規模貯水池の建設などが含まれていた。

その後，カリフォルニア州議会は大恐慌の最中の1933年，セントラル・ヴァレー事業法を成立させ，その資金として州債発行を承認したが，それは「大胆どころか，ほとんど想像を絶するもの」で，「完成すれば，それはかつてない史上最大の利水事業」（ライスナー［1999］172頁）となるほどのものだ

ったため，資金調達の段階でつまづき，結局カリフォルニア州は連邦の救済・復興のための資金に頼らざるをえなくなった。こうして，開墾局は1935年の緊急救済支出法に基づき，カリフォルニア州の同意を得て同事業を受け継ぐことになった（Rowley［2006］p.343）。1920年代までは，州の水が連邦の統制下に入ることへの反発がみられたが，大恐慌が大規模事業の主体を州から連邦へと転換させていくことになったのである。

(2) 事業の拡大と160エーカー規定の形骸化

開墾局にとって「不毛の地を開拓する事業費の増大に対する解決策は，農村地帯だけでなく都市部の多様な需要に応えるためのより大規模なプロジェクトを立ち上げること」であった（Rowley［2006］pp.343-44）。ニューディール政策により開墾局の活動の比重が多目的事業に移り大量の連邦資金が投じられるようになると，事業費は，返済義務のない治水や水運のための費用として計上されたり，利水者負担分の一部が都市住民への電力と水の販売より賄われるようになっていった。ここに受益者である灌漑農民が事業費を負担するという開墾法の原則が大きく揺らぎだしたことがみてとれる。そして原則からの逸脱は，特に160エーカー規定の形骸化という形で顕著になっていった。

開墾法は160エーカーを超える土地所有者に灌漑事業の水を供給することを禁じていた。開墾局がセントラル・ヴァレー事業を引き継いだときも法的に160エーカー規定が解除されることはなかった。しかし実際には，開墾局はその規定を厳密に適用してきたわけではなく，面積制限規定は抜け穴だらけになっていた。特にセントラル・ヴァレーで何世代にもわたって経営されてきた農場は160エーカーよりもはるかに広大な土地を有していたため，開墾局は事業を軌道に乗せるため，その規定に目をつぶらざるを得なかったのである（Pisani［2008］p.626; Rowley［2006］pp.344-46）。「セントラル・バレー事業は，ひと言でいえば，それ以前の開墾局のどの事業とも根本的に違っていた。それは新たに多くの灌漑農地を作り出すことではなかった。すでにそこにある多数の農地を救うものであり，その中には法が許すよりもはる

かに大きなものが相当含まれていた」（ライスナー［1999］376頁）。従って法的には，そこの大規模農園が同事業の灌漑用水を受け取るためには，160エーカー（夫婦所有の場合は320エーカー）以上の土地を売却しなければならなかったが，彼らは「明らかなペテン」により，160エーカー以下の農場と同じ安価な水を受け取ることができたのである。それは開墾局も承知の上であった。「開墾局は，そのような不人気な法律を執行しようとするより，ダム建設の方にはるかに強い関心を抱いていた」（ライスナー［1999］377-78頁）からである。セントラル・バレーにおいて水資源開発の事業主体が州から連邦に移っていくということは，同時に，連邦資金により大規模農場の利益が満たされていくことを意味した。

その後も，開墾局の事業拡大に伴い，160エーカーの規定は次第に緩和されていくことになった。大土地所有者が支配的なコロラド・ビッグ・トンプソン事業でも1938年，連邦議会は旧来からの土地所有者については160エーカー規定を解除し，新規灌漑農地についてのみ同規定を課すこととした。さらに家畜用飼料穀物の栽培が広がっていたネヴァダ州のニューランズ事業とハンボルト事業については，それらの栽培を利益あるものにするには大規模農地が必要であるという理由から，1940年，160エーカー規定が解除された。また同年，ケース・ウィーラー法が制定され，旱魃地域の農民を更生させるため1939年に制定された水保全ならびに利用法の対象事業については土地所有制限を適用しないことが決められた。こうした160エーカー規定の解除はより多くの大土地所有者に連邦の水を供給する道を開くものだった（Rowley［2006］pp.366-67）。それは開墾局の活動が家族農場の創出という本来の使命から次第に遠ざかっていき，大規模農場の利害に沿うようになっていく過程であった（Rowley［2006］p.346）。

こうしてニューディールは開墾局をそれまで縛り付けていた1902年開墾法の幾つかの制限を事業によっては解き放つことになった。多目的事業の推進が，開墾局の活動を公有地の売却と灌漑事業地に入植した農民からの事業費返済に依存する構造を大きく変えたのである。連邦からの豊富な資金と電力販売収入により事業規模はどんどん拡大していった。そして開墾局の事業が

水資源の多目的利用にその比重が移っていくと，160エーカー規定も次第に緩和・免除されていくことになり（Rowley［2006］pp.349-50），それは，開墾局の事業をさらに大規模かつ広範囲なものにすることを可能にしていった。

4 事業拡大の法的裏づけと自然保護との摩擦へ

　1939年，連邦議会は開墾局の事業に関して，それまでの原則を大きく変更することになる立法措置をとった。開墾事業法（Reclamation Project Act）の制定である。主な変更点は，①開墾事業の余剰水をすでに開墾済みの事業外の民有地へも水不足の際は供給する事を許可，②開墾計画は小規模な灌漑事業から大規模な多目的事業へと拡大する，③多目的事業のうち水運や洪水管理施設のための建設費用は水利用者の返済契約から除く，④事業費の返済については内務長官の裁量で，新規事業については返済期限を50年まで認め，返済額も農業所得や土地の質に応じて決定する，ことなどであった（Rowley［2006］p.366）。その多くはこれまでの開墾事業においてすでにとられてきた慣行を法的に追認するものであったが，それは1902年開墾法の趣旨を大きく転換することを意味した。開墾局の任務は灌漑のみでなく，発電，都市用水，水運，洪水管理などの大規模な多目的事業を展開するものになった。これに伴い，開墾局の事業費用はその恩恵にあずかる者がすべて返済しなければならないというそれまでの原則がはずされた。そして灌漑農民の返済要件も見直され，事業開始後10年間は利益があげられるようになるまで支払が猶予され，その後の返済も農産物販売収入に応じて決められ，返済期間も40年に延長されることになったのである。

　こうしたニューディール期の開墾局事業の展開についてライスナーは次のように述べている。「開墾局の歴史を通じてもっとも幸運な出来事は，いくらでも気前よく金を使う貴族，フランクリン・ローズベルトが1932年の大統領選挙で選出されたことだった。2番目に幸運な出来事は，ローズベルトからトルーマンに至る5期にわたる臨時政府時代に，いくつもの一括河川流域法案を通過させたことだ。……フランクリン・ローズベルトと河川流域方式——これはダムや水路や灌漑事業を源流から河口まで，千数百キロにわたっ

て即座に認可することができた——の働きにより，アメリカ西部の自然の地形は，川も砂漠も湿地も渓谷も，これまでいかなる砂漠文明も経験したことがないような人工的な変化をこうむることとなった」（ライスナー［1999］135頁）。そしてこうした水資源開発はやがて，連邦政府による公共事業を地元への利益誘導ために活用する利権構造＝ポーク・バレル制度を生み出すことになるのである。

　しかし他方で，大規模な水資源開発は新たな抵抗も生み出すことになった。20世紀初頭，幾つもの氷河とテュオラムニ川によって刻まれた自然美を誇っていたヨセミテ国立公園内のヘッチ・ヘッチイ渓谷が，サンフランシスコの深刻な水不足を解消するためダム湖に沈むことになったとき，開発と自然保護をめぐる論争は国民の注目を集めた。その後国民の自然保護への関心は1920年代の急速な経済発展と技術革新の下で薄れ，灌漑事業の停滞とあいまって開墾局の活動と自然保護が争点となることはなかったが，大規模な水資源開発が活発になったニューディール末期になると再び開発と自然保護との関係が問われるようになってきたのである（Righter［2005］pp.4-7; Kline［2007］pp.52-53）。

III　第2次大戦後のダム建設ブームと環境保護運動

1　終戦後の開墾局の任務

　第2次大戦中の戦時経済下において，巨大企業体制が一層進展するとともに，原子力や航空機産業，石油化学，電子工業などの最先端産業が花開き，また，南部や西部が新たな工業地帯としてその産業基盤を与えられた。グランド・クーリー・ダムやボンネヴィル・ダム，シャスタ・ダムなどの巨大ダムが水力発電という新たなエネルギー源として西部の経済発展に多大な貢献をしたことは言うまでもない。しかしそうした経済発展と技術革新は科学への過信をも生みだし，自然を支配できるという風潮さえあらわれはじめた。科学が未来の問題も解決してくれるとの考えから，企業や土地開発業者や天然資源の利用者は，再び短期的な利益をむさぼることに熱中しはじめた

(Kline［2007］p.71）。

　1940年代から1950年代にかけて開墾局は西部において驚くべきペースでダムを建設していった。当時，冷戦体制の始まりのなかで軍備と産業基盤の維持・強化のため，開発を促進する機関として巨額の予算を割り当てられていたからである。西部地域は第 2 次大戦中の経済発展と人口増大により政治的発言力を増し，それがさらなる水資源開発を求める声となっていた（Harvey［1991］p.52）。

　だが，開墾局は別の重要な任務も負わされていた。戦後恐慌が懸念された終戦間際には，1930年代と同様，雇用問題が主要な関心事であった。内務省は，終戦により1450万人が職を失うだろうと予測していたが，大規模な公共事業支出が，戦後恐慌を防ぐだけでなく，景気の波を軽減し持続的な経済成長を可能にすると考えた。そして1945年 4 月，開墾局は議会に対して西部17州における415にのぼる灌漑ならびに多目的水資源開発事業を提案した。各州への割当てはワシントン州の 5 事業からモンタナ州の96事業にまで及び，事業面積はユタ州の10.1万エーカーからカリフォルニア州の220万エーカー，総計1100万エーカーに及ぶものであった。イッキス内務長官は，それらの事業により 1 年当り少なくとも150万の復員軍人に雇用を提供できると考えていた。開墾局自体の予算も1946年の5000万ドルから1947年の 1 億2000万ドル，1948年の 2 億ドル，そして1950年には 3 億ドル以上へと膨らんでいった。開墾局は国民経済の成長を象徴する連邦機関となったのである（Pisani［2008］pp.619-20）。こうして，開墾局の活動は戦後さらに活発になっていった。現在までの開墾局の180以上にのぼる事業のうち，戦中から戦後にかけて承認されたものは110以上に及んだ（Bureau of Reclamation［2000］p.4）。そしてそれは同時に，公共事業をめぐる利権構造，ポーク・バレル・システムを生み出すことにもなっていった。

2　エコーパーク論争──コロラド川貯水事業をめぐる諸利害の確執
(1)　デイビッド・ブラウアーと開墾局の論争
　トルーマン民主党政権期の1946年に開墾局により提出されたコロラド川貯

水事業（Colorado River Storage Project：以下，CRSPと略）計画は，ダムや運河，貯水池，分水路など134の事業を含み当初予算が20億ドルを超える大規模事業であり，コロラド川上流域諸州（コロラド，ワイオミング，ユタ，ニューメキシコ）が強く求めるものであった。当初の計画では10基の貯水ダムの建設が予定されていた。その建設候補地のひとつ，コロラド川の支流，グリーン川沿いのエコー・パークには，恐竜の骨が発見されたことから1915年にウィルソン大統領により指定され，1938年にはローズベルト大統領により21万エーカーに拡大されたダイナソー国定記念物があった（Wehr［2004］p.191-92; Billington & others［2005］p.396）。

アメリカでは戦中から戦後にかけて，多くの国立・州立公園や原野，森林が経済開発によって脅威にさらされていた。そうした自然破壊を伴う経済活動に対して，ウィルダネス協会や国立公園協会といった団体は危機感を強め，自然保護のための活動を活発化させていた（Harvey［1991］p.48）。このエコー・パークにダムを建設する計画は，やがて開発と自然保護をめぐる論争へと展開し，国民の間でヘッチ・ヘッチイ論争以来の注目を集めることになった。しかし，このエコー・パーク・ダム論争はシエラ・クラブのリーダーであったデイビッド・ブラウアーを中心とする環境保護派と開墾局を中心とした開発推進派との闘いだけではなく，州と州の間の水利権や連邦事業をめぐる争いでもあった。

エコー・パークにおけるダム建設問題が世に現れたのは，ハーパーズ・マガジンのコラムニストで，自然保護主義者でもあったバーナード・デボートが1950年7月のサンデー・イブニング・ポスト紙に，開墾局と陸軍工兵隊の活動を批判する記事を書いたことに始まる。デボートは国立公園内にダム建設を計画することは1916年国立公園局法に謳われた自然保護の精神をないがしろにするものであると批判し，次のように記した。「エコー・パークとその荘厳な岩壁は水没してしまうだろう。目を見張る壮観なダイナソー国定記念物がなくなってしまうのである」（Harvey［1991］pp.49-50）。

デボートの記事はウィルダネス協会，国立公園協会，そして指導的な保護主義者たちを活気づけ，アメリカの資源保護グループと自然保護グループと

を結びつけることになった。だが彼らは，エコー・パーク・ダムをその後の活動を占う重要な試金石になると考えたが，CRSP自体に反対したのではなかった。もしそうすれば多くの連邦議員を敵に回すことになってしまうからである。彼らの戦略は，エコー・パーク・ダムを除外する修正案を求めることだった。もしこのまま建設を許せば，これからも州立・国立公園や原野が同じような脅威に晒されることになるが，CRSP法案からエコー・パーク・ダムを除くことができれば国立公園制度の強化や原野保存を促進することができると考えたのである。そのため彼らは，エコー・パーク・ダム建設を中止することに多大な労力を傾注していくことになった（Palmer［2004］p.71; Harvey［1991］p.51）。

　保護主義者の目論みは，はじめ，容易に実現されそうであった。オスカー・チャップマン内務長官は，当初，「公共の最大の利益促進のため」（Palmer［2004］p.70）だとエコー・パーク・ダムの建設を認めたが，50年4月の公聴会後，トルーマン政権期には，内務省からCRSP計画を発表することはないという立場に転じた。CRSPはあまりに高価で非効率的であるという批判があったからである。続いて53年に大統領に就いたのは，ニューディール以降20年間にわたる民主党政権を批判してきた共和党から選出されたアイゼンハワーであった（Harvey［1991］p.52）。当時アメリカではマッカーシズムが吹き荒れており，TVAや開墾局もその槍玉に挙がり，河川流域開発の拡張に対する強力な反対が表面化していた。開墾局は，冷戦期においても国防の一環として大規模な水資源開発計画を推し進めようとしていたが，反共陣営は「計画」や「大きな政府」に対する疑念を深めていた。1948年の共和党の綱領は国内外おける支出の大幅な削減を掲げ，「連邦による全ての社会主義的渓谷公社」の創設に反対していた。それゆえ，自然保護主義者たちは，アイゼンハワー政権はCRSPを決して承認しないだろう考えていたし，実際アイゼンハワーは就任早々高くつく連邦の水事業を削除することを約束したのである。開墾局の予算は50年の3億6400万ドルから1955年には1億6500万ドルに削減されることになった。（Pisani［2008］p.621; Palmer［2004］p.219）。

しかし，1953年12月に内務長官に就任したオレゴン州出身のダグラス・マッケイは，エコー・パーク・ダムを含むCRSP法案を承認し，3ヵ月後には大統領の支持も得て，法案は議会で審議されることになった。それはポーク・バレル・システムの成果であった。上流域諸州選出の連邦議員は民主党はもちろん共和党もこぞってCRSPを支持したのである。ワイオミング州選出の民主党議員ジョゼフ・オマホニーは次のように主張した。「貴重な，極めて貴重な水が無駄にされています。水がコロラド川を流れ下っていき，奇跡のフーバー・ダムを越えて，ついにはカリフォルニア湾に注いでしまうままになっているのです」と。そして彼は，ダム反対者は恐竜の骨が発見された場所という偶発的で感傷的な理由で反対しているが，多くの恐竜が制御できない洪水により死んだかもしれないけれど，ダムがあればそのような危険な急流を取り除くこともできるのだ，とも主張した（Palmer [2004] p.72）。

　再び，エコー・パークにおけるダム建設が現実味を帯びてくるとそれをめぐる論争は激しさを増していった。1954〜1955年にかけて上院と下院でそれぞれ灌漑と開墾に関する小委員会の公聴会が計4回開かれたが，1954年1月に下院で開かれた公聴会が論争の火蓋を切った。元陸軍工兵隊職員で内務次官のラルフ・テューダーが15億ドルにものぼる事業の概要を説明した後，開墾局技師のE・L・ラーソンがその事業の意義を説明した。すなわち，現在上流域はコロラド川の42％しか利用できていないが，CRSP法案が求める9つの貯水ダムが完成すれば，最小限のコストで最大限の水利用が可能となり，水の蒸発率を最小化することができると主張した。内務省と開墾局は，予測よりも水量の少ないコロラド川の利水のためには蒸発率をできる限り少なくする必要があり，そのためにはエコー・パーク・ダムが必要なことを強調した。エコー・パーク・ダム論争では，まずこの蒸発率をめぐる問題が論争のテーマとなった（Palmer [2004] p.71）。

　テューダーは小委員会においてCRSPで計画されている現行案と保護派が求める修正案の場合の蒸発率の比較表を提出し，エコー・パーク以上の適地はないと証言した。すなわち，エコー・パーク・ダムの代わりに，グレン・キャニオンに予定しているダムを，より貯水量の多い高いダムとする修正案

の場合，16万5000エーカーフィートの水が余計に失われてしまうので，計画通りエコー・パーク・ダムを建設することが最良であるとした。しかしブラウアーは，テューダーが修正案では建設されないはずのエコー・パーク・ダムの蒸発分9万5000エーカーフィートを差し引いていない単純な計算ミスを犯している事に気付いた。つまり，修正案の蒸発量は7万エーカーフィート増えるに過ぎなかった。ブラウアーは小学生並みの算数と幾枚かの図表を使って開墾局の間違いを指摘し，次のように述べた。「議会は加減乗除さえできない開墾局によって示された数字で重大な過ちを犯すところでした」（Harvey［1991］p.57）。すると開墾局は急遽，CRSPの主任技師を委員会に送り込んで蒸発率の計算には専門的知識と高度な数学が要求されると言ってブラウアーをようやく黙らせる始末だった（Harvey［1991］pp.55-57; Billington & others［2005］p.398）。

　だが，ブラウアーにとってそれは闘いの始まりに過ぎなかった。彼はコーネル大学の物理学者でシエラ・クラブのメンバーでもあったリチャード・ブラッドレーをはじめ水文学者，気象学者などの専門家の協力を得て，開墾局が掲げる蒸発率について徹底的に調査し，その数字がそもそも根拠のないものであるとの確証を得た。そして開墾局長代理のフロイド・E・ドミニィは蒸発量は2.5万エーカーフィート増えるに過ぎないことを認めざるを得なくなり，テューダーもついには新たな数字を委員会に提出せざるを得なくなった。開墾局が自らの専門領域における数理上の論争で敗北したのである。これは開墾局にとって大きな痛手であった。開墾局の本部がありCRSPを擁護してきたデンバー・ポスト紙でさえ「今回のへまの究極の影響は，西部の成長と繁栄に多大な貢献をしてきた開墾・発電事業に対して，西部以外の多くの地域が抱いている懐疑と敵意を一層大きく強いものにしてしまったことである」と記した。蒸発率に関する論争はブラウアーらに軍配が上がった。けれども，エコー・パーク・ダムをめぐる論争は，自然保護主義者と開墾局との間だけの問題ではなかったのである（Harvey［1991］pp.58-59）。

(2) 開墾局によるダム建設のずさんな論拠

　蒸発率に関する論争で負けたにもかかわらず，開墾局と上流諸州は，修正案に頑強に反対した。グレン・キャニオンは上流域の最下部に位置し，そこに代替ダムを建設しても，結局これまでも連邦事業の最大の恩恵にあずかってきたカリフォルニア州南部の利益になるだけだと上流諸州は考えたのである。彼らは専ら彼らに恩恵を与えてくれるであろうエコー・パーク・ダムを欲した。1922年に結ばれたコロラド川協定は，下流域（カリフォルニア，アリゾナ，ネヴァダ）に10年間で7500万エーカーフィート（約925億トン）の水利権を約束しており，上流域が発展するためには，下流域へ水利権と上流域での水需要を満たすよう，雨量の多い時期に水を溜めておく大きな貯水池が必要だったからである。そしてそうした巨大な貯水ダムは同時に発電設備も備え，電力の販売により地域の灌漑事業を推進できると考えたのである。また開墾局にとっても，カリフォルニア州におけるこれ以上の開墾や発電能力の追加に懐疑的であった連邦議会にCRSP計画を納得させるために，専ら上流域の経済的利益になるエコー・パーク・ダムが必要だった。それゆえ，修正案は容認できるものではなく，どんな手段を使ってでも，エコー・パー
・　　　・
ク・ダムと低いグレン・キャニオン・ダムがセットで必要であることを論証しなければならなかったのである（Pisani [2008] p.631; Harvey [1991] p.54, pp.58-59）。

　そこで開墾局が現行案を通すために次に持ち出したきたのは，ダム・サイトの地質学上の問題であった。開墾局長のウィルバー・A・デクスハイマーは1954年6月のデンバー・ポスト紙上で次のように言ってのけた。「われわ
　　　　　・・・・・・・・　　　　　　　・・・・・・・・・・・・・・・
れが低いダムを提案するのは，高いダムだとより多くの水が蒸発してしまう
・・・・・・・・・・
からではありません。理由は地質学上の問題です。われわれの提案する高さ580フィートのダムが，地質学的にその場所に建設可能な精一杯の高さなのです」（Harvey [1991] p.60. 傍点筆者）。1954年の秋から1955年の春にかけて，今度はこのダムの高さが論争のテーマとなった。ブラウアーは，ブラッドレーや，ポーク・バレルに反対し「開墾局に敵対的なことでは議会随一」で，下院における強力な資源保護主義者でもあったペンシルベニア選出の共

和党議員ジョン・セイラーらと協力して，開墾局の主張に真っ向から挑戦し，様々な疑問をぶつけていった。そして開墾局の主張はまたしても矛盾を露呈することになった。デクスハイマーは以前，グレン・キャニオンの岩盤組成について低いダムでさえ懸念を抱いていると吐露しておきながら，その後の下院の公聴会では，高いダムは建設することができないが低いダムであれば安全上まったく問題ないと述べた。だが，その差はわずか35フィートに過ぎなかった。さらにセイラーは，開墾局が低いダムなら建設可能なことを確認するためどのような調査を行ったのかデクスハイマーに質しが，彼はそれに答えることはできなかった。1955年3月の上院公聴会でブラウアーが，開墾局はCRSPを正当化するためなら何でもする機関であると指摘したように，開墾局は自らが提示した杜撰な論拠により，またしてもその威信を傷つけることになったのである（Harvey［1991］pp.60-61; Palmer［2004］p.74; ライスナー［1999］328頁）。

　他方，多くの保護主義者たちが，CRSP法案からエコー・パーク・ダムを取り除くための活動をしていた。1954年11月，28の自然保護団体の代表者がニューヨークに集まり，かつてニューヨーク州内のダム建設反対運動の際に組織された保護管理主義者協議会を復活させ，主要な保護主義団体を傘下に置く上部組織とした。国立公園協会，ウィルダネス協会，アイザック・ウォルトン・リーグ，シエラ・クラブなどがエコー・パーク・ダム建設反対を唱えて結合することになったのである（Harvey［1991］p.62）。CRSPに対する反対はさらに広がっていった。『コリアーズ』は，これは西部地方の一事業ではなく，「その費用の3分の1はニューヨーク，オハイオ，ペンシルベニア，イリノイ，そしてミシガン州（などの東部や中西部の）納税者により支払われるのだ」（括弧内筆者）と述べ，『ニューズウィーク』は「際限のないポーク・バレルだ」と論じた（Palmer［2004］pp.72-73）。行政機関の合理化計画を唱えていた「水と電力に関するフーバー委員会特別調査団」もCRSPは助成金を獲得するためのお粗末な計画と杜撰な管理の紛れもない事例であると報告した。そして8つの技術者協会からなる技術者合同協議会はCRSPはあまりに高価で不必要な事業だと切り捨てた（Palmer［2004］pp.72-

73; Harvey [1991] p.64)。

　CRSPに対するこうした批判や反対の広がりにもかかわらず，1955年4月，上院ではエコー・パーク・ダムを含むCRSP法案が賛成58，反対23で承認された。すると保護管理主義者協議会は，同法案からエコー・パーク・ダムが除外されるまで，法案全体に反対することを表明した。協議会のメッセージは明快だった。エコー・パーク・ダムが法案から除外されるのであれば協議会は法案を支持するというものだった（Harvey [1991] p.64）。世論の動向から見ても，上流域の議員にとってこれ以上反対派の要求を拒むことはできないものに思われた。10月，上流諸州の主要議員は会合を開き，エコー・パーク・ダムを法案からはずすことに同意した。協議会はさらにCRSPがいかなる公園領域も侵さないという言質を取り付けると，ようやくCRSP法案を支持する側にまわったのである。そしてコロラド川貯水事業法案（CRSP）は上下両院の承認を得て，1956年4月，アイゼンハワー大統領の署名により成立した。しかしライスナーはCRSPについて次のような評価を下している。「全コストの見積額は約16億ドルだったが，当然，実質的にはもっとかかるはずだった。アメリカの歴史上，こんなにも法外な公金でこれほど小さな経済発展を企てたことはなかった」（ライスナー [1999] 163頁）。それでも，ほとんどの保護主義者にとってエコー・パーク・ダムの除外は非常に大きな成果であった。

　だが，ブラウアーは論争を戦わせていくうちに，開墾局が水需要を過大評価し過剰な量の水を貯めるため多くのダムを作ろうとしていることを確信していった。グレン・キャニオンを訪れる前のブラウアーはエコー・パーク・ダムの代替物としてグレン・キャニオンに高いダムを建設する事を容認したが，それさえも必要かどうか疑いを強め，CRSPのごまかしを暴くことに夢中になっていった（Harvey [1991] p.61）。そして彼は土壇場になって，グレン・キャニオン・ダムも法案からはずそうと，シエラ・クラブの理事会に対し，協議会を存続させてCRSP法案全体の修正を働きかけるよう求めた。しかし理事会はそれを拒否した。ほとんどの理事者は，保護主義団体がようやく当初の目的を果たしたいま，方針転換はできないと考えたのである。彼ら

にとっての闘いは，アメリカ西部の経済的発展と両立できる原野保護の道を探ることであった。多くの保護管理主義者にとって，CRSPへの支持は原野がアメリカの経済成長の中で存続できることを示すものだった。ブラウアーの思いとは異なっていたのである。エコー・パーク・ダムを守るために失ったものの価値に気付いていたのはそこを訪れたことのあるブラウアーら少数のものに限られていた。

1950年代末，シエラ・クラブをはじめとした保護団体のメンバーはようやくグレン・キャニオンを訪れ，やがてCRSP最大のダム湖に沈むその荘厳な光景を「発見」した。グレン・キャニオンは水没した後で，環境破壊の象徴として，全国の原野を愛する者たちの聖地となった。そして改めてアメリカ人が国立公園制度の強化と，原始の自然にたいする認識を高めていくことになったのである (Harvey [1991] p.44, pp.65-67)。

3 環境保護立法と水資源開発

戦争直後までのダム建設をめぐる問題は，ダムの建設場所をめぐる問題，洪水や沈泥，塩害，ダムの決壊といった安全性との問題，コロンビア川やスネーク川のサーモンの遡上問題といった個別具体的なものであり，ダム本来の有用性とそれが環境に与える影響が議論されることは稀であった。こうした状況を大きく変える契機になったのが，エコー・パーク・ダム論争であった。開墾法成立以来ニューディール期までのダムが持つとされていた資源保護的な役割について疑念がもたれるようになり，工兵隊や開墾局は反環境保護主義的な機関とみなされることが多くなってきた。そして論争以後，保護運動の対象は単に原野や公園などの自然保護だけではなく，野生生物の保護，野外レクリエーション施設の整備，急速に進む汚染への対応，国立公園や記念物の永続化など次第に拡大・多様化していき環境保護運動へと展開していくことになった (Billington & others [2005] p.395)。再び経済開発偏重に伴う自然環境破壊に国民が注目するようになっていったのである。

もちろん，環境保護運動の対象は水資源開発に限定されたものではなかった。1962年，農薬DDTの無分別な使用と食物連鎖を通じてのその弊害の広

がりを告発したレイチャル・カーソンの『沈黙の春』はセンセーションを巻き起こし、その後の環境保護運動に大きな影響を与えた。彼女は、社会が変化する速さが自然のながれではなく、猛烈なペースで進められる人間の発明によって左右されていることに警鐘を鳴らした。また、ブラウアーと写真家アンセル・アダムズに率いられたシエラ・クラブは、開発によって危険に晒されている原野を写真や映画、多くの著作を通して国民に知らせていった。さらに科学者バリー・コモナーはその平易な著作を通じて、全ての資源は有限であることに注意を喚起し、工業化の進展が環境の脅威になっている事を国民に知らしめていった。戦後多くの国民が享受するようになった「豊かな社会」をもたらした経済発展が深刻な環境破壊を招いているという啓蒙活動と環境保護運動の盛り上がりは、やがて1970年4月22日の「アース・デイ（地球の日）」へとつながっていった。ウィスコンシン州の上院議員ゲイロード・ネルソンを中心に組織されたこのデモは、産業発展と消費主義への執着が環境を限界点にまで傷つけていることを強調し、国民に「地球に負担の軽い生活」を訴え、全米で2000万人が参加するアメリカ史上最大規模のものとなった（Kline [2007] pp.73-78, p.81）。

　環境問題への全国民的な関心の高まりは政治をも動かし、環境保護に関する法律の制定へと結実していった。その最大の成果は1969年に議会を通過し、1970年1月にニクソン大統領の署名によって成立した国家環境政策法（National Environment Policy Act. 以下NEPAと略）の成立と環境保護庁の設置であった。NEPAは連邦の省庁や機関に、連邦事業が予算化・承認・実施される前に、環境への影響やそれを少なくする手段を講じることを求める点で画期的であった。同法は政策決定過程と問題解決の探求において科学的知見の活用と情報公開、そして国民の参加を求めるとともに、環境問題諮問委員会を設置し、環境関連の政府の活動の評価、環境問題について大統領への助言などの任に当たらせた。NEPAはまた、環境に重大な影響を及ぼす恐れのある事業については、当該連邦機関に環境影響評価書（Environmental Impact Statement. 以下、EISと略）の提出を求め、EISの準備段階の早期に国民に告知し、最終的な評価書にその声が反映されるように規定して市民参加

の機会を提供するようにした（Billington & others［2005］p.401）。

これにより，1970年代，連邦の環境政策は大きく変わることになった。それまで政府機関の活動が行政上のエリートのかなりの自由裁量権に委ねられてきた慣習が厳しく批判され，政府官僚の政治的説明責任，議会による統制，市民の参加，政策決定過程の関係諸利害への公開などが求められるようになった。それらは，これまでのように資源を枯渇させてまで経済成長の促進を図ろうとする政府のあり方を批判し，資源を管理・保護する法を強化して自然保護へとつなげていくことを求める声の高まりを背景としていた。そして1973年には絶滅危惧種法が制定され，経済的影響の如何にかかわらず，絶滅危惧種の保護が優先されることになった。「アメリカ史上はじめて，政府が人間の破壊的行動から野生生物を守る具体的かつ組織的行動を保証することになったのである」（Billington & others［2005］pp.401-02; Kline［2007］pp. 93-94）。

環境保護運動の高まりは，開墾局や工兵隊により慎重な環境的配慮を求めることになり，経済成長のための新規ダムの建設や従来の構造物による洪水調整などを唱えても，もはや時代と共鳴しなくなっていったが，しかし，両機関の対応はぐずぐずとしたもので，時には抵抗さえ示した。EISがどのような場合に必要とされるのかとか，その範囲と内容をめぐって幾多の裁判が起こされた（フィンドレー［1992］27-49頁参照）。工兵隊の事業には，アーカンザス州のギルハム・ダムのように裁判所の差止め命令により一旦は中止に追い込まれながら，EISを修正することにより再び工事が続行されるものもあった。開墾局の事業も環境保護運動の抵抗や議会内の一部反対勢力により延期されることはあったが，ダム建設を求める声は1970年代になっても止むことはなかった。環境保護の動きだけでは，新たな水資源開発を抑制することはできなかったのである。そのためには，公共事業をめぐる利権構造を何とかしなければならなかった（Billington & others［2005］pp.402-03; Palmer［2004］pp.98-99）。

IV 水資源開発をめぐる利権政治と事業目的の変容

1 ポーク・バレルと「鉄の三角形」

　自然環境保護運動が水資源開発に対する一定の歯止めになったことは間違いないが，1960年代，ダム建設ブームは続いていた。しかし，それらの多くは必ずしも必要だから作られたのではなかった。ニューディール末期から戦中・戦後にかけて大規模化した水資源開発は，事業の有効性・経済性よりも，むしろ政治的領域が支配する場となり，それとともに，ポーク・バレル・システムも肥大化していった。

　ポーク・バレルとは，かつての奴隷制南部において，奴隷主が与えた塩漬け豚肉の樽（ポーク・バレル）に奴隷が群がったことに由来するもので，やがて議員の間で，それほど必要でもない公共事業をさして使われるようになっていた。連邦議員は次の選挙でも当選できるよう，選挙区の公共事業のための予算を分捕ることに躍起となった。そして議員の間では，「あなたが私の州の事業に賛成票を投じてくれるなら，私もあなたの事業に賛成しよう」というのが慣例となり，事業の有効性などほとんど考慮されることなく多額の税金が選挙区につぎ込まれるようになっていったのである。そしてまた開墾局のような連邦機関も肉樽に群がった。連邦機関にはそれぞれの任務があり，その任務がなくなってしまえばその機関も消えていくことになる。機関の任務がダムを建設することであれば，その機関は建設すべき新しいダムを探し続けなければならなかった。選挙区の受益者もまた地域の経済発展を名目にして多額の連邦資金を注入してもらうため公共事業を要求した（Palmer [2004] p.183; Ashworth [1981] p.124；ライスナー [1999] 344-46頁）。

　こうして水資源開発をめぐっても，連邦議員，その選挙区のプロモーターや圧力団体などからなる受益者，そしてダム建設に携わる開墾局や陸軍工兵隊から構成される「鉄の三角形」ができあがっていった。それは最も強くて壊れにくい政治学的図形であった。大抵は地方のプロモーターが計画する事業を議員に売り込み，議員は開墾局や工兵隊にその調査・立案を依頼した。

選挙が近づくと新規事業の承認を求める法案や事業の維持・拡大のための予算法案が国会に提出された。陸軍工兵隊の活動は，多くの事業を一度に認可する一括河川港湾法案のかたちで承認され，開墾局関連の法案は，単一事業の場合もあれば多数のダムや発電所，分水路などが含まれる多目的大規模事業の場合もあった。後者は事業を欲する議員にとって有効な手段だった。幾つもの事業を一つの法案に放り込んでしまえば，そのいずれかの恩恵を受ける議員は反対できないため法案は容易に通過したからである。そして，それらの事業の直接の受益者はしばしば特定の者に限られていた。例えば開墾局事業で1エーカーフィートの水を確保するために80ドルのコストが費やされても，当該事業の灌漑農民はそれに対して3.5ドルを支払うだけであった。後述するように，経営規模が大規模化するほど，その恩恵は大きなものになっていった（Palmer［2004］pp.185-86）。

こうして進められる西部の水資源開発について，環境関連訴訟活動を行う全国的組織である環境防衛基金で水事業関連を担当するジョージ・プリングスは，次のように語った。「西部では水にかかわる政治力学はポーク・バレルから切り離すことはほとんどできません。しかしそのことがこの制度の批判点ではありません。この制度は本当に必要なものだったのであり，それは最初はおそらく，それまでのどんな利水のための制度よりも有効に機能していたに違いありません。……しかしながら，もし私たちが，農業や自治体や工業の十分な発展を可能にし，費用と便益がある程度のバランスを持っているものを『価値ある事業』とするならば，問題はそのような事業の全ては第2次大戦までにすでに建設され，それに近い事業でさえも建設されてしまったということなのです。そして今現在，私たちは肉樽の底にこびりついた肉を徹底的にこそげ取ることに熱中しているのです。それは単なる補助金の分捕り合戦ではありません。わずかでも経済を学んだことのある正気の技術者であれば，とても推奨することなどできない事業に熱中しているのです」（Ashworth［1981］pp.125-26）。

アシュワースによれば，開墾局がグランド・キャニオンにダムを建設しようとしたのは，そこに水が必要だったからではなく，他の場所の事業費を稼

ぎ出す水力発電所が欲しいためであった。また，ギャリソン分水路事業では，新たな灌漑の必要のない25万エーカーの土地を灌漑するため，ノース・ダコタの22万エーカーの農場が接収された。農夫ベン・シャーツが彼の土地を取り上げられることに反対したとき，開墾局の職員は彼に対してこう言い放った。「我々にとってあなたの土地は地図上の単なる点に過ぎません。それが邪魔になるなら，我々はあなたを移動させます。」シャーツは直ちに巨大な看板を掲げた。「私の農場は合衆国開墾局によって破壊された」（Ashworth [1981] p.126）。本来，家族農場の創設を任務としていた開墾局が，それを壊すことに躊躇はなかった。だが壊されたのは農場だけではなかった。12の国立野生鳥獣保護区が打撃を受け，6万エーカーの湿地帯も失われた。その代わりに，1000にも満たない農場がそれぞれ80万ドルに相当する便益を受け取ることになった（Palmer [2004] p.209）。

2 ポーク・バレル事業承認のための手法と補助金政策

　開墾局はポーク・バレル事業を次々と立ち上げていったが，その事業を議会に承認させるため，エコー・パーク・ダム論争で見られたようないろんな手法を駆使した。なかでも有効かつ常套手段だったのは，いろんな方法で数字を巧みに操作すること，すなわち，経済的便益が事業費用をかなり上回りそれぞれの事業が可能な限り魅力的なものにみえるよう数字に手を加えることだった。戦後アメリカ経済はインフレ体質となり，特に1960年代に入るとケネディの高成長政策や，ジョンソンの高福祉政策，さらにベトナム戦争などによりインフレ率は急上昇していたにもかかわらず，開墾局は事業費を小さくみせるため，5〜10年前の価格水準をコスト算定の根拠とした──工業製品の卸売物価指数は1967年を100とした場合，1945年53.0, 1950年78.0, 1955年86.9, 1960年95.3, 1965年96.4, 1970年110.0であった（USDC, Bureau of the Census [1975] p.199）──。

　一方，便益効果を大きくするため，1960年代からポピュラーになったレクレーションの便益を過大評価したり，実際にはダムによる水質悪化や環境破壊が進んでいたのにもかかわらず，動植物の生息環境の改善や汚染減少とい

うような便益も加えていった。また開墾局にとって重要な財源である水力発電収入は、一般的にダムの経年とともに低下する傾向があるにもかかわらず、一定であると主張した。1964年、ウィスコンシン州のウィリアム・プロキシマイヤー上院議員が未採決の380の水事業について調査したところ、220の事業は経済的に正当化できるものではなかった。すなわち、「私は、費用便益比率が1から2とされている事業の収益はいずれもその費用以下であることを見出しました。公共事業費はお粗末の見積りとインフレのため当初の見積りよりも、はるかに多くなっています」(Pisani [2008] p.624)。さらに、便益を水増しするために最もよく使われた手法は、低い利子率を用いることだった。開墾局は見積りの際、1962年に議会が基準値として設定した3$\frac{1}{8}$％を1960年代末まで適用してきたが、インフレ率の上昇とともに利子率も上昇し、1968年に議会が新たに設定した5％でさえ当時としてはかなり低い利子率であった。そのふたつの数字の差は事業費の償還が50年60年を超える場合には莫大なものになった。1973年、水資源審議会は50年債については6$\frac{7}{8}$％の利子率を設定したが、すでに承認された事業に適用されることはなかった。しかし、そうしたごまかしの数字を使ってさえ、1960年代の大規模事業の代表例であるノース・ダコタのギャリソン分水路事業やアリゾナ中部事業の費用便益比率は1にも満たなかった (Palmer [2004] pp.189-90)。

しかし、こうして増大する事業費は一部の者には補助金と言う形で恩恵をもたらしていた。すなわち、本来、開墾事業は受益者が、建設費、管理費、修繕費などの事業費を負担することが原則であったが利子の支払は免除されており、それだけでも莫大な補助金支給の意味を持った。さらにそれ以外の事業費も、入植を促進するため、返済期限の延長や返済能力に応じた負担など様々な優遇措置がとられてきた。その中でも重要なのは、既に述べた160エーカー規定の緩和である。家族農場創設促進のため、160エーカーまでの農場については通常より安い水価格が設定されていた。しかし、多くの西部地域における農場規模は、1920年から1940年にかけての農業不況の際、劇的に拡大していった。モンタナ州では平均が480エーカーから821エーカーへ、ワイオミング州では749エーカーから1866エーカーへと跳ね上がった (Pisani

[2008] p.625)。戦後，連邦の水資源開発の最大の恩恵を受けるようになったのは，小規模な家族農場ではなく，そうした大農場であった。160エーカー以上の土地所有は誰でも，過剰な土地を売却する事を内務長官との契約書に署名するだけで，10年間あるいは実際に売却することを求められるまで，その全ての土地に対して安価な水を受け取ることができた。このように大規模農場は破格に安い水を利用して農産物輸出を増大させていったが，それは国からの多額の補助金を受けているのも同じであった。

　1978年の内務省の計算によれば，カリフォルニア州だけで農業法人への灌漑補助金は1億5000万ドルにのぼった。1970年代，開墾局の水を利用する農場はおよそ14万5000で，そのうちの96％は160エーカー以下であったが，J・B・ボスウェル社は13万3000エーカー，サザン・パシフィック鉄道の子会社，サザン・パシフィック土地会社は10万7000エーカー，そしてテネコ・ウェスト社は6万5000エーカーの土地を所有し，小規模農家と同様の料金で水を得ていた。内務省によれば，1％未満の大規模農場が，開墾局による灌漑農地の20％を所有していた。カリフォルニアやアリゾナで生産された農産物は他のどの地域の農産物よりもエーカー当り多くの補助金を受け取っていたのである（Palmer [2004] p.204; Pisani [2008] pp.624-25)。

　こうした税金の無駄遣いや大土地所有者を優遇するような補助金のあり方は国民の批判を呼び，環境保護運動以上に国民の関心をひきつけた。開墾局が新しい社会を建設するという高邁な理念に従い，それを実現するための家族農場の建設に取り組んでいる限り，そうした農場への低廉な水の供給は社会的にも許された。しかし，時代とともに開墾局事業が大土地所有者の利害に沿うものになっていくにつれて，国民の失望感は増していった。開墾局が家族農場の創設を理念として掲げながら，実際には，それを目的ではなく手段としていったからである。すなわち，家族農場の灌漑に必要だからダムを建設するのではなく，ダムを建設するための大義名分として家族農場のための灌漑事業が必要になっていったのである。

　さらに，開墾局に対する批判は政府内からも聞かれるようになった。水資源開発の多くの事業で競合関係にあった陸軍工兵隊や，農業政策との整合性

から衝突がみられた農務省のほか，1970年代になると，連邦水質管理局が極西部における水質汚染の一番の源は開墾局であると断じ，魚類野生生物局，環境保護局も同様に開墾局を批判するようになった。ノース・ダコタ州のギャリソン分水路事業をめぐっては，大統領環境特性審議会や国務省，連邦予算編成や財政計画作成を補佐する行政管理予算局，そして連邦政府の財政活動を監視する会計検査院などの機関までも杜撰で税金の無駄遣いを伴う開墾局事業を批判するようになっていった（Pisani [2008] p.622）。

3 ダムの安全性問題とティートン・ダムの決壊

1960年代になると，ダムの安全性が問題になり始めていた。1965年には開墾局が建設したネヴァダ州のラホンタン・ダムで余水路のコンクリートがぼろぼろになっているのが見つかり，通常の状態に修復するのに12年を要した。また1963年に開墾局が建設したニューメキシコ州のナバホ・ダムは77年になると1日180万ガロンもの水が漏れ出すようになっていた。それ以外にも1972年にサウス・ダコタ州のキャニオン・レイク・ダムが，1975年にはアラバマ州のウォルター・ボルディン・ダムが，そして翌1976年にもノース・キャロライナのベア・ワロー・レイク・ダムが決壊し，ダムの安全性が問題にされていた。そして1976年，ティートン・ダムが崩壊した。この年の春，ダムは当初見積りのおよそ2倍の1億200万ドルの費用をかけて完成したが，その数週間後の6月5日，ダム湖に水が満たされる過程で決壊したのである。この事故により11人が死亡し，1万5000人あまりが家を失い，1万3000頭の家畜が水死，10万エーカーの農場の表土が剥ぎ取られて損害額は10億ドルにものぼった（Worster [1985] p.309; Billington & others [2005] p.406; Pisani [2008] p.622）。

このティートン・ダムもまた，ポーク・バレルによって建設されたダムのひとつであった。その費用に対する便益はあまりに小さく，1960・70年代の多くの事業と同様，わずかな水利用者の利益にしかならないものだった。開墾局が最初にその事業を提案したとき，一般的な利子率は5⅜％であったものを3¼％で計算したにもかかわらず，費用対便益比率は1に満たなかった。

ある非公式な計算によればそれは0.4以下だった（Pisani [2008] p.624）。それでも選挙のあった1964年夏，アイダホ州の連邦議員団は，州南部のレックスバーグという小さな町の近くに巨大ダム建設を誘致すべく，ポーク・バレル・プロジェクトの承認を求めて同僚議員達の間を走り回り，使い古された言葉を並べた。フランク・チャーチ上院議員は「この最も重要なアイダホ州の事業は」と声を上げ，レン・ジョーダン上院議員も「アイダホの地域経済にとって重要な」と事業の承認を求めた。さらにラルフ・ハーディング下院議員は「アイダホ州では満場一致の支持を得ています。アイダホ州では何としても必要なこの事業に反対する声はひとつもありません」と力説した（Ashworth [1981] pp.6-7）。

　しかし問題は経済的便益の低さだけではなかった。建設場所に重大な問題があった。合衆国地質調査局のエンジニアは不安定な岩盤と地震危険地帯であるという警告を発していたが，開墾局の技術と実績に対する過信がそれを軽視した。ダム決壊の原因究明は4つの独立した調査団により行われたが，そのうちの一つの報告書は，地質学上の問題点として建設地の岩盤が侵食されやすくもろいもので多数の亀裂があったこと，設計上の問題点として漏水対策が十分でなかったことやそれが起こった場合の対処方法が適切ではなかったことなどをあげ，「最良の判断と専門技術の経験が求められる難しい条件の下であったにもかかわらず，ティートン・ダムの十分な機能を確保しようと選択した設計がいつもの注意深さをもって行われなかったことが，ダム決壊につながってしまった」と結論付けた（Billington & others [2005] pp.391-92; Pisani [2008] p.622）。ライスナーはティートン・ダムの決壊について詳細に論じたあと，次のように記している。「開墾局は今や40年，50年，60年前に却下された立地にダムを作らざるを得なくなっていた。それは理想的なダム立地が急速に消えてしまったのに対して，新規事業の要求はそうではなかったからだ。新規事業はむしろ増えていた。特に開墾法が再三にわたって改定され，連邦政府の供給する水が自由財に最も近いものとなってからというものは。西部と議会はもっと事業を望んでおり，開墾局はもっと仕事を望んでいたが，良好なダム立地はなくなっていた」と（ライスナー [1999]

427頁)。

　ティートン・ダム崩壊後，工兵隊は1977年から震域調査を始めるとともに「ダム安全保障プログラム」を立ち上げ，開墾局も1978年に「既存ダム安全評価プログラム」を始めた。1977年から1981年までの間におよそ8,800の危険度の高いダムが調査され，緊急の修繕や追加調査などとるべき行動が細目にわたって勧告された。そして1979年，政府は「ダム安全に関する連邦ガイドライン」を公表し，連邦緊急管理局がダム安全に関する調整機関としての責任を持つことになった（Billington & others［2005］p.407)。

　確かに，ポーク・バレル事業により無謀にも建設されたティートン・ダムの決壊は，事実上「大規模ダム建設の終焉」「ダム建設ブームの終わり」を象徴するものとなったが，それでもダム建設を求める声は止むことがなかった。ポーク・バレル・システムは依然として健在だったのである。(Billington & others［2005］p.391, p.407; Pisani［2008］p.623)。

Ⅴ　カーター政権によるポーク・バレル改革

1　「ヒット・リスト」と連邦議会の反発

　カーターの有名な「ヒット・リスト」，すなわち水関連事業の打ち切り政策をめぐる攻防は，水資源開発の推進力がかつて大統領であった時代と全く逆転していることを象徴するものであり，いかに，議会がポーク・バレル・システムの存続を望んでいたかをあらわしている。カーターが大統領選挙に勝利したのはティートン・ダムが決壊した年の1976年のことであった。大統領就任時，連邦の負債の累積は1兆ドル近くに達し，インフレ率はすでに二桁になっていた。カーターの選挙公約の一つはポーク・バレル・システムを改革することであった。大統領選挙のパンフレットには，「各新規事業は慎重に精査する必要があります。……私たちは連邦政府によるダム建設の時代を終わらせなければなりません。有益な事業のほとんどはすでに建設済みなのです」とあった。ただ彼には財政的・政治的保守主義の考え方以上に，水資源開発を止めたい理由があった。カヌー乗りで川を愛していた彼は，

川が必要のないダムによって傷つけられるのを我慢できなかったのである (Palmer [2004] p.220; ライスナー [1999] 343頁)。

　就任早々カーターは経済諮問チームとともに341の水事業の検証を始めた。そして1977年２月，議会への教書で大統領は，彼の経済顧問が「環境上ならびに経済上，不健全で有害である」とみなした19の大規模なポーク・バレル事業，２億8900万ドルの予算割当てを停止するよう求めた。ヒットされた事業の中にはアリゾナ中部事業やユタ中部事業，ギャリソン分水路事業，それからコロラド州のセイバリー・ポット・ホック事業やフルーツランド・メイサ事業がなどが含まれていた。コロラド州の２事業についていえば，100にも満たない家族農場に，１農場当り100万ドルもの事業費がつぎ込まれようとしていた (Palmer [2004] pp.221-22)。

　このポーク・バレル攻撃に対する議会の反発は激烈で，「カーターが西部に宣戦布告した」とまで表現する者もいた。特に，ユタ，ワイオミング，コロラド，アリゾナのいわゆるコロラド川上流域諸州から最も強い反対が表明された。環境保護主義者であったアリゾナ州のモリス・ユーダル下院議員やコロラド州のゲーリー・ハート下院議員もこれに反対した。西部農民たちの中には連邦の灌漑事業で安価に手に入れた水を市場価格で転売するという形で利益を得ている者もあった。例えば，ユタ州のインターマウンテン電力事業内の灌漑農民は，彼らに許された１エーカーフィート当たり10ドルの水を電力会社に1750ドルで転売し，またセヴィア川流域の375戸の農家は，同様の手法で7900万ドルの収入を得ていた。いまだ所得の再分配というニューディール的理念の実行を自らの政治的義務と考える多くの民主党議員にとって，連邦の水事業はそのための重要な手段だったのである (Palmer [2004] pp.221-23)。３月，「神経を逆撫でされた」上院から強い反発が表れた。差し迫った緊急予算法案の通過の前に，大統領が19の事業に対して予算カットすることを禁止する条項を付け加えたのである (Pisani [2008] p.629; Ashworth [1981] p.164)。

　だが，カーターも「私はあなた方の懸念については承知しておりまた同情もしています。しかし，議会と私が協力して不必要な支出を削減しなけれ

ば，財政を均衡させるという私の責任を果たすことができません」，「私たちはそろそろ，水はただではなく非常に高価な資源である事を認識しなければなりません」と，退いてはいなかった。続く数ヶ月間，ポーク・バレル事業をめぐる攻防が繰り広げられた。上院では19事業のうち1つを除く全ての事業に予算化を求める法案を通過させ，下院は，ヒット・リストのうち一つを除いた全てと新たに12の事業を追加した1978年度公共事業予算法案を通過させた。これに怒ったカーターは拒否権発動の脅しをかけた。これに対して上院から出された修正案は，ヒット・リストをちょうど半分にしたもので，9つの事業は削除し，9つの事業に予算をつけたものだった。大統領はそれを受け入れた。下院も同意し，8月8日，法案は大統領の署名を得て成立した。議会と大統領の第1ラウンドは，引き分けであった（Palmer［2004］p.224; Ashworth［1981］pp.165-66）。

　続く1978年，カーター大統領は4つの項目を柱とする新水政策を発表した。すなわち，①事業が経済的・環境的に健全なものとなるよう計画を改善すること，②水資源を保全しダメージを少なくすること，③州による計画ならびに連邦と州との協力関係を促進すること，④環境特性への配慮を重視すること，である。そしてこの政策の具体案が，水資源計画法（1965年）によって，行政や連邦機関の代表が集まって水事業を評価する組織として設置された水資源審議会で検討されることになった。審議会の答申が実現されれば，「鉄の三角形」の影響を排除し，水事業正当化のためのそれまでの原則や基準を見直し，ポーク・バレル・システムの核心を突くものとなるはずであった。具体的には，州は水力発電や利水の場合は10％，水運や洪水調整，地域再開発の場合は5％の事業費を負担すること，開墾事業については農民への技術的指導と，それまで一旦契約が締結されれば管理・修繕費用が上昇しても40年間変更されることがなかった利水契約を5年ごとに見直すこと，州が管理する水事業については州が50％の予算を充当すること，そしてダムや水路事業を提案する場合には，関連機関は非構造的プランを提示すること，などが答申された。これに関連してある工兵隊職員は次のように指摘している。すなわち，それまでも氾濫原地帯の設置や洪水保険のような非構造的洪水調

整手法や堰，堤防，水路などの「地域の保護手段」については費用分担が定められていたが，大規模ダムについては連邦政府が費用を負担することになっていたので，「それが構造物事業への偏重を生み，非構造物事業への障害になってきた。非構造物事業は地方により多くの費用の負担を課すものだったので，地方政府は，それが最善の立地場所ではなかったにしても，構造的事業を選択してきたのである」(Ashworth [1981] p.175)。この改革案はすでに着手されていた事業に対してはあまり影響力がなかったが，水資源開発の見直しに向けた最も革新的な一歩になるはずであった (Plamer [2004] p.41, pp.224-225)。

しかし，議会は1978年9月に始まった第2ラウンドで巻き返しを図ってきた。1979年度公共事業予算法案は，カーターがポーク・バレル改革の拠りどころした水資源審議会の予算を削除する一方，前年に打ち切った9つの事業のうち6つを含む53事業に予算をつけ，さらに，政権が官僚を削減しようとの姿勢を打ち出している時に工兵隊のスタッフを2300人増員する予算を盛り込んだのである。44人の下院公共事業委員のうち34億ドルもの事業費を計上したこの法案に反対したのは，ミシガン州選出のデビッド・ボノアと，74年に31歳で初当選したばかりで，その後ポーク・バレル改革の旗手となっていくペンシルバニア州選出のロバート・エドガーの2人だけであった。これに対しカーターは法案を厳しく非難し，「私も国民も，税金が無駄遣いされるのを見ることにはうんざりしている」と拒否権を発動した。下院が拒否権を覆すのに必要な2/3には50票足りず，拒否権は190対223で維持された。拒否権を支持した190票の多くはウォーターゲート事件後新たに選出されら新人議員によるものであった (Plamer [2004] p.41, p.226, p.232; ライスナー [1999] 346頁)。

それからひと月もしないうちに更なる衝撃が議会を襲った。40億ドルにも上るポーク・バレル・プロジェクトを予算化するための公共事業委員会の1978年度河川ならびに港湾認可一括法案が，ポーク・バレルに反対する議員やロビイストの巧妙な策略により否決されたのである。これらのダブルパンチにより，当該年度のポーク・バレル事業の資金が絶たれたばかりか，次年

度に予算化する手段も奪われ，121もの事業が葬り去られたのである。ポーク・バレル批判者はこれらの大きな成果に沸いた。公共事業法案についてはアイゼンハワー大統領も拒否権を発動したことがあったが，そのときは覆されていたからである。それゆえカーター大統領の補佐官ジム・フリーは「拒否権が維持されたことにより，議会はホワイトハウスが拒否権という強力な武器を持っている事を認識し，彼らを一層慎重にさせるだろう」と語った(Ashworth [1981] p.167)。

　しかし，カーターの勝利は長くは続かなかった。1979年9月，こともあろうにカーターは「これまでで最悪のポーク・バレル法案のひとつ」といわれた10億6000万ドルに上る1979年エネルギー・河川開発法に署名したのである。同法は水資源審議会の予算を再び削除する一方で，9つの事業を承認していたが，その「最悪」たる所以は，テネシー渓谷開発公社が建設しているテリコ・ダムを完成させるために，ダム建設の障害となっていた1973年絶滅危惧種法やその他の関連法の適用を免除することを認めたことであった。これによりテリコ・ダムは何の法的規制も受けることなく建設を続行することができるようになったのである。

2　ポーク・バレル改革の挫折──テリコ・ダム建設の承認

　テリコ・ダムはいまだかつてないほど無駄な大事業であった。すでに1億ドルもの金が注ぎ込まれていたが，大統領経済顧問団は，1年あたりの便益はその維持費より70万ドルも下回り，ほとんど完成間近のそのダムを完成させるよりも取り壊すほうがよほど経済的であるとの評価を下していた。そんな時，リトル・テネシー川で，主にテリコ・ダム建設予定地域にしか棲息しないとみられるスネイル・ダーターという3インチばかりの小さな魚が見つかり，一躍有名になった。なぜなら制定されたばかりの絶滅危惧種法が適用されることになったからである。ダムの建設よりも棲息地の保護が，連邦政府の優先事項となったのである。しかし，選挙区の人々が望む事業を政府から引き出すことが議員の政治能力の証とされる下院において，テネシー州選出のジェームズ・ダンカン議員はテリコ・ダムの完成をあきらめることはでき

なかった。上院はこれまでに2度，テリコ・ダム建設に反対することを決議していたが，下院の議会指導者たちは欠席者の多かった本会議場でテリコ・ダムを認める修正案をこっそりと通すことに成功した。修正案の内容は議場で読まれず，指導部以外に自分が何に対して投票しているのわかっている議員はほとんどいない有様だった。彼らは，テリコ・ダム建設の障害となる法律の適用を免除する付加条項を採決していたのである。大統領の署名を得るため法案がホワイト・ハウスに送付される際，テキサス選出のジム・ライト下院議員はカーターに対して，もし拒否権を発動すれば，「火に油を注ぐことになり，おそらくあなたは議会から何も得られないでしょう」と脅した。当時，大統領はパナマ運河をパナマに返還する条約を協議しており，議会の強い抵抗に苦慮していたのである。連邦議員が自らの公共事業獲得のため相互に票のやりとりをするように，大統領も条約の承認を議会から得るため法案に署名せざるを得なかった。カーターはポーク・バレル・システムを改革しようとして，ついにはそれに飲み込まれてしまったのである。さらに下院はテリコ・ダムの障害を前もって取り除くため，下院を通過させる関連法案の全てについて同様の付加条項を添付したのである（Palmer［2004］p.183, p.228; Ashworth［1981］pp.168-169; ライスナー［1999］362-364頁）。

　こうしてカーターのポーク・バレル改革は挫折した。その後カーターは，開墾局予算の29％増額や，1980年度の約40億ドルの水事業予算を承認した。しかしその中にはやはり水資源審議会のための予算は計上されていなかった。カーターはそれを翌年には復活させると語ったが，1ヵ月後の大統領選挙で当選したのは，ロナルド・レーガンであった。

　アシュワースはカーターによるポーク・バレル改革が失敗した要因として，それがそもそも誤った改革だったと指摘している。すなわち，カーターは水事業についての基準を作ろうとしたが，ポーク・バレルに基準などなかった。また費用便益比率の改善にも努めたが，彼は工兵隊がそれをどのようにでも調整できる事を見落としていた。「彼はゲームの新しいルールを作ろうとしたが，それは彼のゲームではなかった。カードを持っているのは議会であり，議会が大統領のルールに従う必要はなかった。ゲームのやり方が気に入らな

ければ，議会はチップを拾い上げて帰ればよかった」。議会は「テリコ・ダムのためには絶滅危惧種法の適用を除外し，費用便益分析の不都合は工兵隊に手直し」させればよかったのである（Ashworth [1981] p.170）。水資源開発におけポーク・バレル・システムを改革するには，それを可能としている事業費の出所に目を向けなければならなかったのである。

開墾局によるダム建設の終焉──結びに代えて

　1980年の大統領選挙は，巨額の財政赤字と非常に高いインフレ率が大きな争点となっていた。インフレ率の上昇は名目所得を上昇させ，納税者の税率階梯を押し上げていた。多くの国民にとって税金の無駄遣いは今までにないほど批判の対象となっていた。国民が選んだのは，ニューディール以来の「大きな政府」のあり方を批判し，大幅減税，連邦機能の縮小，規制緩和などを進めて再び「小さな政府」に回帰することを唱えたロナルド・レーガンであった。

　「大きな政府」が志向されてきた中で，水にかかわる連邦機関の活動にもいろんな無駄や齟齬が生じていた。1980年だけで水関連事業を行うのに25の機関が100億ドルを費やしていたが，それぞれがばらばらな活動をしていた。例えば農務省は湿地の排水事業に従事していたが，内務省の魚類野生生物局は湿地帯の維持・保存に努めていた。開墾局は新しい農地のための開墾事業を行っていたが，農務省は減反農家に補助金を支払っていた（Palmer[2004] p.40）。その開墾局の事業は誰のお金で行われているのかも問題なった。同局の小冊子には事業費の80％が水利用者によって返済され，「開墾事業は最も健全な投資対象であり続けている」と書かれていたが，1981年，会計検査院が6つ開墾局事業について調査したところによれば，灌漑用水のための事業費は，農民が5〜10％を，電力消費者が33％を，残りを納税者が負担していたのである。開墾局は国が投じた事業費の額ではなく利用者の支払能力を基準に水料金を決めていたため，農民は水1エーカーフィート当たり3.5ドルの支払だけで済んでいたが，投じられた事業費を元に計算すればそれは54

～130ドルに相当した。検査院が「連邦事業を立ち上げ補助金を増やしていく元々の理由は西部への入植と地域開発という20世紀初頭の目的に基づいていた。目的はすでに達成され，事業は現在の経済的社会的状況に照らして再評価すべきである」と結論付けたのも当然であった（Palmer [2004] p.199）。

このような税金の浪費は納税者による活発な公共事業反対運動を引き起こすことになった。アメリカン税金削減運動，全国納税者組合，コモン・コーズ，「民主的行動を求めるアメリカ人」，女性投票者連盟などの組織が，水資源事業の削減を求めて激しいロビー活動を展開した。こうした動きは連邦議会に変化をもたらした。かつてポーク・バレル事業の予算法案に反対票を投じたロバート・エドガーは下院水資源公共事業小委員会に席をおくと，徹底して水資源開発反対の論陣を張っていった。彼の批判の対象は開墾局や工兵隊ばかりでなく，これまでポーク・バレル・システムを許してきた議会自体にも及んだ。彼の行動は議会内にも次第に賛同者を増やしていった。そしてエドガーは，カーター大統領がしたように，州の事業費の分担や非構造的代替案の提示など4つの柱からなる水資源開発の新たな方向付けについての提言をまとめた。それでもエドガーは1982年の選挙で再び議会に戻ってきた。以前であれば委員会の有力者が立案した予算案に異を唱える委員会メンバーはほとんどいなかったが，ポーク・バレルに明確に反対する委員も出てきた。ポーク・バレルに風穴が開き始めたのである。エドガーらの政治活動によりポーク・バレル事業は次第に行き詰り始めていた。彼は言う，「私たちは水が国の宝である事を認識する必要があります。それはエネルギーに次ぐ重大な危機に直面しているのです。私たちは新たな水資源開発目標と，資源を保護し，愛し，大事に思う水政策を実施する機関が必要です。私たちは水や資源についての国民の認識を高めていく必要があります」（Palmer [2004] pp.232-234）。

水資源開発に対する政治状況の変化はレーガン政権も動かし，カーター以上に無駄な公共事業の削減に乗り出した。大統領は水事業に対する支出を削減するとともに，1981年アメリカ史上初めて，25億ドルの費用が見込まれていた8つの水事業を「認可しない」ための法案に署名した。さらに重要なこ

とは，新たな水事業によって恩恵を受ける州や地方政府がその事業費の一部を負担することを義務付けたことである。会計検査局は法律を改正しなくても，開墾局が，連邦以外の組織により多くの事業費負担を求める権限を持っていることを見つけ出していた。そして1984年の水事業に関する予算法案では，州が25％の事業費を負担するこが求めらることになった。議会を通過した法案には開墾局と工兵隊の事業費として38億ドルが計上されていたが，新規事業は一つも含まれていなかった。それらはエドガーたちが求めたように，河川の維持と修復のために使われるようになっていった。もはや，連邦による新規ダムの建設は行われなくなったのである（Palmer [2004] p.191, p.235; Pisani [2008] p.629）。

しかし，市場原理を重視し規制緩和を推し進めるレーガン政権の水資源政策は決して大規模農場の利益を損ねるものではなかった。1982年，議会は開墾改革法（Reclamation Reform Act of 1982）を成立させた。同法は借地契約についての制限をなくし，農地への居住要件も廃止した。また開墾事業については水保全計画を立てることが要件とされた。だが，最も大きな「改革」は家族農場の面積制限が160エーカーから一挙に6倍の960エーカーに拡大されたことである。さらに非家族農場は開墾事業の対象としないという制限もはずされた。超過分の土地に対する水には7.5％の利子が課されることになったが，960エーカー以上の土地を持つ個人農家や企業に対しても安価な水の供給が法的に保障されることになった。巨大アグリビジネスが最も待ち望んでいたものが合法化されたのである。開墾法は「時代遅れになった」家族農場のためではなく，大規模農場の利害に沿うものに改革されたのである。1982年法は多くの開墾局批判者に開墾局が本来の使命を捨て去りアグリビジネスに寝返った事を確信させることになった（Palmer [2004] p.205; Pisani [2008] p.626-627）。ここに1902年開墾法の理念と意義は完全にその歴史的役割を終えたといえよう。こうして開墾局によるダム建設の時代は終わりを迎えた。アメリカの政治・経済状況が大きく変化していく中で，開墾法の理念とその意義が失われたとき，連邦によるダム建設事業もその役割を終えることになったのである。

今日，開墾局は「西部における水の管理」を行う機関となった。これまでコロラド川のフーバー・ダム，コロンビア川のグランド・クーリー・ダムを含めて600以上のダムや貯水池を建設してきたが，現在は西部の3100万人以上の都市や農村住民への水の分配を管理することが任務となっている（Pisani［2008］p.631）。開墾局はそのホームページに『卓越した管理：開墾局の21世紀に向けた行動計画』を掲載し，その冒頭で次のように記している。「開墾局が成し遂げてきた歴史には，いまでは活気にあふれる合衆国西部に重要な水と電力を供給してきた驚嘆すべき技術と構築物が含まれます。それら開墾局が建設に携わってきた構造物は，岩のように堅固な安定性と恒久性を持ったイコンのように立っていますが，開墾局自身は，その始まりから，常に変化を経験してきました。開墾局にとって，今はまた変化のときです。……『卓越した管理』のために果たすべき使命とは，水とそれに関連する資源を，アメリカ国民の利益のために，環境的にも経済的にも健全な方法で，管理し，発展させ，保護することです」（Bureau of Reclamation［2006］p.i）と。

年表
八ッ場ダムをめぐる関係史

228

年・月	主な出来事	
	国・国土交通省（建設省）	長野原町
1947年9月	カスリーン台風により利根川流域など大洪水.	
1949年	利根川改修改定計画の策定，洪水調節目的をもつ上流ダム群の建設が計画される。	
1952年5月	建設省より長野原町長にダム調査の通知が届く。建設省，現地で調査を開始。「何で吾等が自らの身を以て，利根川水系下流同胞の人柱たる決意を持ち合わせようという殆ど絶望に似たあきらめに到達することができ得よう。」（長野原町報より）	
1953年2月	ダム建設反対の住民大会が開かれる。住民ら上京し，地元の中曽根康弘議員，建設省に決議文を手渡し反対陳情。吾妻川が強酸性の河川であることから，ダム計画，表面的には一時中断。	
1957年		
1963年11月		草津町中和工場完成（群馬県により，調査国営に移管）。
1964年1月	草津町中和工場本格運転開始	
1965年3月		群馬県，住民にダム建設を発表。
1965年5月		八ッ場ダム連合対策委員会発足（萩原好夫委員長）。
1965年5月	選挙区の福田赳夫氏，蔵相就任の挨拶のため現地入り。「ダムは42年度ごろには着工し，44年ごろには完成させたい」と建設推進を表明。	
1965年12月		条件つき賛成派の委員長に反発した住民多数派675名が反対期成同盟を結成。連合対策委員会は解散。
1965年12月	品木ダム完成。	
1966年1月	選挙区の中曽根康弘代議士，現地で「ダムというものは軽々しく造るものではない」と発言し，反対派の期待を集める。	
1966年2月		長野原町議会，ダム反対を全会一致で決議。
1966年6月	建設省，川原湯で岩盤調査。反対期成同盟，厳重抗議し作業中止。	
1966年7月	200名の抗議団，上京し反対陳情。	
1966年9月	橋本登美三郎建設大臣，国会において，「八ッ場ダムは地元の了解なしに建設を強行する考えはない」と答弁。	
1967年6月	建設省，地元での説明会を長野原町に再三要請するが実現せず。	
1967年9月		町議会，反対期成同盟773名の請願を採択も川原湯，川原畑，林，横壁の区域は急きると殆ど水没し，再生の余地はない
1967年9月	建設省，川原湯駅横にあるダム賛成派宅に現地出先機関（11月に調査出張所となる）を設置。	
1967年11月	実施計画調査を開始する。（八ッ場ダム調査出張所開設）	
1967年12月		ダム反対の総決起大会開かれる。「遠く父祖より受け継し　故郷の田畑吾が住居湖底に沈めてなるものか　ダム反対に決起せよ」（「八ッ場ダム絶対反対の歌」より）

主な出来事		
群馬県	下流都県	下流反対運動
利根川治水計画の見直しが始まる。		
群馬県，吾妻川の水質改善を目的とする「吾妻川総合開発事業」を計画。		
・建設。1968年5月 群馬県より		
し，県議会に反対陳情。「私ど傾斜の処であるので，ダムがで（長野原町議会議事録より）。		

年・月	主な出来事	
	国・国土交通省（建設省）	長野原町
1968年3月	現地の出張所、長野原地区に移転し、調査事務所に昇格。現地立ち入り調査を行うが、住民の反対行動激化。	
1968年5月	中和事業が国の直轄管理となる。	
1969年2月	反対派、選挙区の小渕恵三議員の紹介で田中角栄自民党幹事長に陳情。	
1969年3月		
1969年6月	建設省、川原湯駅前に生活再建相談所を設置。	
1969年7月	建設省、立ち入り調査、測量を試みるが反対派阻止。	
1969年8月	建設省、土地収用法に基づく立ち入り調査を通告するが、反対激しく作業を中止。	
1970年4月	八ツ場ダムの予算は調査段階から建設段階に移行し、八ツ場ダム調査事務所が八ツ場ダム工事事務所に改称。	
1970年7月	佐藤政権下、後継を狙う「角福戦争」激化。建設省に影響力のある田中幹事長、福田蔵相ペースで進められるダム事業を牽制。	
1970年7月	建設省、現地での強行採決を県、町による行政主導方針に転換。	
1973年	建設省内部で吾妻渓谷保全を名目に、ダムサイト予定地が600メートル上流に変更される。	
1973年10月	水源地域対策特別措置法（水特法）公布。抵抗激しい八ツ場ダムの地元対策と言われた。	
1974年3月		川原湯地区の反対期成同盟委員長樋田富次郎氏、町長に当選（〜1990年）。反対運動は盛り上がるが、この後、町政は、県、国による締めつけに苦しむことになる。
1974年9月		
1976年4月	八ツ場ダム計画を組み込んだ利根川・荒川水系水資源開発基本計画（フルプラン）、閣議決定。	
1976年8月		
1980年11月		群馬県は、長野原町及び同議会に「生活を提示する。
1980年12月		群馬県は、吾妻町及び同議会に「八ツ場する。
1980年12月	利根川水系工事実施基本計画が改定される。	
1982年〜1987年	中曽根政権下で八ツ場ダム建設の諸手続きが進められる。	
1985年2月		長野原町は、「生活再建案調査研究結果
1985年11月		町長と知事は生活再建案についての覚書を

年表 231

主な出来事		
群馬県	下流都県	下流反対運動
群馬県議会,「ダム建設促進決議案」を4年にわたる継続審議の末, 13回目に採択。		
美濃部亮吉東京都知事, 群馬県庁を訪ね, 神田坤六知事に協力を要請。		
神田知事, 県議会福田派より「ダム建設に消極的」と批判を受け退陣。推進派の指示を受けた清水一郎知事が誕生し, ダム推進を表明。国, 県により, 反対派の切り崩しが進められていく。		
再建案」「生活再建案の手引		
ダムに係る振興対策案」を提示		
(回答書)」を群馬県に提出する。		
締結。反対運動が転機を迎える。		

年・月	主な出来事	
	国・国土交通省（建設省）	長野原町
1985年12月	群馬県知事は、12月群馬県議会で八ッ場ダムに関する基本計画案が可決されたのを受出する。	
1986年3月	八ッ場ダムに係る河川予定地の指定が告示される。吾妻町長と群馬県知事は、「八ッる覚書」を締結する。	
1986年4月	八ッ場ダムが水源地域対策特別措置法に基づくダムに指定される。八ッ場ダムに係る（水没予定地が八ッ場ダムに係る河川予定地に指定される。）	
1986年7月	八ッ場ダムに関する基本計画が告示される（完成予定2000年度）。	
1986年8月	吾妻町長と関東地方建設局長は、「八ッ場ダム建設に係る現地調査に関する協定書」	
1987年10月		財団法人利根川・荒川水源地域対策基金
1987年10月	建設省は、吾妻町地内で現地調査を開始する。	
1987年12月	長野原町長と関東地方建設局長は、「八ッ場ダム建設に係る現地調査に関する協定書」を締結する。	
1988年3月	長野原の「現地調査に関する協定」への調印をうけて、建設省は、長野原町地内で現地調査を開始する。	
1989年3月	建設省と群馬県は、川原畑、林、横壁、長野原の四地区へ幹線道路、JR線のルート、（川原湯は12月18日提示）	
1990年11月	建設省と群馬県は、「八ッ場ダム建設に係る振興計画案」について、吾妻町関係地区	
1990年12月	建設省、生活再建案に基づく「居住地計画」を水没世帯に配布。	
1992年7月	長野原町長と群馬県知事及び関東地方建設局長は、「八ッ場ダム建設事業に係る基本務所長と水没5地区各代表は「用地補償調査に関する協定書」をそれぞれ締結する。	
1992年7月		「反対期成同盟」は「対策期成同盟」に変わり、反対運動の旗を降ろす。
1992年9月	建設省は、長野原町地内で用地補償調査を開始する。	
1993年3月		長野原町は、町議会において国道145号付替道路4車線化構想の受け入れを決定する。
1993年4月		群馬県は、特定ダム対策課及び八ッ場ダム
1993年6月	八ッ場ダムの「国有林野内における建設工事に関する協定書」を締結する。（前橋営群馬県知事）建設省は、長野原町地区尾坂進入路及び横壁地区小倉進入路の工事に着	
1993年11月	建設省は、工事用進入路の地上権設定による用地確保について地元の同意を得る。	
1994年3月	建設省、付帯工事に着手。八ッ場ダム関連の付け替え区間を含む上信自動車道（群馬県渋川市～長野県東部市）が地域高規格道路の指定を受ける。	
1994年6月	建設省は、長野原地区尾坂進入路及び横壁地区小倉進 入路の工事に着手する。	
1994年11月		群馬県は、県道長野原草津口停車場線建の工事に着手。
1995年7月		水源地域対策特別措置法の規定に基づく水源地域指定が、長野原町の水没5地区（川原畑、川原湯、林、横壁、長野原）について告示される。
1995年11月	吾妻町長と群馬県知事及び関東地方建設局長は、「八ッ場ダム建設事業に係る基本協と関係五地区代表は「用地補償調査に関する協定書」を締結する。	
1995年12月	水源地域対策特別措置法に基づく地域整備計画が閣議決定される。	

	主な出来事	
群馬県	下流都県	下流反対運動
け，同意回答書を建設大臣に提		
場ダムに係る振興対策案に関す		
河川予定地の指定が告示される。		
を締結する。		
は，八ツ場ダムを基金対象ダムとして指定する。		
代替地計画の骨格を提示する。		
への説明を開始する。		
協定書」を，八ツ場ダム工事事		
水源地域対策事務所を設置する。		
林局長・関東地方建設局長・ 手する。		
設事業に伴う久々戸橋（仮称）		
定書」を八ツ場ダム工事事務所		

年・月	主な出来事	
	国・国土交通省（建設省）	長野原町
1996年3月	長野原一本松地区において代替地造成工事に着手する。国道145号の付替え事業に伴う長野原めがね橋の工事に着手する。	
1997年6月		横壁地区において補償交渉委員会が設置される。
1997年9月	長野原地区において補償交渉委員会が設置される。林地区下田進入路・下田橋が開通する。	
1997年11月		林地区において補償交渉委員会が設置される。
1998年1月	八ツ場ダム工事事務所新庁舎完成	
1998年3月	長野原バイパスが開通する（3.42km）。	
1998年6月	長野原一本松地区の「モデル代替地・インフォメーションセンター」開所。	
1998年7月		川原湯地区において補償研究部会が設置される。
1998年9月		川原畑地区において補償交渉勉強会が設置される。
1998年11月	吾妻町において本格工事となる松谷三西進入路工事に着手する（起工式）。林地区（第一小学校）代替地造成工事に着手する。	
1999年4月		川原湯地区・川原畑地区において補償交渉委員会が設置される。
1999年4月	広報センター「八ツ場館」開所。	
1999年6月		八ツ場ダム水没関係五地区連合補償交渉委員会が設置される。長野原町議会において「八ツ場ダム対策特別委員会」が設置される。
1999年7月		
2000年3月	「八ツ場ダム建設事業に伴う地目認定合意書」調印式が行われる。	
2000年10月	「八ツ場ダム建設事業に伴う土地等級格差合意書」調印式が行われる。	
2000年11月	八ツ場ダム建設事業に伴う国道145号・地域高規格道路（川原畑地区）起工式が行われる。	
2001年1月	国道145号の付替事業に伴う長野原めがね橋が開通する。	
2001年2月	八ツ場ダム建設事業に伴う県道林長野原線の長野原トンネル起工式が行われる。	
2001年4月	上野原進入路の上湯原橋が開通する。	
2001年6月	「利根川水系八ツ場ダム建設事業の施行に伴う補償基準」に水没五地区連合補償交渉委員会が調印。これより個別補償交渉が開始される。	
2001年8月	八ツ場ダム建設事業に伴う国道145号・地域高規格道路（横壁地区）起工式が行われる。	
2001年9月	八ツ場ダムの完成を2010年度に延長する基本計画変更を告示。	
2001年10月	「利根川水系八ツ場ダム建設事業の施行に伴う補償基準」に基づく個別説明が始まる。八ツ場ダム建設事業に伴う県道林吾妻線の吾妻トンネル起工式，県道林長野原線の長野原トンネル貫通式。	
2001年12月	八ツ場ダム建設事業に伴う県道林吾妻線（打越地区）の起工式が行われる。	
2002年2月	吾妻山地区（松谷，三島西部，岩下）の連合補償交渉委員会が設置される。	
2002年8月	林地区東原地先に建設を進めていた長野原町立第一小学校の新校舎が完成し，2学期から開校。	
2003年3月	八ツ場ダム建設事業に伴う県道林吾妻線の吾妻トンネル貫通式が行われる。	
2003年9月	八ツ場ダム建設事業に伴う国道145号・3号橋の起工式が行われる。	

主な出来事		
群馬県	下流都県	下流反対運動
		「八ツ場ダムを考える会」発足。

年・月	主な出来事	
	国・国土交通省（建設省）	長野原町
2003年10月	八ツ場ダム建設事業に伴う県道林吾妻線「吾妻峡トンネル」完成式が行われる。	
2003年11月	国土交通省，八ツ場ダム事業費変更案（2110億円→4600億円）を発表。	
2004年9月	八ツ場ダムに関する基本計画（第二回変更）が告示され，建設の目的に流水の正常な費等は変更となる。事業費が4600億円に増額される。	
2004年9月		
2004年11月	「利根川水系八ツ場ダム建設事業の施行に伴う岩島地区補償基準」調印式が行われる。	
2004年11月	各都県のストップさせる会の住民が，八ツ場ダム事業への支出差し止めなどを求める	
2005年9月	代替地分譲基準について，国交省と水没五地区連合交渉委員会（萩原明郎委員長）が合意書に調印する。	
2006年6月		八ツ場ダム水没関係5地区連合対策委員会が設置される。
2006年8月	八ツ場ダム建設事業に伴う国道145号線の「茂四郎トンネル」貫通式が行われる。	
2006年10月	八ツ場ダム建設事業に伴うＪＲ吾妻線の「横壁トンネル」貫通式が行われる。	
2007年1月	長野原地区久之桐地先に建設を進めていた長野原町立 東中学校の新校舎が完成し，3学期から開校	
2007年1月		
2007年5月		水没予定地，川原湯温泉において，地元主催のイベント「加藤登紀子コンサート＜縁日＞」が開催される。
2007年6月	移転代替地分譲手続き始まる。	
2007年12月	国土交通省，事業工期を2015年度末に延長する計画の変更が必要になったと公表。	
2008年2月		
2008年5月		
2008年9月	八ツ場ダムの事業工期を2010年度→2015年度に変更し，建設目的に発電を追加する第	
2008年11月	八ツ場ダム建設事業に伴う町道林長野原線の「新須川橋」完成式が行われる。	
2008年12月	八ツ場ダム建設事業に伴う工事専用道路「大柏木トンネル」貫通式が行われる。金子国交大臣による現地視察が行われる。	
2009年1月	国土交通省，八ツ場ダムの本体工事の入札を官報で公告。	
2009年1月		
2009年5月		
2009年6月		
2009年6月		
2009年7月	民主党のマニフェストに「八ツ場ダム中止」が明記される。	
2009年9月	国土交通大臣に就任後，前原大臣が八ツ場ダム中止を明言。	
2009年10月	前原大臣，現地視察，八ツ場ダム本体工事の入札中止を発表。	

主な出来事		
群馬県	下流都県	下流反対運動
機能の維持が新たに追加となり，「水道」，「工業用水道」の利水参画量及び建設に要する概算事業		
利根川流域6都県の住民が八ッ場ダムをストップさせる市民連絡会を結成し，関係各都県に対して住民監査請求。		
住民訴訟を各地方裁判所に起こす。		
		「八ッ場あしたの会」発足（「八ッ場ダムを考える会」の活動を継承）。
		「八ッ場ダムを考える群馬県議会議員の会」発足。
		「八ッ場ダムを考える一都五県議会議員の会」発足。
三回目の計画変更が告示される。		
	八ッ場ダム推進議連1都5県の会発足。	
		八ッ場ダム公金支出差し止め東京裁判判決，住民側敗訴。
		八ッ場ダム公金支出差し止め茨城裁判判決，住民側敗訴。
		八ッ場ダム公金支出差し止め群馬裁判判決，住民側敗訴。

238

年・月	主な出来事	
	国・国土交通省（建設省）	長野原町
2009年11月	民主党群馬県連所属国会議員らが前原大臣に生活再建骨子案についての要望書を提出。	
2010年1月	八ツ場ダムに関する意見交換会（於「若人の館」）	
2010年1月		
2010年4月		
2010年5月		樋田富治郎元長野原町長死去。86歳だった。樋田氏は，地元がダム絶対反対だった1970年から，条件付賛成へと転じた1980年代にかけて長野原町長を4期務めた（町長在任期間は1974年～1990年）。
2010年7月	国土交通省有識者会議で八ツ場ダムをはじめとする全国のダムの検証基準案を公表。	

資料：八ツ場ダムを考える会編［2005］
　　　宮原田綾香［2010］
　　　朝日新聞2010年5月14日付。
　　　「国土交通省」　関東地方整備局　品木ダム水質管理HP
　　　http://www.ktr.mlit.go.jp/sinaki/dam/index.html（最終閲覧日　2010年3月5日）。
　　　国土交通省　八ツ場ダム工事事務所HP
　　　http://www.ktr.mlit.go.jp/yanba/index_nn4.htm（最終閲覧日　2010年3月5日）。
　　　八ツ場あしたの会HP　http://www.yamba-net.org/（最終閲覧日　2010年3月5日）。
　　　以上により，鬼丸朋子作成。

主な出来事		
群馬県	下流都県	下流反対運動
		八ッ場ダム公金支出差し止め千葉裁判判決,住民側敗訴。
	東京都知事,埼玉県知事、千葉県知事,茨城県知事,栃木県知事,群馬県知事が前原国土交通大臣に八ッ場ダム建設推進の申し入れ	
		八ッ場ダム公金差し止めさいたま地裁判決,住民側敗訴。

(資料) 八ッ場ダムについての住民聞き取り調査の概要

　本書の研究を進める過程で，何回かにわたって現地で聞き取り調査を行ってきた。その概要を紹介しておきたい。
　現地調査は，①2006年9月7日〜9日，②2007年9月12日〜14日，③2008年9月4日〜11日，④2009年3月23日〜24日，⑤2009年10月29日〜31日に行った。その中でも，2008年の調査は，水没五地区住民17人の協力を得て，ダム問題についての聞き取り調査を行った。その概要は以下の通りである。

① 　住民がダム受け入れを決めた最大の要因は何か。
・「国は計画を立てれば，絶対やる。自分たちの条件を受け入れさせなければだめだ」（横壁・A）
・「狭い耕地で農業だけでは食べていけない，勤め先もない。この地域の発展のためには受け入れた方がよい」（川原畑・A）
・「国の切り崩し」（林・A）に負けた。
・「生活再建案が出され，水特法・基金事業で生活再建ができるし，現地再建で安心感ができた」（川原畑・B）
・長い闘争をやってきたので「まいってしまう」（中之条・A）
② 　生活再建案の作成過程について，どのように関わったか。
・「会議の都度，地元の要望はできた。トップだけの考えで進んでいくことはなかった」（中之条・A）
・「一部の大地主の意見が通る。お前に何があるのかといわれた人もいる」（長野原・B）
・「県，町からの提案については，1回では決めないで，出席者の意見を聞いて決めてきた」（横壁・A）
・「県も原案を変えようとしなかった」「（この地域の人は）あまり意見を言

わない」(横壁・B)
- 「最初，若者中心に「まちづくり研究会」で移転後のまちづくりを研究したが，県推薦のコンサルタントの意見と地元の要望がかみあわなかった。各部会から要望を出しても，「国のプランは最高」だからといって，押しつける。」(川原湯・A)
- 「役場主導で，施策を作らないと水特事業の絵が描けないから作った。地域の要望ではない」(川原畑・C)

③ 合意した生活再建に満足しましたか。またこれで現地再建方式に安心感が出たか。
- 「不安はあるが，仕方がなかった」(川原畑・A)
- 「代替地ができるまでは，不安だった。正直なところ，原町の方への移転を考えていた。」(長野原・A)
- 「地域の発展には役立たない。メニューを受け入れるだけの人材はいない。」(林・C)
- 「満足はできないが，他の人がよかれと思えば，しかたがない」(川原湯・A)
- 「現地で再建できそうだという見通しは持てた」(中之条・A)
- 「この通りには行かないだろうと感じていた」「観光施策は県からでていた。運営主体が地元であることは，当時はわからなかった。当初は，県だと思っていた。地元は雇用が増えると思っていた。」(横壁・B)

④ 合意した生活再建案について，見直しがありましたが，これについてどのように考えるか。
- 「地元負担の大きさから計画通り進めたら，大変」(横壁・B)
- 「皆が出て行ってしまったので，最初の計画通り作られても困る」(川原畑・D)
- 「現状と同じ規模で施設園芸を検討。人口の畑なので，かんがい用水くらいはつくらせたい」(川原畑・B)

⑤ 代替え分譲地価格について
- 「補償価格交渉のときは，分譲価格はでなかった。造成にお金がかかる

ので，分譲価格は高くなるという話はあった」(川原湯・A)
・「買収価格に見合った分譲価格という説明はあったが，もう少し安いと思った」(川原畑・B)
・「買収価格を高くすることに熱中していて，買収価格が高くなればそれに見合ったものになるという説明に気づく余裕はなかった。」(川原湯・B)
・「売る方としては，高く買って欲しい。高く売れれば，分譲価格は高くなると言う認識はあった。」(川原畑・A)

⑥ 生活再建の見通しはついたか
・(代替地への移転が完了し，そこでの生活が軌道に乗ってきた人は)「健康上の心配くらいで，あまり心配はない。」(長野原・A)
・(代替地の造成が完了していないところでも)「代替地に建てる家について，業者と話し合いが始まった」ので，「見通しがつき始めた」。ただし，「そこでも，年をとって，クルマの運転ができなくなったらどうするかという不安はある」(川原畑・A)
・(旅館経営者の中には)「移転後の不安はある。つぶれるんじゃないか」(川原湯・B)
・「年をとってきたせいか，移ってみないとわからない，先のことは考えても仕方がない」(川原畑・D)

⑦ 国交省や県の生活相談事業を利用して，相談したか。
・「相談事業を利用したことはない。補償交渉の時は，月・金午後7時から個人補償の相談があった。嘱託職員のSさんが担当し，ていねいに対応してくれた。」(中之条・A)
・「週に2回程度相談所は開いていたが，あまり利用された感じはしない」(川原畑・A)
・「相談員は嘱託職員で相談を取り次ぐだけ」(横壁・C)
・「地域の人が使うことはない。スペシャリストではなく，取り次ぎだけなので，行かなくなる。」(横壁・B)
・「そこで相談しなくても，対策委員会の時，きた県の人に相談すればよ

い。」(川原畑・B)
- 「2回ほど利用したが，回答が頼りにならない」(林・B)
- 「相談員は公務員の退職者がほとんど。教員，警察官，県職員の退職者で，法律や相談に詳しくはない。」(川原湯・A)

⑧ 生活再建について，国交省・県・町の対応・支援に満足しているか
- 「補償金を出すのだから，後は勝手にやってくれ。代替地に入らなければ，移転地への斡旋はしない」(林・B)
- 「国交省については，事業の遅れが不満。一生懸命やっているしか言わない。町は，全体のまちづくりを地域に任せて，リーダーシップをとらない。地域，地域で動いているだけで，全体の構想がない。地域完結ではなく，全体のことは町でリーダーシップをとってほしい。地域も自分のことしか考えていない。地域も町も人材がいない」(川原畑・B)
- 「国交省は，ここ3～4年はやれる範囲ではやるようにしている。それまでは先延ばしにしている感じがあった。県は動きが悪くてだめ。傍観者的だ。町も積極的に動かない。」(川原湯・B)
- 「国交省は遅い，あきれてモノが言えない。皆不満に思っている。何をするにも，「何年後にこうなる」と言った事が，言った通りにできたことがなかった。当てにならない。先が見えない。皆は町がリードすべきだと思っているが，町は，皆が意見を出さねば始まらないというスタンス。誰が責任を持ってリーダーシップを取るかが明確でない。」(川原畑・A)

⑨ (現地移転を決めた方に) 現地移転を決めた最大の理由は何か？
- 「生まれたところは，離れられない。」(川原畑・A)
- 「経営しているパスタ屋が近くにあるから。」(長野原・C)
- 「生活の基盤がここにあるから，駅前の近くに移転を希望。」(長野原・B)
- 「ダム対策委員長だから。」(長野原・A)
- 「奥さんの意向が強い。奥さんは生まれたところがよい。(新しいところでの) 隣近所の関係も大変。」(横壁・B)
- 「のれんを重視して残る。」(川原湯・B)

- 「新天地よりも，村のことを知っているし，人間的つきあいもある。」（川原畑・C）
- 「役場に勤めている息子のことを考え，町内にいる必要がある。出た人の中には，挨拶の言葉さえ変えなければならないという人もいて，なじめないようだ。」（川原畑・D）
- 「意地とここで育ったから，ここを捨てていくのは無責任。住宅再建ならいつでも出来るが，地域に残って皆と一緒にやれる。よそに行くと，お金をたっぷり持っているのではないかという風に見られる。」（川原畑・B）
- 「人間関係が面倒だから，同じ地区にいたい。」（林・B）
- 「他地区に転出しても，隣近所にうまくとけ込めない。現地再建では，顔なじみが多いので，信頼感，安心感がある。」（川原湯・A）

⑩　ダム建設後のダム湖周辺の地域振興にどのように期待しているか。またどうあるべきだと思うか。

- 「町の人は視野が狭い。人の足を引っ張ることしか考えていない。温泉は草津があるので，無理。今からでは，観光も遅い。」（長野原・B）
- 「この地域の人はダムでくたびれている。所帯数が減少したところでは，新しいことにチャレンジするのが大変。その気にさせるのが大変。残っている人の年齢が高いので，ギャップが大きい。」（横壁・B）
- 「西吾妻全体を一つに連携して生きていくしかない。ダムで地域振興を考えていたが，ダメになった。自然を生かした，自然と共生したあり方を考えなければならない。地域の人が真剣に考えなければならない」（横壁・A）
- 「渓谷を売りにしていた川原湯温泉がダム湖では，ダムサイトのコンクリ壁では観光客は来ない。道路ができれば，渋川・高崎に通勤できるが，観光面では通過点になる。地元と一体となった観光はできない。」（林・A）
- 「8人で1億円近い補助金をもらって椎茸事業を始めたが，現在は2人。花木も8人で始めたが，どうなるか」（林・C）

資　料　245

⑪　現在，群馬県議会や下流地域で起きている「ダム見直し」論について，どのように考えているか。
・「今さら，という気がする。地元は手を挙げて（降参して），基本協定を結んだのにという気持ち。地元の人が賛成しているのに，外側の人があれこれ言うのはいかがなものか」(中之条・A)
・「ここまで来たら，ダムを作ってもらわなければ困る。今までのことが無駄になる。ダムのために犠牲になってきたのに，ダムができなかったら何のために苦労してきたのだ。」(川原畑・A)
・「あきらめている。ダムができてもろくなことはない。」(長野原・C)
・「地主主導でいくなら，ストップしてもよい。やるなら早くという気もする。」(長野原・B)
・「ダムストップは困る。ダム本体がなくて，今後の発展はない。夢が絶望に変わる。」(長野原・A)
・「トンネルや橋脚がどうなるか。道路がよくなればよい。ダム本体ではメリットはないので，止まっても影響はない。中途半端にされるのは困る」(横壁・B)
・「非常に困っている。「考える会」は「我々を苦しめるだけだ」として，縁切り宣言をした。代替地を作ってもらわなければだめなので。われわれはダム自体に賛成しているわけではない。生活の問題から言っている。」(川原湯・B)
・「今さら見直しをされても困る。反対だ。計画を早く進めてくれ。生活スタイル，人生設計もそれにあわせてきている。」(川原畑・C)
・「中止してもらったら，困る。山を崩しておいて，中途半端は困る。」(川原畑・D)
・「断腸の思いで，やむを得ないとして造ることを受け入れたのに，今さら言われても困る。ダムをストップさせて，生活再建がすんなりいくとは思えない。「考える会」が言うほど，簡単なものではない。またストップさせたら，下流都県が負担してきた資金は，ムダになる。」(川原畑・B)

- 「ストップしても困らないが，ストップすると困る人はいる。早く土地を買ってもらわなければ困る人もいる。ダム中止・縮小では解決しない問題がある。この土地は，ダム問題を理由にインフラ投資をされないできた。それを忘れないでほしい。」(林・C)
- 「ストップしてもかまわないが，生活再建の問題がはっきりしない。ダムが凍結されれば，生活再建も止まるのでは。」(林・B)
- 「ダム建設に賛成して，補償交渉を妥結し，補償基準に調印したわけではない。代替地も，道路も，鉄道も決まった後では，完全な人気取りのパフォーマンスだ。下流の人が運動を起こすのはやむを得ないが，上流地域では今さらという気がする。」(林・A)
- 「ダムをストップしても，生活の補償があればよい。分譲地に行くつもりなのに，補償金も出なくなるのは困る。」(川原湯・A)

⑫ 当時の反対運動は現在の人間関係にどのように影響しているか。
- 「表だってはないが，反対派の人たちは賛成派の人はおもしろくない。しこりは残った。」(中之条・A)
- 「あまり影響はない。」(川原畑・D)
- 「しこりは残っている。いがみ合うこともあった。買い物も賛成，反対で分かれた。」(川原湯・A)

⑬ 八ッ場ダムについて言いたいこと
- 「恐ろしい。反対，賛成で人間関係がバラバラになった。」(中之条・A)
- 「国に振り回されただけ。個人も地域も振り回されただけ。国のいいなり」(横壁・C)
- 「計画がいろいろ発表されるが，想像できず，自分たちで対応できなかった。」(川原畑・C)
- 「水のたまるのをみて死にたい」と言っていた第一世代はすでに死んでしまった。」(川原畑・D)
- 「国に翻弄されてきた。これ以上，翻弄されたくない。今後地域が発展するかどうかわからないが，ここでやめるわけにはいかない」(川原畑・B)

・「政治に翻弄された。中曽根や福田が総理大臣になる踏み台にされた。一生ダムで苦しめられてきた。ダムほど恐ろしいモノはない。人が住んでいるところに作るべきではない。」(川原湯・A)
・「こんなに時間がかかるなら反対すべきだったかも入れない。欲得の強い人が多い。各地区の委員長が犠牲的精神を発揮しなければならない。」(横壁・A)

参考文献

●本書全体に関わるもの
帯谷博明［2004］『ダム建設をめぐる環境運動と地域再生』昭和堂
久慈力［2001］『あなたは八ッ場ダムの水を飲めますか─』マルジュ社
篠原政信［1998］『りんごの里にて』社団法人　関東建設弘済会
鈴木郁子［2004］『八ッ場ダム─足で歩いた現地ルポ』明石書店
竹田博栄［1996］『八ッ場が沈む日』社団法人建設弘済会
豊田嘉雄［1996］『湖底の蒼穹』社団法人関東建設弘済会
長野原町［1976］『長野原町誌，下巻』
同「長野原町報」各号，「広報ながのはら」各号
藤原信［2003］『なぜダムはいらないのか』緑風出版
萩原好夫［1996］『八ッ場ダムの闘い』岩波書店
宮原田綾香［2010］『それでも八ッ場ダムはつくってはいけない』芙蓉書房出版
八ッ場ダムを考える会編［2005］『八ッ場ダムは止まるか』岩波書店

●序章
丸山民夫［1989］「ダム補償における世帯を単位とした生活再建行動の分析」農業土木学会編『農業土木学会誌』Vol.57 (9)。
中土居介［1991］「弥栄ダムにおける生活再建対策」『MCM建設月報』Vol.44 (5)。
島崎稔・島崎美代子［2004］『ダム建設と地域社会』(「島崎稔・美代子著作集」第7巻) 礼文出版
環境省全国地盤環境情報ディレクトリ (平成20年度版) HP http://www.env.go.jp/water/jiban/dir_h20/11saitama/kantouminami/index.html　(2009年12月27日)
国土交通省関東地方整備局品木ダム水質管理所HP http://www.ktr.mlit.go.jp/sinaki/dam/index.html　(最終閲覧日　2010年3月5日)。
国土交通省八ッ場ダム工事事務所HP　http://www.ktr.mlit.go.jp/yanba/index_nn4.htm (最終閲覧日　2010年3月5日)。
嶋津暉之［2010］「ダムによらない治水のあり方」http://www.mlit.go.jp/river/

shinngikai_blog/tisuinoarikata/index.html（閲覧日　2010年2月27日）
八ツ場あしたの会HP　http://www.yamba-net.org/（最終閲覧日　2010年3月5日）。
（財）利根川・荒川水源地域対策基金HP　http://www.h5.dion.ne.jp/~tone.kkn/（閲覧日2010年1月29日）

● 第3章
朝日新聞［2008］「川原湯温泉協会　樋田省三氏に聞く　生活再建へ道筋必要」（7月13日　群馬版）
建設省関東地方建設局・利根川百年史編集委員会編［1987］『利根川百年史』
群馬県［1980］「生活再建の手引き」
長谷部俊治［2007］「ダムの用地補償（1）代替地はなぜ心要か」『ダム日本』1月号，日本ダム協会
萩原優騎［2008］「八ツ場ダム問題の再検討のための新しい視点──「安全・安心」をどのように実現すればよいのか」国際基督教大学21世紀COEプログラム「『平和・安全・共生』研究教育の形成と展開」
宮村忠［1981］「利根川治水の成立過程とその特徴」『アーバンクボタ』19号，株式会社クボタ
上毛新聞［2009］「八ツ場の57年──苦悩の軌跡」（9月25日～10月17日）

● 第5章
植田今日子［2004］「大規模公共事業における『早期着工』の論理──川辺川ダム水没地域社会を事例として──」（『社会学評論』55-1，日本社会学会）
梶田孝道［1988］『テクノクラシーと社会運動』東大出版会
新藤宗幸［2002］『技術官僚──その権力と病理──』岩波書店
砂田一郎［1980］「原発誘致問題への国際的インパクトとその政治的解決の方式についての考察──和歌山県古座町の社会調査データに基づいて」（馬場伸也・梶田孝道編『非国家的行為主体のトランスナショナルな活動とその相互行為の分析による国際社会学』津田塾大学文芸学部国際学研究所，61-76頁）
下筌・松原ダム問題研究会［1972］『公共事業と基本的人権──蜂の巣城紛争を中心として』帝国地方行政学会
日本人文科学会［1958］『佐久間ダム』東大出版会
日本人文科学会［1959］『ダム建設の社会的影響』東大出版会
日本人文科学会［1960］『北上川』東大出版会

西川伸一［2002］『官僚技官　霞が関の隠れたパワー』五月書房
長谷川公一［1998］「核燃反対運動の構造と特質」（舩橋晴俊・長谷川公一・飯島伸子編『巨大地域開発の構想と帰結むつ小川原開発と核燃料サイクル施設』第10章，東大出版会）
華山謙［1969］『補償の理論と現実――ダム補償を中心に』勁草書房
浜本篤史［2001］「公共事業見直しと立ち退き移転者の精神的被害――岐阜県・徳山ダム計画の事例より――」（『環境社会学研究』7，環境社会学会）
藤田実［2009］「八ッ場ダムと地域住民意識」（『桜美林大学産業研究所年報』第27号，桜美林大学産業研究所）
舩橋晴俊・長谷川公一ほか［1985］『新幹線公害――高速文明の社会問題』有斐閣
町村敬志編［2006］『開発の時間　開発の空間　佐久間ダムと地域社会の半世紀』東大出版会
八ッ場ダムを考える会編［2005］『八ッ場ダムは止まるか　首都圏最後の巨大ダム計画』岩波書店（岩波ブックレットNo.644）
吉田三千雄［2009］「長野原町における八ッ場ダム反対運動の展開――八ッ場ダム反対期成同盟の動向を中心として――」（『桜美林大学産業研究所年報』第27号，桜美林大学産業研究所）

● 第6章
Molle, François [2006] *Planning and Managing Water Resources at the River-Basin Level: Emergence and Evolution of a Concept*, IWMI.
古谷桂信［2009a］「川と生命を守る　淀川流域委員会ものがたり（上）」『世界』2009年1月号
古谷桂信［2009b］「川と生命を守る　淀川流域委員会ものがたり（中）」『世界』2009年3月号
古谷桂信［2009c］「川と生命を守る　淀川流域委員会ものがたり（下）」『世界』2009年4月号
藤木修［2008］「水質保全のための流域管理――先進諸外国の事例――」『ベース設計資料』建設工業調査会
藤田香［2007］「サステイナブル社会と環境政策――森林環境税を素材として――」『サステイナブル社会と公共政策』（関西大学経済・政治研究所，第143冊）第3章所収
本間義人［1999］『国土計画を考える』中公新書
伊藤卓秋［2003］「矢作川にみる流域における地域連携のあり方に関する考察」

『CREC vol.143』 中部開発センター（現，中部産業・地域活性化センター）
川名登［1982］『河岸に生きる人びと──利根川水運の社会史』平凡社
小出博［1975］『利根川と淀川』中公新書
国土交通省土地・水資源局水資源部編［2009］『日本の水資源　平成21年版』アイガー
町村敬志編［2006］『開発の時間　開発の空間　佐久間ダムと地域社会の半世紀』東京大学出版会
宮本憲一［1989］『環境経済学』岩波書店
宮村忠［1985］『水害　治水と水防の知恵』中公新書
大熊孝［2007］『増補　洪水と治水の河川史』平凡社
ザックス，ヴォルフガング編［1996］『脱「開発」の時代──現代社会を解読するキイワード辞典』三浦清隆編訳，晶文社
上村敏之［2001］「治水事業の問題点と治水政策のあり方──治水特別会計の財務分析を中心に──」*Working Paper Series No.21*, The Center for Research of Global Economy, Toyo University, Tokyo, Japan, December.
『ダム年鑑2009』財団法人日本ダム協会

●第7章

楠井敏朗［2005］『アメリカ資本主義とニューディール』日本経済評論社
鷲見一夫［1996］「アメリカにおけるダム建設の歴史」公共事業チェック機構を実現する議員の会編『アメリカはなぜダム開発をやめたのか』築地書館
中澤弌仁［1999］『カリフォルニアの水資源史──ニューディールからカーター水管理政策への展開』鹿島出版
アーサー・M・シュレジンガー／中屋健一監修［1966］『ローズベルトの時代Ⅲ　大変動期の政治』ペリカン社
ハロルド・U・フォークナー著／小原敬士訳［1971］『アメリカ経済史』至誠堂
ロジャー・W・フィンドレー，ダニエル・A・ファーバー著／稲田仁士訳［1992］『アメリカ環境法』木鐸社
マーク・ライスナー著／片岡夏実訳［1999］『砂漠のキャデラック──アメリカの水資源開発』築地書館
Ashworth, William [1981] *Under the Influence: Congress, Lobbies, and the American Pork Barrel System*, New York: Elsevier-Dutton Publishing Co., Inc.
Billington, David P., Donald C. Jackson, Martin V. Melosi. [2005] *The History of*

Large Federal Dams: Planning, Design, and Construction in the Era of Big Dams, Denver: U. S. Department of the Interior, Bureau of Reclamation, PDF 版（なお，以下に掲げるPDF版の開墾局関連の資料については合衆国内務省開墾局ホームページからのもの。）

Harvey, Mark W. T. [1991] "Echo Park, Glen Canyon, and Postwar Wilderness Movement," *Pacific Historical Review*, Vol. LX.

Kline, Benjamin [2007] *First Along the River: A Brief History of the U. S. Emvironmental Movement*, 3rd. ed., Lanham: Rowman & Littlefield Publishers, Inc.

Palmer, Tim [2004] *Endangered Rivers and the Conservation Movement*, 2nd ed., Lanham: Rowman & Littlefield Publishers, Inc.

Pisani,Donald J. [2008] "Federal Reclamation in the Twentieth Century: A Centennial Retrospective," in U. S. Department of the Interior, Bureau of Reclamation, *The Bureau of Reclamation: History Essays from the Centennial Symposium*, Vol. I and I, Denver: U. S. Department of the Interior, Bureau of Reclamation, （PDF版）

Rowley William D. [2006] *Reclamation Managing Water in the West: The Bureau of Reclamation: Origins and Growth to 1945*, Denver: U. S. Department of the Interior, Bureau of Reclamation.

Wehr, Kevin [2008] "The State of Nature and the Nature of the State: Imperialism Challenged at Glen Canyon," in U. S. Department of the Interior, Bureau of Reclamation, *The Bureau of Reclamation, op. cit.*

Worster, Donald [1985] *Rivers of Empire: Water, Aridity, and the Growth of the American West*, New York: Oxford University Press.

U. S. Department of Commerce, Bureau of the Census [1975] *Historical Statistics of the United States, Colonial Times to 1970*, Bicentennial Edition, Washington, D. C.: Governmetn Printing Office.

U. S. Department of the Interior, Bureau of Reclamation [2000] *Brief History of the Bureau of Reclamation*, Revised July 2000. （PDF版）

U. S. Department of the Interior, Bureau of Reclamation [2006] *Managing for Excellnce: An Action Plan for the 21st Century Bureau of Reclamation*, U. S. Department of the Interior, Bureau of Reclamation.

U. S. Department of the Interior, Bureau of Reclamation Web site. （合衆国内務省開墾局）ホームページ（http://www.usbr.gov/）

あとがき

　本書は，桜美林大学産業研究所のプロジェクト研究「大規模公共事業に伴う地域社会の変容――八ッ場ダム建設問題を事例に」(2007年度～2009年度)にもとづく共同研究の成果である。プロジェクトでは，八ッ場ダム建設が長野原町という山間部の小さな町に何をもたらしたのかを明らかにするために，地域社会の特性，財政問題，生活再建問題，反対運動の変遷，下流域の市民運動，日米の水資源政策の変遷など総合的な観点からの研究を進めてきた。

　私たちが群馬県西部地域の長野原町に建設されようとした八ッ場ダムを共同研究することになったきっかけは，本研究の主査である藤田実が八ッ場ダムの建設地域では，地区外流出者が相次ぎ地域「崩壊」の状況になっていることを偶然知ることになったことである。私たちが勤務している桜美林大学は八ッ場ダムの受益地である東京都に位置しているが，群馬県外ではマスコミ報道も極めて少なかったこともあり，私たちは本研究に関わるまで故郷を水没させる地元住民の苦悩や地域の疲弊についてあまり関心を有していなかった。ところが現地を訪問して，長野原町役場や地域住民の聞き取り調査をするなかで，長野原町では日本の中山間地域ではよく見られる過疎化が進行しているというだけではなく，ダム建設が地域の疲弊を促進し，水没地域の住民は将来が見通せない不安のなかに置かれている状況を見聞することになった。

　また受益地とされる下流域では，環境保護に関心のある市民が吾妻渓谷の自然の貴重さに気づき，反対運動を強めていた。下流地域の市民運動は下流地域の都県に対して八ッ場ダム事業への支出差し止めを求め提訴したほか，主として民主党などの当時の野党政治家を動かし政治の焦点化に成功していった。下流地域の市民運動の進展に対して，地域住民はいらだちを強めていた。受益地であるはずの下流域の住民が「受苦」的と感じ，受苦地であるダ

ム建設地域がダムによる「受益」を主張するなど，従来の公共事業における地域住民の対立関係とは異なる状況になっている。

　八ッ場ダム建設が地域を疲弊させたののはなぜか，ダム建設地域と下流地域との住民の対立はなぜうまれたのか，そもそも地域住民の反対運動はどのような経緯でダムを受諾するようになったのかという問題を分析することで，私たちは大規模公共事業が地域社会を疲弊させていったメカニズムを明らかにしようと努めた。その課題が十分に解明できたかは，読者の判断に委ねるしかないし，まだ未解明の課題も多い。しかし本書は八ッ場ダム建設という問題を通じて，大規模公共事業が地域社会に破壊的影響を与えないためにはどのような政策が必要か，問題提起的な意義は十分にあると信じている。

　最後に本プロジェクトの研究を進める上で，度重なる聞き取り調査に応じて，現地の状況についてご教授していただいたことで，本研究をサポートしていただいた地域住民の皆様には，心より感謝したい。下流地域で反対運動をしている「八ッ場あしたの会」の人たちもインタヴューや私たちの研究会を通じて，反対運動の論理をご教授していただいたことも感謝したい。また本研究の意義を認め，研究プロジェクトとして物心両面で支援していただいた桜美林大学産業研究所（小松出所長）に感謝したい。さらに出版事情が厳しい折，本書の意義を認め，出版の労を執っていただいた八朔社の片倉和夫氏にも感謝したい。

　　　　　　　　　　　　　　　　　　執筆者を代表して　藤　田　　実

執筆者紹介（執筆順）

藤田　実（ふじた・みのる，序章・第3章担当）
　1954年茨城県生まれ。中央大学大学院商学研究科博士後期課程修了。博士（経済学）。現在，桜美林大学経済・経営学系教授。主要業績に『日本産業の構造転換と企業』（共編著，新日本出版社，2005年）「情報通信革命の進展と資本主義の変容」（経済理論学会『季刊　経済理論』第44巻第2号，2007年7月）等。

鬼丸朋子（おにまる・ともこ，序章・年表担当）
　九州大学大学院経済学研究科経営学専攻博士後期課程単位取得満期退学。現在，桜美林大学経済・経営学系准教授。主要業績に『現代労働問題分析』（共著，法律文化社，2010年），『法政大学大原社会問題研究所叢書　新自由主義と労働』（共著，御茶の水書房，2010年）等。

渥美　剛（あつみ・たけし，第1章・第5章担当）
　1962年宮城県生まれ。中央大学大学院文学研究科社会学専攻博士後期課程単位取得。現在桜美林大学法学・政治学系准教授。主要業績に「産業としての日本農業と'むら'の問題」（共同執筆，『講座社会学5　産業』第3章，東大出版会，1999年），「『相互扶助論』における村落共同体論」（『桜美林エコノミクス』第53号，2006年）等。

狩野　博（かのう・ひろし　第2章担当）
　1940年群馬県生まれ。東京大学大学院経済学研究科応用経済学専攻博士課程中退。現在，桜美林大学経済・経営学系教授。主要業績に「赤字累積の日本財政の構造」桜美林大学産業研究所・北京師範大学経済学院編『21世紀の日中経済はどうなるか』（学文社，2002年）。

吉田三千雄（よしだみちお，第4章担当）
　1947年埼玉県生まれ。中央大学大学院商学研究科博士課程終了。博士（商学）。現在桜美林大学経済・経営学系教授。主要業績に『戦後日本工作機械工業の構造分析』（未来社，1985年），『日本産業の構造転換と企業』（共編著，新日本出版社，2005年）等。

片山博文（かたやま・ひろふみ，第6章担当）
　1963年長野県生まれ。一橋大学大学院経済学研究科博士後期課程単位取得退学。現在，桜美林大学経済・経営学系教授。主要業績に『自由市場とコモンズ』（時潮社，2008年）等。

二橋　智（にはし　さとし，第7章担当）
　1960年愛知県生まれ。一橋大学大学院社会学研究科博士後期課程単位取得退学。現在，桜美林大学経済・経営学系教授。主要業績に「化学産業における公正競争規約の作成過程—ニューディール期の連邦政府との関係を中心にして—」（『桜美林エコノミクス』第55号，2008年3月）等。

八ッ場ダムと地域社会——大規模公共事業による地域社会の疲弊
2010年10月1日　第1刷発行

編　者　桜美林大学
　　　　産業研究所

発行者　片倉　和夫

発行所　株式会社　八朔社
東京都新宿区神楽坂2-19　銀鈴会館
振替口座・東京00120-0-111135番内
Tel 03-3235-1553　Fax 03-3235-5910

ⓒ桜美林大学産業研究所, 2010　　組版・アベル社／印刷製本・藤原印刷
ISBN978-4-86014-050-2